唐朝大變局

從安祿山的崛起到長安失守，嵬坡之變與史思明奪權

逕——著

目錄

引子

如果把中國古代史比作一條河流的話，那麼從唐朝到宋朝，這條長河轉了一個幾乎一百八十度的大彎從大度開放變得日益保守，從崇文尚武變得重文抑武，從開拓進取變得內斂精緻，從大刀闊斧變得縮手縮腳，甚至連文壇的風格也從唐詩的大氣磅礴變成了宋詞的小資婉約……

之所以會發生這樣大的變化，關鍵的轉捩點就在中晚唐。

那麼，這段時間到底發生了什麼？

可能很多人對此並不十分瞭解。

因為，與光芒四射的初唐或盛唐相比，中晚唐的歷史也許有些令人傷感——安史之亂、藩鎮割據、宦官專權、甘露之變、牛李黨爭、黃巢起義，天下大亂、分崩離析……

故而關注它的目光相對要少得多。

不過，正如日落時的絢麗往往不亞於日出一樣，中晚唐的精彩程度其實並不亞於初唐和盛唐。如果用兩個字來形容的話，初唐是豪邁，盛唐是雄渾，而中晚唐則是悲壯。

事實上，中晚唐時期的華夏大地依然湧現出了無數可歌可泣的人物。

名臣有李泌、劉晏、楊炎、陸贄、杜黃裳、李絳、裴垍、裴度、李吉甫、李德裕、鄭畋……

名將有郭子儀、李光弼、李晟、李愬、馬燧、渾瑊、張議潮……

英烈有顏杲卿、顏真卿、張巡、許遠、段秀實……

才女有薛濤、魚玄機、李冶……

至於文人墨客，更有李白、杜甫、王維、高適（他們生活的年代跨越盛唐和中唐）、白居易、劉禹錫、柳宗元、韓愈、元稹、李賀、李紳、杜牧、李商隱、溫庭筠……

然而，儘管無數的仁人志士付出了無數的努力，但卻依然回天乏術，依然挽救不了曾經無比輝煌的大唐王朝，只能眼睜睜地看著它不斷下滑，直至徹底墜入深淵。

這就彷彿電腦中了嚴重的病毒，只見一個個大大小小的視窗接連不斷打開，你就算長三頭六臂也根本來不及關，只能眼睜睜地看著系統逐漸崩潰……

那麼，為什麼會這樣？

唐朝到底是中了什麼病毒？

這一切，必須從一個叫安祿山的人說起。

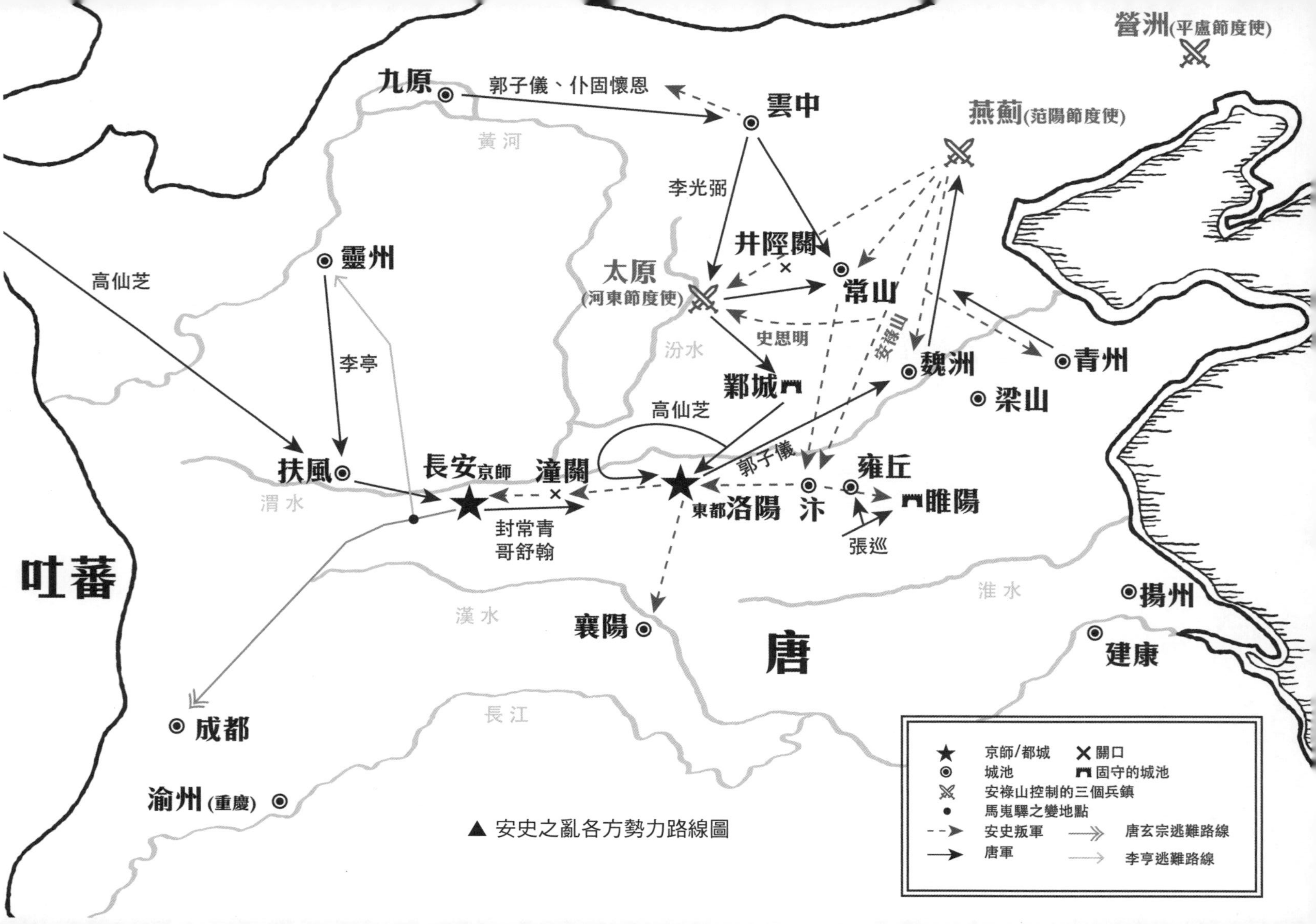

▲ 安史之亂各方勢力路線圖

第一章 話說安祿山

偷羊改變命運

史載安祿山的母親是突厥女巫阿史德氏；其父則是康姓胡人，據現代史學家考證，應該是來自西域的粟特人。

粟特人原本居於以撒馬爾罕（今屬烏茲別克斯坦）為中心的中亞地區，在那裡他們建立了若干城邦小國，其中比較大的政權有康、安、曹、石、米、何、史、火尋、戊地九個，故中國史籍也將其稱為昭武九姓。

由於這些國家處於絲綢之路要衝，具有得天獨厚的貿易優勢，因此粟特人大多以經商為職業，頻繁往來於歐亞大陸各地做各種生意，唐朝北方各邊境城市也不乏他們的蹤影。

安祿山的生父——來自昭武九姓之一的康國的康先生，就是眾多粟特人「唐漂」族中的一員。在營州，他結識了突厥姑娘阿史德氏。

之後兩個正常的成年男女之間發生了一些正常的事情，於是便有了安祿山。

當然，這只是我基於現代醫學知識所設想的，在某些史書中還有另一種神奇的說法。

據《新唐書》以及唐人姚汝能所著的《安祿山事蹟》記載，安祿山的父親其實是喜當爹的，這孩子和他，就彷彿螞蟻上樹和螞蟻一樣沒有任何相關性：（阿史德氏）禱軋犖山，神應而生焉——阿史德氏向軋犖山祈禱，受到神的感應而懷了孕。

注意，軋犖山不是一座山，而是傳說中的突厥戰神的名字。

除此以外，史載安祿山在誕生時也出現了很多異常現象。

相傳阿史德氏生產的時候，紅光滿天，野獸齊鳴，還有一顆巨大的妖星落在了阿史德氏所住的帳篷上。

當地官府見到後，知道這個胡人小孩兒將來不同尋常，便立即派人前往當地追殺。

幸虧阿史德氏有了某種先知先覺，提前把嬰兒藏了起來，才避免了安祿山嬰年早逝的厄運。

這些東西可信嗎？

當然不可信。

但我覺得這也是可以理解的。

畢竟，安祿山後來還當過一年所謂的大燕皇帝，不粉飾一下出身怎麼行？

不過，史書的這種說法似乎也不是完全沒有依據。

因為阿史德氏為孩子取的名字，就叫軋犖山。

然而名字起得好，並不見得命運就好。

軋犖山很小的時候，他的生父就去世了，阿史德氏改嫁給了另一個胡人安延偃，此後軋犖山便以

「安」為姓，名字也按照「軋犖山」的諧音改成了「祿山」。

大概是由於從小就有寄人籬下拖油瓶的經歷，因此，長大後的安祿山非常善於察言觀色，情商極高，口才極佳，每次和別人在一起的時候，他或者拍馬屁甜言蜜語，或者拍胸脯豪言壯語，總是無不恰當、無不妥帖，總能讓人感覺如盛夏喝冰啤酒一般爽快。

除此以外，他還特別有語言天分，史載他「通六蕃語」——精通各種胡人的語言。

也許正是由於有了這樣的語言優勢，安祿山成年後幹的第一份工作是諸蕃互市牙郎——胡人間互相貿易的仲介。

不過，那時候的仲介似乎遠不如現在的房產仲介好做，那些年安祿山並沒有賺到什麼錢。

直到西元七三二年，他快三十歲了，依然是一事無成，一貧如洗，一無所有，一頓肉都吃不起，一天到晚肚子餓得咕咕叫。

窮則思變。

於是安祿山幹了一件事。

正是這件事改變了他的命運。

什麼事呢？

參軍？

你想多了——他那時應該沒考慮過這個。

讀陳安之的勵志書？

你想多了——他大字都不識一個。

那到底是什麼呢？

說起來，你可能做夢也想不到——偷羊！

接下來，我想請各位做個選擇題：

（　　）的是，他偷羊被抓了！

更（　　）的是，他不僅被抓，還被判了死刑！

A不幸，不幸　　B幸運，幸運

在一般人看來，這道題的正確答案應該是A。

但如果讓安祿山來做，他肯定會不假思索地選擇B。

因為，這正是他本人的切身體會。

他如果不被抓，不被判死刑，他就不可能見到那個改變他一生命運的貴人——張守珪！

張守珪是當時大唐帝國在東北地區的最高軍政長官——幽州節度使，統領幽州（今北京）、薊州（今天津薊州）、媯州（今河北懷來）、檀州（今北京密雲）、易州（今河北易縣）、定州（今河北定州）、恆州（今河北正定）、莫州（今河北任丘）、滄州（今河北滄州）九州。

他出身行伍，長期戍邊，在與突厥、吐蕃（古代藏族在青藏高原建立的政權）等外敵的戰事中屢建戰功，歷任遊擊將軍、瓜州（今甘肅瓜州）刺史、鄯州（今青海樂都）都督、隴右節度使等職，深受皇帝李隆基的器重。

不久前，他剛被調到東北邊防，出掌幽州，以對付不時入侵、極為難纏的奚人和契丹人。

這次，安祿山就被張守珪的部下抓住了。

按照那時的法律，偷羊是要被棒殺的。

眼看劊子手的大棒就要落下，安祿山急了，連忙大叫：你們不是要消滅奚人和契丹人嗎？為何要殺壯士！

這聲音響得讓在場所有人都瞬間耳鳴了。

這聲音也一下子引起了在場的張守珪的注意。

張守珪見此人長得高大魁梧、膀闊腰圓，雖然生命已到盡頭，但此時此刻卻依然高昂著頭；雖然四肢都被捆住，但眼神中的悍勇之氣卻依然掩蓋不住！

一個念頭在他的心中油然而生。

如今正是用人之際，與其讓這樣一個當兵的好材料因為小事白白受死，不如讓他到戰場上為國家戰死！

這是一個改變歷史的念頭。

正是張守珪的這個念頭，打開了潘朵拉的魔盒，給後來的大唐帝國帶來了無盡的災難！

但我們並不能因此苛責張守珪。

畢竟，任何人都不可能預知未來。

就這樣，安祿山不僅撿回了一條命，還被張守珪任命為捉生將——負責偵察和活捉敵人的下級軍官！

死裡逃生

對安祿山來說，遇見張守珪，就好比陳子昂遇到幽州台——人生從此不同！

從此，他開始時來運轉。

安祿山雖然做仲介的能力不怎麼樣，但在戰場上卻是一把好手。

他精明果斷、有勇有謀，加上自幼在東北邊境長大，熟悉那裡的一草一木、一山一水，幾乎每次出馬都有斬獲。有一次他帶著麾下三五個騎兵竟抓獲了數十個契丹人！

張守珪不由得暗暗稱奇——看來上次幸虧沒殺此人，差點埋沒了一個難得的人才！

他決定重用安祿山，便逐步增加其統兵數量。

安祿山也不負所托，此後的戰績越發突出，連戰連捷。

這讓張守珪對他更加賞識，又將其提拔為偏將。

而安祿山又特別會獻殷勤，特別善解人意。

張守珪剛想打瞌睡，安祿山馬上就送來了枕頭；張守珪剛聽張單吊八筒，安祿山馬上就打出了八筒；張守珪剛想讀最好看的書，安祿山馬上就送來了雲淡心遠的《彪悍南北朝》……

之後發生的一件小事，讓張守珪對安祿山再次刮目相看。

當時張守珪無意中說了句：小安，你長得有點胖啊，要注意保持身材……

沒想到安祿山當了真，從此厲行節食，居然三個月就減掉了整整四十公斤！

這下子張守珪對安祿山更喜歡了：我隨隨便便一句話，他就這樣認真執行，簡直比兒子還忠心！他當即將安祿山收為養子，視為自己的心腹，盡心培養。

很快，安祿山被任命為平盧討擊使、左驍衛將軍，成為獨當一面的大將。

這段時間，安祿山真是春風得意，短短幾年就從一個社會底層變成了軍界高層！

然而天不可能日日晴朗，人也不可能時時順心。

西元七三六年三月，一直順風順水的他栽了個大跟頭！

當時安祿山奉張守珪之命率軍討伐奚人和契丹人的叛軍，事先張守珪一再告誡他務必要謹慎小心，切勿輕敵冒進。

安祿山對此卻不以為然，在他的印象中，之前每次打契丹人簡直比打蚊子還容易——只要能找到對方，他們不是被輕鬆拍死就是嚇得四處亂逃，根本就沒有還手之力！

因此，他完全沒把張守珪的話放在心上，一見到敵人就猛打猛衝，孤軍深入，不料竟然中了對方的埋伏，最終被打得大敗，損失慘重。

張守珪向來以治軍嚴明而著稱，這種違反軍令招致慘敗的行為，按理無疑應軍法從事，否則無以服眾。

但真要這麼做，他心中卻又有些不忍。

畢竟，安祿山是一名難得的驍將，之前又戰功卓著，況且他還是自己的乾兒子，性情又討喜，純屬居家旅行必備之良藥……

不殺不行，殺又不捨，怎麼辦？

思來想去，他總算想了個辦法。

他命人將安祿山押解進京，聽候朝廷發落，同時又給皇帝李隆基上了一封奏摺，在奏明安祿山此次失利的同時，也婉轉地列了不少安祿山之前的功勞。

他多麼希望，皇上能明白他的心意，看在安祿山的戰功上，免掉他的死罪，讓他戴罪立功！

安祿山心裡當然也是這麼想的。

然而，剛到京城，他就遭到了當頭一棒。

審理他的，是當時的宰相張九齡。

張九齡是頗具傳奇色彩的一代名相。

他有才學——是當時著名的才子，曾以「海上生明月，天涯共此時」這樣的名句而蜚聲文壇；

他有風度——舉止優雅，氣度不凡，相傳後來張九齡罷相後，但凡有人舉薦人才，皇帝李隆基總是要問一句：風度得如九齡否？

他更有操守——自從出仕以來，一直以忠於職守、直言敢諫而著稱。

或許是張九齡確有識人之明先見之明，當然也可能是純粹出於文人的清高，看不起安祿山這樣滿臉橫肉卻毫無文化的武夫，總之張九齡一見到安祿山就有一種在吃飯時見到飯裡有蒼蠅的感覺——一下子就厭惡得皺起了眉頭，很快就做出了這樣的批示：

昔穰苴誅莊賈，孫武斬宮嬪。守珪軍令若行，祿山不宜免死——當初司馬穰苴（春秋末年齊國名將）

殺國君的寵臣莊賈，孫武斬吳王的愛嬪，張守珪若要執行軍令，安祿山就必須死！

但皇帝李隆基對此卻有不同的看法。

從奏摺中，他清楚地看出了張守珪的意圖。

如果一個女人說「這個包有點貴，可是我好喜歡，你看著辦吧」，顯然她是想讓你幫她購買。

同理，張守珪說「安祿山犯錯了，可是他有很大的功勞，皇上你看著辦吧」，顯然他是想讓你幫他赦免。

為了不讓張守珪失望，皇帝李隆基當即決定免掉安祿山的死罪，只是剝奪其一切職務，讓他以士兵的身分繼續在張守珪帳下效力。

這下張九齡急了，連忙進諫道：按照法令，安祿山不能不誅殺。且臣看他面有反相，不除必有後患。

而李隆基對此卻根本不屑一顧。

安祿山不過是個普通的地方將領，相對於龐大的大唐帝國來說，比一塊錢相對於一個億萬富翁還要微不足道，這樣的小人物會有什麼後患！太危言聳聽了吧！

皇帝李隆基還是毫不猶豫地把安祿山放了。

文化不高情商高

回到幽州後，死裡逃生的安祿山對張守珪更加感恩戴德。

之後，他不僅作戰更加勇猛，處事也比以前謹慎了很多。

西元七三七年二月，他又跟隨張守珪在捺祿山一帶大破契丹人。

經此一役，契丹人元氣大傷，從此不敢再輕易南下。

憑藉自己的軍功和張守珪的提攜，安祿山很快就官復原職。

可惜世事無常，僅僅兩年後，他又遇到了新的挑戰。

西元七三九年六月，安祿山的恩人——張守珪因為部下謊報戰功的事被人揭發，惹得李隆基勃然大怒，被貶到了括州（浙江麗水）當刺史，不久就鬱鬱而終。

不過，儘管養父倒了楣，但安祿山的仕途卻並沒有受到影響。

情商高，遇到誰都能吃香。

他和新來的節度使依然處得非常好。

西元七四〇年，他被提拔為平盧軍兵馬使（相當於現在的軍分區司令），從而正式邁入了高級將領的序列。

可安祿山對此並不滿足。

他還有更大的野心。

他也有充足的信心。

因為，他自認為已經找到了升官的訣竅：在官場上，能力只能做參考，關係才是最重要！

要想再進一步，就必須找到新的更大的靠山！

機會很快就來了。

就在他當上兵馬使後的第二年，御史中丞張利貞奉皇帝的命令擔任河北道採訪使，帶團前來幽州巡視考察。

安祿山對張利貞態度極其殷勤，接待極其周到，除了好聽的話語、好笑的段子、好吃的酒菜、好看的女人，還送了好多的金銀珠寶，無一處不妥帖；除了張利貞本人，隨行人員無論是伙夫還是馬夫各個都有份兒，無一人不滿意。

這一切，讓張利貞等人無比受用。

回到京城後，他和道採訪使的各個成員都爭先恐後地在皇帝李隆基面前盛讚安祿山的才能和忠誠。這個說他「力拔山兮氣蓋世」，那個說他「彷彿關雲長轉世」；這個說他「威名遠揚讓契丹小兒都不敢夜啼」，那個說他「新婚之夜抄皇帝語錄不顧新娘哭哭啼啼」……

憑藉著使臣們的一致好評，安祿山給李隆基留下了極佳的印象——一個將領，得到一個人的一次表揚不難，難的是得到各種人在各種場合下的各種表揚！

什麼叫眾望所歸？

這就是！

這樣的人，當然要重用。

很快，安祿山就被加封為營州都督、平盧軍兵馬使，兼兩蕃、渤海、黑水四府經略使。

西元七四二年，李隆基對大唐帝國的邊境防務進行了一番調整，在全國設立了十大方鎮，分別為：

安西（治所今新疆庫車）、北庭（治所今新疆吉木薩爾）、河西（治所今甘肅武威）、朔方（治所今寧夏靈武）、河東（治所今山西太原）、范陽（治所今北京）、平盧（治所今遼寧朝陽）、隴右（治所今青海樂都）、劍南（治所今四川成都）九大節度使以及嶺南五府經略使（治所今廣東廣州）。

這裡邊，平盧是李隆基為了加強對東北地區的控制，而從原來的幽州分出來新設立的。

首任平盧節度使的人選，李隆基選擇了安祿山。

之所以會作出這樣的任命，他是經過深思熟慮的。

首先，安祿山驍勇善戰，又忠心耿耿——這一點是得到很多使臣公認的；

其次，他是土生土長的營州雜胡，精通各種蕃語，熟悉當地形勢，有利於安撫東北各少數民族；

再者，他出身卑微，沒有強大的部落勢力，只能依附於朝廷，無舉族叛唐之虞；

除此以外，還有個更重要的原因是，李隆基認為，安祿山之前曾犯有死罪，是皇帝我親自赦免了他，自己對他有再生之德！

就這樣，從軍剛滿十年的安祿山一步登天，成了手握重兵、鎮撫一方的封疆大吏！

這一年，他正好四十歲。

第二年年初，安祿山獲得了進京覲見皇上的機會。

這是他第二次來到長安。

但此時的情形和七年前已經完全不一樣了。

那一次，他的身分是死到臨頭的囚犯；而這一次，他是風頭正勁的重臣！

他決心利用這次寶貴的機會好好表現自己。

在朝堂上，安祿山先是做了一番精心準備的彙報，李隆基對他的發言非常滿意，頻頻點頭。

見前面的鋪墊效果不錯，安祿山決定乘勝追擊，又拍出了一顆濃度爆表的超級大馬屁：去年秋天，我們平盧地區鬧了蟲災，飛蟲鋪天蓋地，大肆吞食禾苗，臣焚香祈禱，對上天說「如果認為臣心術不正，事君不忠，就讓蟲子吃掉我的心；如果認為臣行得正站得直，事主竭誠，就讓蟲子自行消失吧。」話剛說完，天上就飛來無數大鳥，不到一泡尿的工夫就把這些蟲子全都吃光了！陛下，這可是千載難逢的祥瑞啊，請讓史官將此載入史冊！

這一席話，說得李隆基龍顏大悅：這真乃我大唐之福哇！

安祿山連忙磕頭：陛下聖明，真乃鳥那什麼……魚湯……對了……鳥生魚湯！

見他因差點說錯話而表現出那種滿臉通紅、左腳搓右腳，右腳搓左腳的尷尬樣，李隆基被逗得連腳指頭都忍不住想笑。

他當即命史官詳細記錄此事，同時又給安祿山加官晉爵——加封其為驃騎大將軍。

按理說，安祿山編造的這個故事比現在某些騙子群發的中獎短信還要荒謬，為什麼政治經驗非常豐富的李隆基偏偏就相信了呢？

這當然是有原因的。

就像那種中獎簡訊正好迎合了現在某些人妄想不勞而獲發大財的心理一樣，安祿山的話也正好迎合了此時李隆基盲目狂妄自大以至失去理智的心理。

第二章 從此君王不早朝

盛世危機

這一年，李隆基已經當了整整三十年的皇帝了。

自繼位以來，他先後任用姚崇、宋璟、張說、張九齡等多位賢相，在政治、經濟、軍事、文化等方面推行了一系列卓有成效的積極措施，經過這些年的勵精圖治，唐朝內部欣欣向榮，外戰捷報頻傳，經濟空前繁榮，國力空前強盛，人口大幅度增長，呈現出前所未有的盛世景象。

由於當時的年號是開元（七一三——七四一年），故史稱開元之治。

對於開元年間的盛況，詩聖杜甫在他的詩中做了詳細的描述：

憶昔開元全盛日，小邑猶藏萬家室。稻米流脂粟米白，公私倉廩俱豐實。九州道路無豺虎，遠行不勞吉日出。齊紈魯縞車班班，男耕女桑不相失。宮中聖人奏雲門，天下朋友皆膠漆。百餘年間未災變，叔孫禮樂蕭何律……

有人認為，開元盛世不僅是整個唐代的巔峰，更是中國整個封建社會的巔峰！

這樣的成就，讓李隆基無比驕傲，無比自滿。

多年來在治國上孜孜以求的目標已經圓滿實現了，接下來自己該追求點什麼呢？他不知道。

在他看來，辛苦了一輩子，也該好好歇歇了，也該好好享受享受自己創造的成果了。

這一點，從他的新年號中就可以看出來。

西元七四二年，有人宣稱在函谷關旁發現了玄元皇帝（即老子，唐朝皇帝奉其為始祖，追封為玄元皇帝）留下的寶符，李隆基極為高興，特意將年號改為了「天寶」。

當初是充滿「積極進取」精神的「開元」——開拓新紀元，而現在則是充斥著「坐享其成」味道的「天寶」——是比「天上掉餡兒餅」程度更高也更不靠譜的「天上掉寶物」！

由此可見，晚年李隆基的心態發生了怎樣的變化！

然而，李隆基錯了。

其實此時並不是他可以坐享其成的時候。

看起來光鮮亮麗的開元盛世，內部也有著不少的隱患。

唐朝立國已有一百多年之久，社會的方方面面都發生了翻天覆地的變化，唐初曾經行之有效的一些制度已經不適應時代的發展，到了不得不變革的時候——比如均田制。

均田制始於北魏孝文帝時期，當時由於中國北方經歷了長期戰亂，田地大量荒蕪，人口大量流失，北魏政府將其所掌握的無主土地收歸國有，隨後按人口數分配給百姓耕作，百姓則向政府繳納賦稅（詳情可參見筆者的另一本書《彪悍南北朝之梟雄的世紀》）。

均田制一經推出就大獲成功，對經濟的恢復和發展都起到了極為積極的作用，因此後來的隋唐兩朝也一直沿用此政策。

但到了近三百年後的李隆基在位時期，情況已經大不一樣了。

由於天下承平已久，人口不斷增多，百姓能分到的田地越來越少，而由於田地越來越少，農民抗風險的能力也變得越來越差，一旦遇到天災人禍，比如天降暴雨、一家之主暴死等情況，往往被迫出賣土地，導致土地被私人兼併，均田制實施的基礎——土地國有化破壞嚴重，在很多地方均田制已經名存實亡。

而隨著均田制的土崩瓦解，建立在均田制基礎上的府兵制也變得難以為繼了。

府兵制由西魏權臣宇文泰所創立（詳情可參見筆者的另一本書《彪悍南北朝之鐵血雙雄會》），經北周、隋、唐而日趨完備，其最大的特點是兵農合一，府兵平時耕種，農閒練武，戰時打仗，不僅為國家節約了大量軍費，保證了兵源，而且戰鬥力也相當不錯，唐初取得的一系列對外戰爭的勝利就是明證。

然而唐高宗以後，由於土地兼併日益嚴重，很多府兵失去了土地，開始逃避兵役，有些兵府甚至出現了無兵可調的情況。

西元七二二年，時任朔方節度使的張說向李隆基建議招募壯士擔任禁軍。

自此，募兵逐漸成為軍隊的主流，府兵則日漸式微並逐步廢止。

兵制的改變，也給李隆基和他的朝廷帶來了新的挑戰。

一方面由於招募來的兵士需要國家提供軍餉和裝備，給國家的財政帶來了很大的壓力；另一方面，之前府兵作戰任務完成後就回到原先的軍府，不歸戰時的將帥統轄，有利於避免將帥專權，而募兵作為職業軍人長期在外駐紮，無論訓練還是作戰往往都由同一將帥長期指揮，往往容易演變成將帥的私人勢力，不利於朝廷對他們的控制……

事實上，除了均田制的崩潰和府兵制的瓦解，李隆基那時面臨的問題還有很多：貧富差距懸殊、腐敗現象嚴重、奢靡風氣蔓延……

總而言之，此時的大唐王朝正處於關鍵的社會轉型時期，很多制度迫切需要大刀闊斧的改革，很多深層次的問題迫切需要用新的辦法去解決。

比如，用什麼新的土地制度來代替均田制？怎樣防止土地兼併？怎樣縮小日益懸殊的貧富差距？改為府兵制後，財政上的困難如何解決？在邊境上設立集軍政權力於一身的節度使，如何避免節度使擁兵自重的現象？……

對這一系列的問題，李隆基的應對策略不是去找問題的根源，然後進行深層次的改革，從制度上去解決問題，而是頭痛醫頭、腳痛醫腳，從原本的制度框架以外增設各種臨時職務——使職來處理這些具體的麻煩，如轉運使、營田使、勸農使……

這就相當於一個人因肺部出了問題導致發燒，你卻不針對肺部疾病用藥而只是一味退燒，顯然是治標不治本的！

然而當時的李隆基似乎並沒有想到這麼多，也沒有想到這麼遠。

他只是一味沉醉在自己的成就中、一心只想安度餘生。

也許在那時的他看來，國家的局勢一片大好，而且只會一年比一年更好；自己的時間卻是越來越少，而且只會一年更比一年少……

於是，晚年的他，變得越來越追求個人享受，越來越沉迷於聲色之中不能自拔。

畫外音：最美不過夕陽紅，溫馨又從容。夕陽是晚開的花，夕陽是陳年的酒，夕陽是遲到的愛，夕陽是未了的情……

我想，如果李隆基聽過這首歌的話，他一定會覺得這是為他量身定做的。

對他來說，楊玉環就是他遲到的愛，就是他未了的情。

楊家有女初長成

史載楊玉環的祖上出自關中名門弘農楊氏，其高祖父楊汪曾擔任過隋朝的吏部尚書，不過到楊玉環的父親楊玄琰這一代，楊家的家道已經中落，楊玄琰的職務只不過是一個小小的蜀州（今四川崇州）司戶（掌管戶籍、賦稅等的小官）。

楊玉環就出生在蜀州。

由於父親早逝，她幼年時就被在河南府任職的叔父楊玄璬接到了東都洛陽，由叔父撫養。

長大後，楊玉環不僅出落得亭亭玉立、楚楚動人，是遠近聞名的美女，而且能歌善舞、多才多藝，是遠近聞名的才女。十七歲的時候，她被壽王李瑁（李隆基第十八子）看中，嫁入壽王府，被冊封為壽王妃。

《全唐文》中記錄了以李隆基名義頒布的冊封詔書〈冊壽王楊妃文〉：

爾河南府士曹參軍楊玄璬長女（大概是考慮到皇室的面子，此處隱去了楊玉環的養女身分），公輔之門，清白流慶，誕鍾粹美，含章秀出。固能徽范夙成，柔明自遠，修明內湛，淑問外昭。是以選極名家，儷茲藩國，式光典冊，俾葉龜謀……

就這樣，楊玉環就像童話裡的女主角一樣，一步登天，嫁給了王子，成了王妃！

可惜生活不是童話。

童話的結尾，總是女主角和王子卿卿我我，恩恩愛愛，從此過上了幸福的生活。

而對楊玉環來說，嫁給王子卻只是個開始。

因為就在她婚後僅僅過了兩年，就有第三者插足了。

這個第三者，不是別人，竟然是楊玉環的公公李隆基！

西元七三七年，李隆基最寵愛的後妃武惠妃（李瑁的生母）去世了。

這讓他感到無比悲痛。

更令他悲痛的是，他始終找不到武惠妃的替代者。

後宮中的各種美女在他的眼裡，就像各種美酒在不喝酒的我眼裡一樣——儘管多得讓人眼花繚亂，卻沒一個感興趣的！

李隆基非常苦惱。

他無時無刻不在思考著一個問題：伊人已去，誰才能讓我重燃愛火？

他的心思，當然瞞不過他身邊的大臣和宦官們。

在這些人看來，皇帝遇到的難題就是他們遇到的機會。

沒過多長時間，就有人向李隆基推薦了一個理想的人選——他的兒媳楊玉環！

這就很尷尬了。

當然，這是對一般人來說。但李隆基可不是一般人。他是皇帝，而且是唐朝的皇帝。

大概是因為祖上有部分鮮卑血統的緣故，唐朝皇室中胡風很盛，禮教約束、人倫禁忌比其他朝代似乎要鬆很多——在李隆基之前就有太宗李世民納弟媳為妃、高宗李治立庶母為后等多起不倫事件，現在李隆基想納兒媳，某種程度上說也算是繼承了祖先的傳統。

因此，李隆基絲毫沒有顧忌楊玉環的身分，馬上就開始了行動。

西元七四一年正月，他親自頒下詔書，宣稱壽王妃楊氏想為竇太后（李隆基的生母）祈福，主動請求放棄壽王妃的身分，申請出家成為女道士。

楊玉環就這樣離開了壽王府，披上了道袍，進入一座李隆基為她特置的道觀內，成為一名道士，法號太真。

在之後的數年中，楊玉環一直以道士太真的身分和李隆基在一起。

李隆基對楊玉環一見鍾情，很快就拜倒在了她的石榴裙下。

因為他發現，楊玉環不僅天生麗質，更重要的是，她還善歌舞，通音律，彈得一手好琵琶，而李隆基本人也是個音樂迷，擅長各種樂器，並精通作曲著名的〈霓裳羽衣曲〉相傳就是他的作品，除此以外，他還酷愛戲曲，被後人稱為梨園祖師。

兩人雖然年齡相差懸殊——整整差了三十四歲，但卻處處情投意合，琴瑟和鳴，感覺比同一規格的螺母和螺帽還要般配！

晚點的火車，因為總希望把失去的時間搶回來，所以總是跑得特別快；遲來的愛情，因為總想著把錯過的日子補上去，所以總是來得特別猛！如果愛情像颱風一樣有級別，那麼李隆基對楊玉環的愛至少應該是千載難逢的十二級以上超強颱風！

西元七四五年七月，李隆基為壽王李瑁新娶了一個姓韋的王妃。僅僅一個月後，他就迫不及待地冊封楊玉環為貴妃。至此，在等待了近五年後，楊玉環終於有了正式的名分。那一年，李隆基六十一歲，楊玉環二十七歲。

隨著楊貴妃地位的確立，她的家人也都跟著雞犬升天。楊玉環的三個姐姐也都是風華絕代的美女，也都得到了李隆基的寵倖，分別被封為韓國夫人、虢國夫人和秦國夫人。

姐妹四個經常一起出入宮廷，和李隆基一起玩耍嬉戲，一起通宵夜談……四人中，虢國夫人的性格最為豪放，有時甚至敢不化妝就去見皇帝。這一點，有唐代詩人張祜的詩為證：

虢國夫人承主恩，平明騎馬入宮門。
卻嫌脂粉汙顏色，淡掃蛾眉朝至尊。

此外，楊貴妃的父親楊玄琰也被追封為太尉、齊國公，其母則被追封為齊國夫人，叔父楊玄珪為光祿卿，堂兄楊銛（ㄒㄧㄢ）為鴻臚卿，堂兄楊錡為侍御史，楊錡還迎娶了皇帝的女兒太華公主……

細心的人也許會發現，這個名單中似乎少了一個人——當初撫養她的那個叔父楊玄璬！

不是李隆基和楊貴妃健忘，而是楊玄璬必須被遺忘。

因為當初楊玉環嫁給壽王李瑁的時候，是以「楊玄璬長女」的身分被冊封的，而如今作為李隆基的貴妃，之前她這段曾當過兒媳的歷史就必須被淡化，必須讓別人認識到，之前那個「楊玄璬長女」壽王妃和現在的「楊玄琰之女」楊貴妃並不是同一個人！

儘管這聽上去有些自欺欺人，但就和皇帝的新裝一樣，只要大家都心照不宣不點穿就夠了。

其實這件事大家都知道，李隆基也知道大家都知道，大家也都知道李隆基知道大家都知道，但大家卻都裝著不知道，李隆基也裝著不知道大家都知道，大家也都裝著不知道李隆基知道大家都知道……時間長了，李隆基也就有了這樣一種錯覺：楊玉環似乎從來就沒有當過他的兒媳，而是上天賜給他的真愛。

楊貴妃對他來說，就是不開心時候的酒一樣的人，是渴了很久之後的水一樣的人……

他和楊貴妃最喜歡的地方是華清宮。

華清宮位於今西安市臨潼區，是修建在驪山上的一座行宮，以溫泉而聞名。

李隆基對華清宮情有獨鍾，自從即位以來幾乎每年都要到這裡居住一段時間。

有了楊貴妃後，他更是把這裡當成了自己和貴妃的度假別墅，兩人在這裡度過了大把大把的快樂時光。

有時，他們聊聊天；有時，他們說胡話；有時，他們喝喝酒；有時，他們彈彈琴；有時，他們打打牌；有時，他們跳跳舞；而更多的時候，他們會一起泡泡澡。

春寒賜浴華清池，溫泉水滑洗凝脂。侍兒扶起嬌無力，始是新承恩澤時。雲鬢花顏金步搖，芙蓉帳暖度春宵……

這是何等的愜意！

冬天，兩人最愛的是在華清宮泡溫泉；而到了春天，兩人最愛的是賞花，尤其是看牡丹。

這天，李隆基與楊貴妃帶著一幫隨從前往興慶宮內的沉香亭欣賞牡丹。

眼前是國色天香的牡丹，懷裡是傾國傾城的貴妃，李隆基幾乎都要醉了。

花美，人美，他的心情更美。

見皇帝如此開心，他最喜歡的樂師李龜年主動提議，讓他來唱歌助興。

可他剛一開口，李隆基就忍不住提意見了：賞名花，對貴妃，怎麼可以用舊的歌詞？還不快讓人找李白來填新詞！

「詩仙」李白

如今李白這個名字對只要上過國小的人來說絕對是如雷貫耳的。

可以這麼說，在中國古代所有的詩人中，要論成就和知名度，李白如果稱第二，那就沒人敢稱第一！

然而李白的來歷卻有些不明不白。

無論是他的出生地還是家世，一直以來都是個謎。

《舊唐書》記載：李白，字太白，山東（泛指崤山以東地區）人。

但《新唐書》的說法卻完全不一樣：李白，字太白，興聖皇帝（即十六國時期西涼創建者李暠，由於李唐皇室自稱是李暠的後代，追尊其為興聖皇帝）九世孫。其先隋末以罪徙西域，神龍（武則天的最後一個年號，也是唐中宗李顯的第一個年號，即西元七〇五——七〇七年）初，遁還，客巴西（今四川綿陽一帶）。

而最詳細的記錄則出自唐人范傳正所著的《唐左拾遺翰林學士李公新墓碑並序》：公名白，字太白，其先隴西成紀（今甘肅秦安）人……涼武昭王（即李暠）九代孫也。隋末多難，一房被竄於碎葉（今吉爾吉斯斯坦托克馬克附近），流離散落，隱易姓名。故自國朝已來，漏於屬籍。神龍初，潛還廣漢。因僑為郡人。

如果後兩種記載可信的話，那麼李白的祖上應該和唐朝皇室同宗，在隋朝末年因某種罪名而被遷到了西域的碎葉城，其父在武則天統治末期偷偷潛逃回了內地，居住在綿州昌隆縣青蓮鄉（今四川江油）。

有人因此認為李白很可能是唐高祖李淵之子李建成或李元吉的後人，玄武門之變後為避朝廷追殺而逃到西域。

不過這一切都只是猜測而已。

事實的真相，就和你我的青春一樣——曾經是有的，但隨著時間的推移，現在已經找不到了。

至於李白的出生地，至今也沒有定論——有人說是碎葉城，也有人說是江油。但有一點可以確定。他應該是在江油長大的。

據說李白出生時其母曾夢見太白金星，故為他取名「白」，字太白。李白自幼聰穎過人，十歲就精通詩文。然而他並不是個文弱書生，而是性情豪爽，善於擊劍，輕財好施，頗有俠士之風。

西元七二四年，二十四歲的李白帶著一大筆錢，離開家鄉踏上了遠遊之路。

他先去了峨眉山，之後又順江東下，出三峽，經江陵（今湖北江陵），遊洞庭，登廬山，抵廣陵（今江蘇揚州），隨後又南下蘇州、杭州等地。

西元七二七年，李白來到了安陸（今湖北安陸），估計信奉「千金散盡還復來」的他那時錢也花得差不多了——他自稱在揚州不到一年就花掉了三十多萬。

可他似乎並不擔心，因為他還有另一句人生格言「天生我材必有用」！

果然，在那裡他憑藉自己天生的才氣和風度贏得了前宰相許圉師孫女的愛慕，兩人結為了夫妻。

自此，李白寓居安陸三年。

然而，對於一心要「大鵬一日同風起，扶搖直上九萬里」、志向大得當傘可擋住泰山當桶可舀光長江的李白來說，讓他憋在家裡，簡直比憋尿還難受。

西元七三〇年，他終於再也憋不住了，離家前往長安，拜謁了京城的許多名流政要，想尋求發達的機會，但卻始終沒能如願。

兩年後，他只好黯然離去。

接著他又花幾年的時間先後遊歷了洛陽、太原等地，最後才興盡而歸，回到安陸。

再過了數年，許夫人病死，李白又移居東魯（今山東一帶），投靠自己在當地任官的親戚，期間他曾與孔巢父等五人隱居於徂徠山（今山東泰安、新泰之間），日日酣歌縱酒，吟詩作賦，號稱「竹溪六逸」。

西元七四二年，李白南遊會稽（今浙江紹興）。

在那裡，他結識了著名的道士吳筠，二人相見恨晚，一起隱居在剡中（今浙江嵊州）。

正是因為吳筠，李白才有了入京做官的機會！

事情的經過是這樣的：

李唐皇室把道教始祖李耳作為自己的祖先，皇室的子孫們大多篤信道教，晚年的李隆基對道教更是無比沉迷——他一心想修煉長生之術，為此還專門在華清宮修建了長生殿。

聽說吳筠在道教界的名氣後，他特意命人請其入京面談。

一番交流下來，李隆基對吳筠極為欣賞，遂留他在京，盛情款待。

吳筠也抓住機會，在皇帝面前大力推薦自己的好友李白，說得李隆基龍心大悅，當即派使者前去宣召李白。

使者到來的時候，李白正在家中閒居。

得知皇帝召他，他頓時欣喜若狂。

這從他當時寫下的這兩句詩就可以看出來：仰天大笑出門去，我輩豈是蓬蒿人！

就這樣，時年四十二歲的李白第二次來到了長安。

這一回，他受到了皇帝和朝臣們的熱情接待。

時任祕書監的賀知章在看了他的詩作後更是驚為天人：子，謫仙人也！你簡直是天上被貶謫到人間的神仙啊！

之後，李白終於實現了自己多年來入仕的夙願——被任命為翰林待詔。

但很快，李白就失望了。

因為當時的所謂翰林待詔，只不過是隨時聽候皇帝召喚的御用文人，雖然待遇不錯，錢多事少離皇帝近，但實際上並無任何實權。

這對於極度渴望建功立業的李白來說，顯然是無法讓他滿意的。

我想要的是房子，而你給我的卻是橘子，就算給得再多，又有個屁用！

無奈，他只好借酒澆愁，每天不是喝得爛醉，就是在喝醉的路上。

這次李龜年派人來找他的時候，他又醉了。

來人只好把搖搖晃晃的他硬是架到了沉香亭。

李白此時依然酣睡不已，臉上被潑了八十八盆冷水後才勉強睡眼惺忪地醒來。

不過，對李白這樣的天才來說，寫詩似乎比呼吸還要本能還要自然，根本不需要動腦子，只要一提起筆，那些美妙的詩句就會像打開了自來水龍頭一樣源源不斷地噴湧而出……

於是，就有了流傳千古的名篇〈清平調〉：

雲想衣裳花想容，春風拂檻露華濃。若非群玉山頭見，會向瑤台月下逢。
一枝紅豔露凝香，雲雨巫山枉斷腸。借問漢宮誰得似？可憐飛燕倚新妝。
名花傾國兩相歡，長得君王帶笑看。解釋春風無限恨，沉香亭北倚闌干。

這三首既寫花又寫人、既辭藻豔麗而又渾然天成、既獨立成篇又無縫銜接的詩，讓在場的所有人都歎為觀止。

每一句、每一個字都是那麼精準，那麼貼切！

如果說這些字是子彈的話，那麼它們肯定個個都是十環！

因此，李白的詩剛一寫完，李隆基就迫不及待地命李龜年按李白所填的新詞引吭高歌，還拿起玉笛親自伴奏，而楊貴妃的笑容更是比身邊的牡丹還要燦爛！

從此，李隆基對李白的文才更加佩服，對他也更加禮遇。

當然，李白就是再被禮遇，也不過是皇帝招之即來揮之即去的工具而已——需要的時候拿出來用用，不需要的時候就丟在角落裡生灰！

三千寵愛在一身

只有楊貴妃，才是李隆基晚年最不可或缺的那個人。

為讓她開心，他是不惜一切代價的。

楊貴妃生於南方的蜀地，特別愛吃當地產的荔枝那時，蜀地似乎是盛產荔枝的。

可四川到長安有數千里之遙，那時又沒有飛機和高鐵，且荔枝又特別容易變質，怎麼辦呢？

這難不倒李隆基。

他下令讓沿途各驛站配備專用的快馬和騎手，一站一站接力，馬停荔枝不停，人歇荔枝不歇，晝夜兼程地從嶺南把荔枝運到長安。

晚唐詩人杜牧的〈過華清宮〉描述的就是此事：

長安回望繡成堆，山頂千門次第開。一騎紅塵妃子笑，無人知是荔枝來。

然而正如再好的美玉也總會有瑕疵一樣，再深的感情也難免會有波折。

李隆基畢竟是皇帝，後宮中美女太多，誘惑太多，常在河邊走，難免不濕鞋，常在美女旁，難免不動心，他也會有受不住誘惑的時候。

也許對某些男人來說，愛情往往只是他們生命的一部分；而對有些女人來說，愛情卻往往是她們生命的全部。

楊貴妃就是這樣的女人。

她想要的是唯一，而不是之一！

她無論如何也忍受不了自己唯一摯愛的男人和別的女人卿卿我我！

因此她也難免要吃醋，有時醋勁還挺大，搞得李隆基很生氣，甚至還曾兩次把貴妃攆出了宮。

第一次發生在西元七四六年七月。

那次，楊貴妃「妒悍不遜」——因妒忌而態度兇悍，出言不遜，李隆基一怒之下命人將她送到了她堂兄楊銛的家中。

你走吧，朕再也不想見你了！

可楊貴妃早上走，當天中午，李隆基就反悔了。但礙於帝王的面子，他又不好明說，只好對身邊的人吹毛求疵，大發脾氣，不是雞蛋裡挑骨頭，就是魚香肉絲裡挑魚。

關鍵時刻，幸虧他最寵倖的太監高力士給他解了圍。

高力士本姓馮，出身於嶺南望族，是被後世尊為嶺南聖母的冼夫人（冼夫人的事蹟可見筆者的另一本書《彪悍南北朝之鐵血後三國》）的六世孫，曾祖馮盎在唐初時被封為越國公，其父馮君衡曾任潘州（今廣東高州）刺史，因遭人誣陷慘遭誅殺，年幼的高力士則被閹割入宮，成了一名小太監，後被宦官高延福收為養子，故而改姓高氏。

高力士性情謹慎，辦事細緻，很受武則天的寵愛，還被任命為宮闈丞，負責傳達詔令。

武則天死後，高力士又慧眼識珠，把寶押在了當時還是臨淄王的李隆基身上，成為李隆基在宮中的耳目，為李隆基的上位出了不少力。

李隆基登基後，高力士很自然地成了他最親近的貼身太監，還被封為從三品的右監門衛大將軍、知內侍省事。

這樣的任命在唐朝是前所未有的——要知道，當初唐太宗為了防止閹人干政，曾經規定宦官的官階最高不能超過四品，而李隆基卻為高力士打破了這個界限！

這是李隆基的一小步，卻是唐代宦官參政的一大步！

後來某些史學家甚至認為，正是李隆基的這個任命為唐朝後期的宦官專政開了個壞頭！

好在高力士本人的人品還是不錯的。

終其一生，他對國家和皇帝一直忠心耿耿，從不利用自己的職權胡作非為。

李隆基對他也特別信任，常對人說，力士當上，我寢乃安——只有高力士在旁邊，我才能睡得安穩。

此次貴妃被逐，善解人意的高力士看出了李隆基的心思，伏地奏請迎回楊貴妃。

這正合李隆基的心意。

當天夜裡，楊貴妃就被接回了宮中。

兩人就此重歸於好。

四年後，這樣的事情又發生了一次——楊貴妃又一次因忤旨被趕回了娘家。

這回，勸諫的換成了戶部郎中吉溫。

吉溫借著入宮奏事的機會故意激將說，婦人見識短淺，違背聖情，確實有錯，可是貴妃畢竟久蒙恩寵，就算要治她的罪也得在宮中進行，怎麼可以讓她在外邊受辱呢？

李隆基對此本就有些悔意，便馬上借坡下驢，命使者給貴妃賜御膳。

楊貴妃對使者說，臣妾冒犯聖顏，罪該萬死，陛下沒有殺我而讓我回家，看來我跟陛下以後是不可能再見面了。妾身上的衣服珠玉都是聖上所賜，只有髮膚是自己的，陛下的大恩大德，妾無以為報，就用這個來感謝陛下對我的恩寵……

話還沒說完，她就淚如雨下，泣不成聲。

隨後，她剪下自己的一綹秀髮，交使者帶回去。

使者回去覆命，李隆基大驚，憐惜之情頓時再也無法抑制。

他當即派人將貴妃召回，從此愈加寵愛，再也捨不得與她分開。

就這樣，晚年的李隆基整天沉迷於與楊貴妃的兒女情長，老夫聊髮少年情，左牽手，右摟腰。春宵苦短日高起，從此君王不早朝。哪裡還有多餘的精力來處理繁雜的政務？

他把朝中的大小事務幾乎全都交給了首席宰相李林甫處理。

第三章
權謀界的聖母峰

弄獐宰相

說起來，李林甫也算是唐朝宗室，只不過和當朝皇帝的血緣關係已經像沖泡了六次的茶一樣淡了，——他的曾祖父李叔良是唐高祖李淵的堂弟。

由於和皇室的血緣關係不近，故而他雖然也勉強地靠著門蔭入仕，卻只能從基層幹起。

他工作能力很強，尤其擅長交際，常常能以「隨風潛入夜，潤物細無聲」的方式在不知不覺中博得別人的好感無論對方是男是女，是老是少，是愛喝咖啡的還是愛吃大蒜的，很少有他搞不定的人。

也正是憑藉著這樣的本事，他得到了以善於理財而聞名的李隆基早年的寵臣宇文融的賞識。

在宇文融的大力提攜下，他得以進入中樞，出任御史中丞。

後來，他又攀上了當時在後宮中最得寵的武惠妃，從此更是平步青雲。

西元七三五年，李林甫終於被任命為禮部尚書、同中書門下三品，成為宰相中的一員。

需要說明的是，唐朝的宰相一般不止一人，而是一個班子。

唐代沿襲隋制，實行的是三省六部制。

三省即負責起草政令的中書省、負責審核政令的門下省、負責執行政令的尚書省。

唐初，三省長官中書令、侍中、尚書左右僕射（唐朝自唐太宗李世民後一般不設尚書令）均為宰相，唐中宗後，尚書左右僕射地位下降，一般不再被視為宰相，而其他官員只要加有「同中書門下三品」或「同中書門下平章事」者則被列為宰相。

當時與李林甫同居於相位、排名在他之前的，還有中書令張九齡和侍中裴耀庭。

據說在李林甫入相之前，李隆基曾徵求過張九齡的意見。張九齡明確表示反對：宰相關係到國家安危，陛下用李林甫為相，恐怕將來對社稷沒好處。

為什麼他要說這樣的話呢？我不知道。

我只知道，生性清高的大才子張九齡對文化水準不高的李林甫似乎一直都沒有什麼好感。

李林甫的學問淺薄是出了名的，為此甚至還鬧過一個有名的笑話。

那次，他的表弟姜度喜得貴子，作為表哥，李林甫肯定也要寫信道賀。

就和如今很多企業要把高層題字掛在顯著位置一樣，姜度當然也要把宰相的賀信掛在顯著位置炫耀。

他得意揚揚地當著眾多賓客的面拆開信封，命人將信貼在牆上。

沒想到，在場的人見了全都掩口而笑。

姜度的臉色非常難看！

原來，信上寫的是：聞有弄獐之慶……

古人常用「弄璋之喜」來祝賀別人生了兒子，而李林甫卻寫成了「獐」！

「璋」者，美玉也，而「獐」則是一種野獸，「獐頭鼠目」不是一個好詞，「弄獐之慶」當然也不是一句好話！

從此，李林甫便有了「弄獐宰相」的美名。

不過，他對此倒並不是很在意。

弄獐不要緊，弄權才是真。

他真正在意的只有權位。

他想要的，是早日扳倒張九齡，成為權傾天下的首席宰相！

張九齡 vs 李林甫

然而此時李隆基非常器重才華出眾的張九齡，李林甫當然不可能輕舉妄動。

在那段時間裡，他雖然一直在等待著合適的出手時機，但表面上卻對張九齡唯命是從，畢恭畢敬，公文幫著提交，走路幫著拎包，上廁所幫著扶腰……

機會很快就來了。

西元七三六年十月，李隆基和朝廷全體領導高層都在東都洛陽辦公。

李隆基原本計畫到來年春天再返回長安，但那段時間不知是他心中有鬼，還是真的有鬼，反正他感覺宮中似乎在鬧鬼，住著很不安穩，便召集三名宰相商議，打算提前回去。

沒想到張九齡、裴耀卿兩人都表示反對，理由是此時正是秋收季節，皇帝車駕出行會影響沿途百姓的收割。

這讓李隆基的心很是不爽。

他是一天都不想再待在這鬧鬼的地方了，就是回去住長安的公廁也比住洛陽的宮殿強！

可考慮到張、裴二人說的話也不是沒有道理，他一時也不好發作，無奈只好不了了之。

善於察言觀色的李林甫當然不可能看不出皇帝的心思。

不過當時他卻沒有發表任何意見，而是在事後才偷偷找到李隆基，提出了他的解決方案：長安和洛陽，都是陛下的家，想來就來，想走就走，何必要挑什麼日子？在臣看來，即使是真的妨礙秋收，那也不礙什麼事，把沿途百姓的租稅免掉不就可以了嗎？臣請求陛下馬上向百官宣布，即日啟程西行。

他的這番話，如冷空氣吹散霧霾一樣一下子吹散了李隆基心頭的疑雲。

李隆基當即下令依計而行。一行人順利返回了長安。

從此，李林甫給他留下了極為良好的印象——論文才，也許十個李林甫也不如一個張九齡，但要論頭腦靈活、善於變通，恐怕一百個張九齡也不如一個李林甫！

而不久發生的另一件事，讓李林甫和張九齡在他心中的地位發生了更大的變化。

那時原河西（治所今甘肅武威）節度使牛仙客剛被調任朔方（治所今寧夏靈武）節度使，繼任者見河西倉庫豐盈，裝備精良，便向上奏報牛仙客治軍有功。

李隆基派使者前去核實，發現確有此事。

這讓他龍顏大悅，便在朝會上提出想給牛仙客加個尚書的官銜，以資嘉獎。

張九齡馬上站出來表示反對：不行。我朝立國以來，一直都是卸任的宰相或德才兼備、名揚中外的人才能擔任尚書一職，牛仙客只是邊疆小吏出身，把他提拔到這樣重要的崗位，有損朝廷的聲望。

見他言辭激烈，李隆基只好退了一步：要不，給他加個封爵總可以吧？

然而張九齡還是堅持不同意：封爵是用來獎賞有功之臣的，牛仙客作為一個邊將，充實武庫、修備軍械本來就是他分內的事，陛下如果要犒賞他，可以賞賜他財物，裂土封爵，恐怕不合適。

李隆基知道張九齡向來以直臣自居，只要他認為不對的事就一定要爭到底，無奈只好沉默不語。

不過看得出來，他很不開心。

但李林甫卻很開心——皇帝和張九齡鬧得越不開心，自己離間他們的機會就越多！

因此，散會後他沒有走，而是單獨留了下來，旗幟鮮明地表達了對皇帝的支持：牛仙客有宰相之才，做尚書有何不可？張九齡只是一介書生，不識大體。

李林甫的話，比雷射導引炸彈還要精確地擊中了李隆基的心。

事實上，李隆基對張九齡的牛脾氣早就有些受不了了，只是為了保持自己明君的形象，加上朝中需要張九齡這樣以正直和博學著稱的臣子來裝點門面，才不得不勉為其難地強忍著。

但飯吃多了，總需要發洩；火忍久了，總需要發洩。

現在，在李林甫的煽風點火下，他決定不再繼續忍下去了。

不在沉默中爆發，就會在沉默中憋出神經病！

於是，在第二天的朝會上，便有了下面的這一幕。

當時李隆基舊話重提，再次提出要給牛仙客加封爵。

張九齡當然還是堅持反對。

李隆基頓時勃然大怒：難道什麼事都要由你做主嗎？

張九齡之前從來沒見過皇帝發這麼大的火，連忙跪倒在地，一邊磕頭一邊解釋：陛下不嫌棄臣愚鈍，讓臣忝居相位，因此遇到有不合適的事，臣不敢不盡言。

李隆基冷笑道：你嫌棄牛仙客出身寒微，那你倒是說說，你自己又出自什麼名門？

這正好戳中了張九齡的痛處。

他是韶州曲江（今廣東韶關）人，來自偏遠的嶺南，憑藉過人的才華高中進士，後因得到宰相張說的賞識，才一步步做到了宰相。

而當時由於科舉制度尚在草創階段，多數官員都是靠拼爹入仕的，朝堂上崔、盧、李、鄭、王、裴、薛、柳、韋、杜、楊、蕭等高門大族的子弟比比皆是，比如和張九齡同為宰相的裴耀卿就來自河東望族聞喜裴氏。

和他們相比，張九齡的出身可謂低到了塵埃裡！

因此，李隆基這句話說得非常重，非常不友好，非常不符合他的身分，似乎根本不是皇帝在訓話，而是潑婦在罵街：你張九齡有什麼資格說別人，也不撒泡那什麼自己照照！

這讓張九齡極其難堪。

可倔強的他卻依然不願讓步，還是堅持自己的觀點：臣來自嶺南蠻荒之地，不如牛仙客生於中原。但臣畢竟出入台閣、執掌誥命多年了，而牛仙客只是邊隅小吏，目不識丁，如果讓他在朝廷身居高位，恐怕難以勝任。

李隆基被他氣得血壓一下子飆到兩百五，嘴唇發烏，根本說不出話來。

朝會只能再一次不歡而散。

李林甫心中暗喜——他要的，就是這樣的效果。

當天他又給皇帝帶去了這樣一句話：只要真有才識，何必拘泥於詞學！再說，天子想要用人，用誰不可！

這正是李隆基最想聽到的，尤其是後半句。

天下是朕的天下，用誰當然要朕說了算！

其實這種想法是極其危險的。

因為這就意味著隨心所欲地處理政事，意味著置各項制度於不顧，意味著要把國家的治理原則從之前的法治變成徹底的人治！

不過，此時的李隆基顯然沒有意識到這一點。

他只覺得李林甫處處維護自己，是那麼的貼心；而張九齡卻處處為難自己，是那麼的鬧心！

就這樣，在李林甫的支持下，他不顧張九齡的再三反對，斷然下旨封牛仙客為隴西縣公，封邑三百戶。

經過這一事件後，他對李林甫更加信任。

李林甫當然也更加注意皇帝身邊的事情。

由於他善於從各種管道捕捉皇帝的資訊、揣摩皇帝的心意，因此幾乎每次他提出的意見與李隆基的想法都像兩個模數相同的齒輪一樣完全契合。

這讓李隆基感覺到無比的輕鬆，輕鬆得彷彿脫離了牛頓第一定律，神一般地懸浮在了空中……

他覺得李林甫簡直就是為他量身定做的首席宰相人選！

如果他是番茄，那麼李林甫就是雞蛋；如果他是電腦，那麼李林甫就是 Windows 系統；如果他是超跑，那麼李林甫就是四渦輪增壓十六汽缸發動機……

與此同時，張九齡在李隆基心目中卻從洗臉毛巾變成了抹布──地位一落千丈。

不久，李隆基乾脆找了個理由，將張九齡和裴耀卿兩人一起罷免，同時起用牛仙客為同中書門下三品，入閣拜相。

李林甫則出任中書令，成為繼張九齡之後的新任首席宰相。

獨攬大權

但以後發生的事，卻證實了張九齡對牛仙客的看法。

牛仙客確實無法勝任宰相這一職位。

他雖然善於帶兵，但由於沒有文化，對朝中大事根本無法裁決，無論別人向他請示什麼事，他的回覆都是同一把萬能鑰匙：按照規定辦。

甲：大人，這個罪犯怎麼判？

牛仙客：按照規定辦。

乙：大人，這個人任什麼官？

牛仙客：按照規定辦。

丙：大人，大事不好，尊夫人突然昏過去了，怎麼辦？

牛仙客：按照規定辦……啊？……

這樣一來，唐初建立的集體宰相制度幾乎淪為了擺設。朝政大權落到了李林甫一個人的手裡。

為避免御史台的諫官說三道四，影響自己隨心所欲地行使權力，李林甫在出任中書令不久就召集所有諫官開會：如今明主在上，我們這些做臣子的只要跟著走就可以了，根本無須多說！

諫官們全都面面相覷：諫官的職責不就是提建議嗎？不讓說話，那還要我們這些諫官幹什麼？

裝門面的。

當然，李林甫不可能這麼直說，而是為他們找了個參照物——立仗馬——宮門前做儀仗的駿馬。

他用手指了指那些立仗馬：諸位看到這些馬了嗎？如果它們好好地站在那裡，不亂動，不亂叫，就可以吃到上好的食料，享受上好的待遇，但要是有哪匹馬敢亂叫一聲，就會立即被趕出去！

之後，多數諫官都領會到了李林甫的談話精神，自覺向立仗馬靠攏，以裝門面為己任，一團和氣，一言不發。

只有一個叫杜璡的愣頭青不信這個邪，居然上疏妄議朝政，結果第二天他就被逐出了京城，貶到外地去當了個小小的縣令。

這下，再也沒有一個人敢提意見了。

朝堂上一片和諧，李林甫一言九鼎，就算他說「雞蛋比石頭硬」，也沒人敢提出任何異議。

可在幾年後，李林甫卻遇到了新的挑戰。

他的最佳拍檔牛仙客病逝了，新上任的宰相李適之不買他的賬！

與李林甫一樣，李適之也出身於皇族，而且與皇帝的關係更近，更根紅苗正。

他是唐太宗李世民的曾孫，祖父為唐太宗的長子——廢太子李承乾。

自出仕以來，李適之歷任左衛郎將、秦州都督、河南尹、御史大夫、刑部尚書等要職，在當時頗有名望。他認為自己無論是出身還是學問都比李林甫高，當然不甘心屈居於李林甫之下。因此，他在入相以後便常常明裡暗裡與李林甫對著幹。

李林甫對此心知肚明，但表面上卻始終不動聲色，始終對李適之客客氣氣。

在一次閒聊中，李林甫對李適之說了這麼一句話：華山底下有金礦，只要開採，國庫就不缺錢了，皇上好像還不知道……

言者裝著無心，聽者卻真的有意。

得知這個消息後，李適之如獲至寶——當時由於李隆基生活極其奢靡，出手極其大方，加上邊疆又經常用兵，國家的財政一直非常緊張。

他覺得這是個千載難逢的邀功好機會，便馬上將此事奏報給了皇帝。

李隆基聽了也很興奮，連忙召見李林甫，想與他商議開採事宜：林甫，華山有金礦，你知道嗎？

沒想到李林甫卻是一臉凝重：其實這件事臣早就知道了，但考慮到華山是陛下的王氣所在，臣覺得不宜開發，所以一直沒有上奏。

李隆基聽了不由得連連點頭稱是：看來還是愛卿想得周到！

與此同時，李適之在他的印象中卻大打折扣——比起李林甫，這人做事顯得很是粗疏哇。

他當即招來李適之，毫不客氣地說：今後你再想要奏事的時候，一定要先與李林甫商議，不要再如此輕率了。

李適之知道自己被耍了，但一時卻根本無從辯解，只能呆呆地站在那裡，臉紅得彷彿誤闖女廁所被抓了現行一樣。

這下，他終於見識到了李林甫的厲害。

此人實在太陰險太狡猾，指望自己能鬥得贏他，不現實！

他認清了，也認命了。

他不想幹了，也不敢幹了。

不久，他就找了個理由，主動申請辭了職。

李適之下臺後，門下侍郎陳希烈被任命為宰相，成了李林甫的新搭檔。

陳希烈是以精通玄學、善談老莊而得寵的，並沒有什麼政績，更沒有什麼黨羽，也沒有什麼威望。

他是個識相的人，知道自己肯定無法與李林甫相抗衡，只能老老實實地聽李林甫的話。

畢竟，做李林甫的刀，總比做李林甫刀下的肉好吧。

因此，在李林甫面前，他從來都是恭恭敬敬，一切唯李林甫馬首是瞻。李林甫說對，他也說對；李林甫說行，他也說行；李林甫說你個笨蛋，他也說你個笨蛋……啊，不，應該是我是個笨蛋……

從此，李林甫更加一手遮天。

口有蜜，腹有劍

不過，儘管已經身處權力巔峰，但他並沒有驕傲，仍然小心謹慎，如履薄冰，時刻提防各種潛在的對手。無論是誰，只要對他的地位有任何可能的威脅，他都會果斷出手，將其扼殺在萌芽狀態中。

有一次，李隆基在興慶宮的勤政樓上垂簾觀看樂舞，兵部侍郎盧絢不知道皇帝在上面，策馬揚鞭從樓下從容經過。

李隆基見盧絢英俊瀟灑，風度翩翩，忍不住對左右連連讚歎。

由於他身邊的隨從早就被李林甫收買了，不到一個時辰，此事就傳到了李林甫的耳中。

這引起了李林甫的高度重視。

他知道，李隆基是個極其注重外表和風度的人——這也是他當初之所以重用張九齡的重要原因之一，加上盧絢又出自著名高門范陽盧氏，本人的能力、資歷、名望也都非常不錯，這樣的人，一旦受到皇帝的賞識，很可能會入朝拜相，成為自己的勁敵。

他當即決定防患於未然，提前解決掉這個威脅。

於是，在某次和盧絢的兒子的會面中，李林甫故作關心地給他透露了一個消息：令尊素有清望，現在廣州（治所今廣東廣州）一帶缺少得力的人才，聖上打算讓他去，你看如何？

盧絢的兒子一下驚呆了，嘴張得大大的，彷彿一條在案板上掙扎的鯰魚：啊……怎麼……會這樣？能……能不能不去？——那時候的嶺南被視為鳥不拉屎的瘴癘之地，在中原人眼中的地位就相當於水泥地在魚兒眼中的地位，根本沒人願意到那裡去。

李林甫皺著眉頭、撚著鬍鬚作沉思狀：這個嘛……辦法倒是有一個，就看令尊願不願意做……

盧絢的兒子聞言慌忙回答：當然願意。

李林甫這才說出了自己的主意：如果不去，那就有違抗聖命之嫌，勢必會被降職。我看不如在皇上的任命發布之前，主動提出到東都洛陽去擔任太子詹事（太子府屬官，不過由於太子大多在長安，洛陽的太子詹事基本是個閒職），你覺得怎麼樣？

盧絢之子千恩萬謝地回去了。

盧絢果然提交了調職申請，說自己的母親已經八十八歲了，還身患八十八種慢性病，每天要吃八十八種藥，他作為一個孝子必須照顧母親，實在無法承擔現在的工作，請求皇上讓他去東都洛陽擔任太子詹事這樣的閒職。

就這樣，李林甫略施小計，不僅輕鬆趕跑了這個可能的政敵，甚至還讓對方對自己感恩戴德！

在李林甫的宰相生涯中，這樣的例子還有很多很多。

他平常總是面帶笑容，看起來非常和善，說話也總是動聽得讓人感覺如沐春風，卻常常能在不知不覺中就把你賣了，還能讓你心甘情願地為他數錢。

因此，當時人稱他為「口有蜜，腹有劍」。

這就是成語「口蜜腹劍」的由來。

我覺得，如果評選中國歷史上最牛的陰謀大師，李林甫也許不會名列三甲，但他肯定會獲得最高榮譽「終身成就獎！」

不過，李林甫雖然私心很重，但一般情況下，他並不亂來，處理政事大多遵從法度，辦事井井有條，在他擔任首席宰相的這段時間，朝政還是相當穩定的。

《舊唐書》記載說：（李林甫）自處台衡，動循格令，衣寇士子，非常調無仕進之門。所以秉鈞二十年，朝野側目，憚其威權——李林甫自從擔任宰相以來，一舉一動都遵循法令，無論是貴族還是士人，沒有不按照規定晉升的。因此他執政近二十年，懾於他的威名和權力，朝野上下對他都很敬畏。

正是憑藉這種無人能及的權謀能力和無比出眾的行政能力，李林甫深得李隆基的信任，擔任宰相長達十九年之久。

他不僅是唐朝任期最長的宰相，也是整個中國歷史上任期最長的宰相之一。

晚年的李隆基和李林甫的關係已經達到了魚兒離不開水，瓜兒離不開秧的程度，李隆基一度甚至還有過徹底放權給李林甫的想法。

史載他曾對高力士說過這樣一番話：朕不出長安近十年，天下無事，如今朕打算將政事全部委託給李林甫處理，你認為怎麼樣？

高力士連忙勸諫：國家大權千萬不能隨便給別人，一旦對方威勢已成，再想收回來可就麻煩了！

李隆基聽了很不高興，臉色馬上就陰沉下來。

高力士見狀連忙磕頭謝罪：臣說錯了，罪該萬死！

總而言之，這一時期的李隆基沉迷於楊貴妃的溫柔鄉中不可自拔，對朝政的態度類似於一頭悶頭吃草的驢對《彪悍南北朝之梟雄的世紀》的態度——完全沒有任何興趣，具體的政務只能倚重宰相李林甫來處理。

此時的大唐中央政府可以用一句話來概括：

李隆基卿卿我我，李林甫忙忙碌碌，朝臣們唯唯諾諾，沒人敢嘰嘰歪歪……

第四章
貴妃認義子，皇帝喜當爹

有趣的靈魂三百多斤

這就是安祿山崛起時的歷史背景。

事實上，這幾年安祿山的升遷速度比近幾年我們這裡的房價上升速度還快，是與李林甫提出的一項政策有很大的關係。

唐朝自立國以來，一直都有出將入相的傳統，邊將如果才兼文武又立有大功，往往就能進入政治中樞當宰相——初唐名將李靖、李勣、劉仁軌就是這樣的典型。

而現在李林甫為了長期把持手中的權力，避免有人和他競爭，當然不希望這種事發生。

思來想去，他想了個辦法——重用寒人蕃將。

唐朝宰相大多出自皇親國戚或高門大族，寒門出身的人當上宰相的可謂鳳毛麟角，胡人為相更是從未有過先例，如果對方既是胡人又是寒門，那就相當於在其通往宰相之路的大門上不僅裝了C級防盜鎖還加了把一百位數位的密碼鎖——萬無一失，固若金湯，杜絕了對方成為宰相的可能性。

顯然，那些寒人蕃將不管有多大的功勞，不管有多大的能耐，都絕對無法入朝為相，都無法對自己的地位造成威脅。

因此，他對李隆基提出了這樣的建議：選用將領，臣認為最合適的莫過於貧寒的胡人，他們從小在馬背上長大，驍勇善戰，而且由於出身寒門，在政治上孤立無援，不會拉幫結派，陛下如果能誠心厚待他們，他們一定會為朝廷盡死效忠。

李隆基覺得他說得頗有道理，當場便同意了。

可以說，這一政策幾乎是為安祿山量身定做的。他就這樣順理成章地當上了平盧節度使。

此時的安祿山雄心勃勃，躊躇滿志，一心想著再進一步。很快，他就找到了一個表現的機會。

這次，他以狗拿耗子的精神向朝廷舉報了一起選官舞弊案！

按照唐代的制度，凡經科舉考試、捐納，或原官起復等程序錄用的候補官員，要想正式入仕，還需經過最後一道程序——銓選。

據說那次參加銓選的候補官員數以萬計，入選的有六十四人，其中位居榜首的是御史中丞張倚之子張奭（ㄕˋ）。

一時間輿論譁然。

因為大家都知道，張奭是個出名的紈綺子弟，錢包鼓鼓，智商全無，從來不讀書，這樣的人要是能被選為第一，那豬都能得諾貝爾物理學獎了！

顯然，這必定是主考官吏部侍郎宋遙和苗晉卿在討好張倚——因為張倚那時是皇帝面前的紅人。

有人將此事告訴了安祿山，安祿山立即向皇帝實名舉報。

李隆基命人將入選的六十四人全部召來，讓他們在自己面前重新考試並當場交卷。張奭如便祕般憋得臉紅脖子粗，然而憋了半天卻連一個屁也沒憋出來——最後他交的是白卷！李隆基不由得雷霆大怒，當場下令將宋遙、苗晉卿和張倚等人全部貶官。而安祿山則憑藉這次檢舉，給皇帝留下了不畏權貴、仗義執言的良好印象。

不過，安祿山也知道，這種事畢竟只能偶一為之，作為一名邊將，要想繼續平步青雲，最重要的還是軍功。為了錢財，騙子可以不要臉皮；為了軍功，安祿山可以不擇手段。

他經常派兵主動騷擾契丹人和奚人：今天去燒一堵圍牆，明天去殺幾頭牛羊，後天去搶幾個花姑娘……

契丹人和奚人果然被激怒了，先後殺掉唐朝送來的和親的公主，宣布與唐朝決裂，對唐朝邊境發動了一次又一次報復性的進攻。

這正中安祿山的下懷。

早有準備的他立即發兵還擊，一次又一次地擊敗對手，隨後一次又一次地給皇帝報捷，並一次又一次地獻上俘虜、珍寶等各種戰利品。見捷報來得頻繁，李隆基非常開心，覺得自己沒看錯人——看來安祿山確實是個難得的將才啊，東北邊境有了他，從此朕可以放心了。

與此同時，宰相李林甫覺得安祿山既是胡人，又是寒門，只會作戰，不會作文，完全符合自己心目中的寒人番將標準，當然也樂得將其作為典型，多次在皇帝面前為安祿山說好話。

於是，在當上平盧節度使僅僅兩年後，安祿山又再進了一步——被任命為范陽節度使，同時還繼續兼任平盧節度使。

西元七四七年初，李隆基又任命安祿山兼任御史大夫，並頻頻召安祿山入朝覲見，以示恩寵。隨著接觸的增多，李隆基對安祿山的好感也越來越深。

因為他覺得，和朝中那些正襟危坐、嚴肅刻板的大臣相比，這個人實在是太有意思了！

正如瑪麗蓮夢露有一種天生的性感一樣，安祿山這傢伙有一種天生的幽默感。

不管什麼時候，只要他在場，絕對不會冷場；無論什麼情況，只要安祿山出聲，絕對不缺笑聲。

他是個一百六十五公斤重的大胖子，肚子大得能垂到膝蓋，但在李隆基面前跳胡旋舞（當時極為盛行的來自西域的一種舞蹈）的時候，卻迅疾如飛，無比靈巧。

有一次，李隆基指著安祿山的腹部問：你這肚子裡都裝了些什麼呀？怎麼會這麼大！

安祿山恭恭敬敬地回答：這裡面沒有別的，只有一顆忠心！

李隆基被他這個既詼諧又機智的回答逗樂了。

哈哈，好看的皮囊千篇一律，有趣的靈魂三百多斤！

這樣一個開心果，對正沉迷於享樂的晚年李隆基來說，顯然是極其合胃口的。

因為他現在唯一缺的只有快樂。而安祿山就是那個可以給他帶來快樂的人。

天上掉下個安祿山，似一朵重雲剛出岫。只道他腹內草莽人輕浮，卻原來搞笑程度超一流……

李隆基甚至把安祿山當成了居家旅行必備，只要安祿山人在京城，無論他走到哪裡，總是要帶著安祿山這個搞笑擔當——就跟我們現在出門總是帶著手機一樣。這樣一來，君臣之間的關係自然越來越親近。

安祿山也抓住機會，大表忠心：臣只是個蕃戎賤臣，主上卻對臣如此寵遇，臣沒有什麼可以報答，只能以死相報。應該說，後來他的確做到了「以死相報」——只不過死的是無數百姓。

為了取悅皇帝，安祿山甚至裝忠誠到了癡愚的程度。

一次安祿山入宮的時候，太子李亨也在。但他只是拜了皇帝，對太子卻沒有行禮。左右連忙提醒他，讓他趕緊拜見太子。然而安祿山卻依然站在那裡一動不動，表情一本正經得彷彿領導在作報告：臣是胡人，不懂朝中禮儀，太子是什麼？臣真的不知道。

李亨很尷尬。

李隆基見狀解釋道：太子是朕的接班人，朕百年以後，他就是你的君主。

安祿山臉色變換的速度比紅綠燈轉換的速度還要快——他的臉一下子就紅了，同時撲通一聲跪下，一邊不停磕頭，一邊連連謝罪：臣愚鈍，一向只知道陛下一人，不知道還有太子，罪該萬死……

李隆基忍不住哈哈大笑。

這胡人雖然鬧了個大笑話，但有一說一，沒有不懂裝懂，看來倒也是個實誠人！尤其是那句「一向只知道陛下一人」真的是太實誠了！

不過，安祿山的這番表現儘管大大地取悅了皇帝，但毫無疑問也大大地得罪了太子。

然而有一個人，安祿山是萬萬不敢得罪的。

楊貴妃。

比乾媽大十六歲的乾兒子

他知道此時的楊貴妃寵冠後宮，傲視群「雌」，雖然沒有皇后之名，地位卻等於是後宮之主。為了巴結貴妃，他做出了一個令所有人都意想不到的——請求比他整整小了十六歲的楊貴妃認他為乾兒子。

這樣的行為，如果發生在別人身上，肯定是不可思議的，但發生在安祿山身上，卻如雞司晨、貓叫春、狗吃屎那樣自然。

因為這完全符合他的人設——一個大大咧咧、不拘小節的胡人。

在人們的印象中，安祿山這個人似乎從來不知道任何規則，從來沒有任何條條框框，什麼都無所謂，什麼都無所畏……

因此，李隆基笑著答應了他的要求：想不到，朕年過花甲，居然又再次喜當爹了——楊貴妃是乾娘，自己當然就是乾爹了。

此後每次入宮覲見，安祿山都先拜楊貴妃，再拜皇帝。

李隆基很納悶：你這次序是不是搞反了呀？

安祿山理直氣壯地回答：我們胡人都是先母而後父。

這下李隆基釋懷了：原來如此呀。

他非但沒有覺得安祿山失禮，反而覺得這傢伙做事處處都跟常人不一樣，一會兒一個神轉折，一會兒一個腦筋急轉彎，真的是太好玩了！

到了安祿山生日那天，李隆基特意給他過生日，還賞了他大量禮物。

三天後，楊貴妃又再次召他入宮，按照胡人的風俗給他做三日洗兒之禮，洗完後又用絲綢做了一個巨大的繈褓把他包起來，讓五十八個宮女抬著他在宮中遊樂（注：人數是我估計的，少了怕抬不動）。

李隆基開始不知道這件事，後來聽到宮中的喧笑聲，忍不住去看熱鬧，這才明白原來是貴妃和安祿山在鬧著玩。

不過他並不覺得有什麼不合適，還樂得腰都直不起來，又賜給安祿山一大筆洗兒錢。

舉行了這種所謂儀式後，安祿山出入宮廷的次數自然就更多了，也更隨便了，經常與楊貴妃等人一起進餐，一起遊玩，一起打鬧，有時甚至通宵不出。

這樣一來，難免生出了各種流言蜚語。

然而，李隆基對此卻並不在意。

宰相肚裡都能撐船，他作為皇帝，肚裡應該至少能開航母才行，什麼東西容不下？

更何況，這事就算是真的，那也不影響什麼，既不影響太陽的照常升起，也不影響貴妃的風情萬種，更不影響他的身體健康——可能對他的身體還有好處……

他反而對安祿山越來越器重。

西元七四八年，他賜給安祿山免死鐵券。

兩年後，他又加封安祿山為東平郡王。

異姓將帥封王，這在之前的唐朝歷史上是從來沒有發生過的——要知道，戰功遠在安祿山之上的初唐名將李靖、李勣，封爵也只不過是國公而已！

有了好馬要配好鞍，有了王爺的頭銜當然要配氣派的王府。

李隆基對這項工作高度重視，親自給安祿山在宮城南面的親仁坊選了一塊風水寶地，命有關部門在那裡給他修建新宅，還親筆批示了營造原則八字方針：但窮壯麗，不限財力——只要求壯麗到極點，即使花掉再多的錢也沒關係！

之所以要這麼做，他的理由很簡單：胡人的眼光高，別讓他笑話我！

宅邸建成後，果然極其奢華，很多裝飾用的器具甚至比皇宮用的還要高檔！

安祿山搬家的那天，李隆基本來的計畫是要去打馬球，但在接到安祿山的上表後，他馬上改變了行程，不僅親自到安家捧場，同時還命宰相李林甫、陳希烈和在京的大臣們也都一齊前往！

君相齊臨，高官滿座，這是何等高的規格，這是何等大的榮耀！

之後李隆基又經常帶著楊家兄妹一起蒞臨安祿山家中，與他一起飲宴玩樂。

見皇帝對自己如此寵倖，安祿山趁機請求由他兼任河東（治所今山西太原）節度使。

對他有求必應的李隆基又毫不猶豫地答應了。

第五章
安李雙劍合璧，長安大案迭起

不怕皇帝，只怕李林甫

此時的安祿山，儼然成了李隆基手下的第一紅人！

然而，儘管他在皇帝那裡可以予取予求，但有一個人卻始終令他充滿畏懼。

此人就是宰相李林甫。

其實剛開始的時候，安祿山自恃有皇帝做靠山，目空一切，趾高氣揚，對李林甫這個一天到晚笑眯眯、其貌不揚乾巴巴的老頭兒並沒有放在眼裡。直到發生了一件事。

那一次，安祿山與李林甫在政事堂商談有關事宜。

李林甫發現安祿山神色極其傲慢，言談很不禮貌，牛皮亂吹，唾沫亂飛，便決心給他點顏色看看。

但他卻並沒有直接指責安祿山，而是依然面帶微笑，依然語氣溫和，只是在中途假裝有事，讓人召御史大夫王過來。

見王鉷在李林甫面前畢恭畢敬，走路時低著頭碎步兒小跑誠惶誠恐一副小學生見老師的樣子，奏事時趴在地上戰戰兢兢一副大氣都不敢出的樣子，安祿山簡直不敢相信自己的眼睛。

因為他知道，王鉷是當時著名的酷吏，身兼御史大夫、京兆尹等二十餘個重要職務，經辦過無數起大案要案，以手段狠辣、冷酷無情而著稱。他殺人不眨眼，吃人不吐骨頭，害人不計其數！

這樣一個讓朝臣們畏之如虎的狠人，居然對李林甫畏之如虎！

能讓孫悟空不敢造次的，只有如來佛；能讓王鉷如此服帖的，只有李林甫！

可想而知，李林甫有多麼厲害！

安祿山就這樣被鎮住了。

從此，他在李林甫面前再也不敢如此無禮。

隨著與李林甫交往的增多，安祿山越發感覺到此人的深不可測。

安祿山在范陽，自認為天高皇帝遠，幹了不少不法之事，本以為應該沒人知道，但李林甫卻往往在與其交談時不經意間說出來，而且說得比現場直播還要形象，比刑事案卷還要細緻：去年的二月三十一日晚上八點五十二分零九秒，你是不是搶了一個良家婦女，名叫×××？她二姨的兒子的嬸娘的侄子的舅舅的外甥的叔叔的侄女的表姐是不是也叫這個名字？……

即使是在滴水成冰的寒冬，他這些話也能讓安祿山驚出一身冷汗。

顯然，他的一舉一動都瞞不過李林甫！

而更令安祿山覺得可怕的是，很多時候他內心的想法從來沒有向任何人透露過，李林甫卻總是能一針見血地指出來。

顯然，他的任何心思都瞞不過李林甫！從李林甫那裡出來的時候，他連腳都是軟的，是扶著牆出來的。他手裡扶的是牆，心裡服的是李林甫！

不過，李林甫也知道，一個人如果光吃瀉藥不吃補藥身體是吃不消的，對別人如果光示之以威不施之以恩，別人也是受不了的，因此他對安祿山經常也有溫情的一面。

有一年冬天，安祿山前來彙報工作，李林甫見他衣衫有點單薄，嘴唇有點發紫，講話有點哆嗦，顯得有點冷，便馬上脫下自己的外套，披在他的身上。

這讓安祿山很是感動。

從此，安祿山無論什麼場合無論什麼時間無論什麼人面前都從不直呼李林甫的名字，而是尊稱他為「十郎」——李林甫在家中排行第十，而「郎」在唐朝通常是奴僕對主人的尊稱。

由此可見，安祿山對李林甫有多麼尊敬！

朝中有李林甫這樣的人物在，安祿山當然不敢掉以輕心。

在回到范陽後，他便派自己的心腹部將劉駱谷常駐京城，以便瞭解朝廷的動態——更重要的是，瞭解李林甫的動態。

每次劉駱谷從京城回來，安祿山問的第一句話總是這樣的：十郎說了什麼？

如果李林甫稱讚他，他就會眉開眼笑；如果李林甫說要他注意點，他就會眉頭緊鎖：哎呀，我死定了！

太子李亨

實際上，李林甫之所以能收服安祿山，除了以上的手段，還有利誘。兩人有不少共同的利益。比如在太子的問題上，兩人的立場就相當一致。前面說過，安祿山為了向皇帝表忠心，曾故意對太子李亨無禮，得罪了太子，這讓他常常擔心以後李隆基死了，李亨上臺後會對自己實施報復。而李林甫也有同樣的擔心。比起安祿山，他和太子之間的積怨更深。

此事還得從多年前說起。

李隆基最初所立的太子其實並不是第三子李亨，而是他的次子李瑛。但後來隨著其母趙麗妃的去世和武惠妃的得寵，李瑛的太子地位受到了極大的威脅——武惠妃經常利用自己的特殊地位，慫恿皇帝廢掉李瑛，改立自己所生的壽王李瑁。前面說過，李林甫是靠著武惠妃的暗中幫助才當上宰相的，他當然不會不站在武惠妃這一邊。

然而由於當時的首席宰相張九齡的堅持反對，李隆基一時拿不定主意。

事情就這樣拖了下來。

武惠妃心急如焚。

怎麼辦？

總不能啥也不做，等天上打雷把李瑛劈死吧？

病一急，就容易亂投醫；人一急，就容易亂來。

武惠妃偷偷派自己的心腹宦官給張九齡傳話：只要你這次肯幫我，我一定會讓你長期擔任宰相。

可這次她錯了。

蒙脫石散對腹瀉患者也許是有效的，但對便祕患者來說，卻不僅無效，反而有極大的害處；她這種方式對李林甫這樣的人也許是有用的，但對張九齡這樣的人來說，不僅沒用，反而有極大的反作用。

張九齡非但不領情，還勃然大怒：武惠妃，你真是狗眼看人低，別自己是個蛆，就以為全世界是個大糞坑！

隨後他將武惠妃的這句話原原本本都告訴了李隆基。

一個後妃，居然明目張膽地和宰相串通，這對任何一個皇朝的任何一個皇帝來說，都是極其犯忌的。李隆基當然也不例外。

此後，他雖然對武惠妃還是那麼寵愛，但再也不提廢立太子之事。

就這樣，憑藉武惠妃的烏龍助攻和張九齡的臨門一腳，李瑛算是涉險過了這一關。

可惜好景不長，沒過多久張九齡就罷相了，李林甫成了新的首席宰相。失去保護傘的李瑛，頓時變得和失去頂樑柱的房子一樣脆弱。老謀深算的李林甫當然不可能放過這樣的機會。在他的策劃下，武惠妃對李瑛發動了致命的一擊。

她假稱宮中發現了盜賊，命人召太子李瑛以及與太子關係親密的鄂王李瑤（李隆基第五子）、光王李琚（李隆基第八子）立即入宮平叛，同時卻又派人告知李隆基，說李瑛會同李瑤、李琚三人發動武裝兵變。

李隆基趕緊派人前去查看，果然發現李瑛等人全副武裝出現在了皇宮。捉姦在床，人贓俱獲，這還有什麼好說的！李隆基終於再也遏制不住他心中的怒火了。

盛怒之下，他下令將李瑛等人廢為庶人，接著又將三人賜死。

不知是不是因為做了虧心事，武惠妃不久也去世了。

之後李林甫多次勸李隆基立壽王李瑁為太子，但李隆基卻還是猶豫不決。

畢竟，李瑛死了，按規矩，應該繼位的是他的第三子忠王李璵，而不是第十八子李瑁，且李璵的長子李俶（ㄔㄨˋ）是他的長孫，聰明可愛，頗受他的喜愛……

此外，還有個更重要的原因是，李瑁小時候一直由寧王李憲（李隆基的大哥）撫養，他們感情深厚，而李隆基對寧王這個本來可以當皇帝的人（李憲曾經被唐睿宗李旦立為過太子）內心一直是十分猜忌的……

究竟該立李瑁還是李璵？他思來想去，卻始終無法做出決定。

最後還是高力士一錘定音：只要依年齡大的立，誰會有意見呢？

就這樣，時年二十八歲的忠王李璵（六年後更名為李亨）被立為了新的太子。

這顯然是李林甫所不希望看到的。

他一直是壽王李瑁最堅定的支持者，也一直是新太子最堅決的反對者，將來李亨繼位後，他會有好果子吃嗎？

答案當然是否定的。

這成了李林甫的一塊心病。從此，他一直處心積慮地想要廢掉李亨。

不過，由於李亨為人極為低調，做事極為謹慎，從不多講一句話，從不多喝一口酒，從不亂泡一個妞，李林甫在之後幾年時間裡竟然都沒有找到合適的機會！

李林甫決定改變策略。

踢球，如果中路打不開局面，那就只能改從邊路攻擊；整人，如果本人找不到破綻，那就必須改從家人入手。李林甫瞄準的突破口，是太子的小舅子韋堅。

韋堅出身於關中望族京兆韋氏，他精明能幹，在江淮轉運使任上政績突出，為緩解當時的財政緊張問題出了不少力，很得李隆基的歡心，因而被加封為散騎常侍，同時又兼任了水陸轉運使等多個重要官職，加上他又與當時和李林甫搭檔的另一個宰相李適之打得火熱，一時間在朝中炙手可熱，大有入相之勢。李林甫對他非常猜忌，便用明升暗降之計，推薦他擔任刑部尚書，同時免掉了他身兼的其他的所有職務。韋堅因而對李林甫恨之入骨。

和韋堅有同樣想法的，還有時任河西、隴右節度使的大將皇甫惟明。

皇甫惟明是太子多年的老友，與韋堅的關係更是好到了可以「剔牙不捂嘴，放屁不臉紅」的程度。他對李林甫的專權也極其不滿，便借著入朝報捷的機會，委婉地勸李隆基罷免李林甫。

沒想到他的這番諫言很快就傳到了耳目眾多的李林甫那裡。

犯林甫者，雖遠必誅！

李林甫當即下了決心，一定要設法把此人搞下去。

他命自己的心腹御史中丞楊慎矜，密切監視皇甫惟明及其好友韋堅等人的一舉一動。

很快，他就有了收穫。

楊慎矜發現，這一年的正月十五晚上，韋堅先是與出遊的太子李亨在大街上會面，接著又在一處道觀裡與皇甫惟明碰了頭。

至於他們說了什麼，由於當時沒有竊聽器，沒有人知道。

李林甫也不知道。

不過，在他看來，他也不需要知道這麼多——就像一個人要開車，並不需要知道汽車發動機裡的曲軸是用什麼材料、什麼工藝、什麼設備生產出來的一樣。

他先是授意楊慎矜上表彈劾韋堅和皇甫惟明，理由是韋堅作為外戚，不應與邊將交往。隨後他又親自出馬，將此事定性為韋堅和皇甫惟明勾結，企圖發動政變，密謀擁立太子提前上臺。

果然，這觸動了李隆基最敏感的神經。

老人最忌諱的就是別人說他老，做小三的最忌諱的就是別人說自己小三，當初透過政變上臺的李隆基最忌諱的就是別人搞政變！

他當即勃然大怒，下令將韋堅和皇甫惟明兩人逮捕下獄，嚴加審查。

李林甫命楊慎矜、王等人成立專案組，指示他們沒有困難也要創造困難……不，沒有證據也要創造證據，務必將此案辦成鐵案，務必把太子給拉下馬！

然而他的如意算盤卻落了空。

原來，李隆基在冷靜下來後，覺得此事還是不宜搞大。畢竟，他已經很老了，不想再折騰了，也禁不起折騰了——廢立太子這件事不僅費神費腦費精力，還費兒子，他已經經歷過了一次，實在沒有精力再來一次了。

還是大事化小小事化無，把韋堅和皇甫惟明貶官趕出京城，讓他們失去搞政變的本錢，借此警告一下太子就算了吧。

於是，他下詔以鑽營跑官的罪名將韋堅貶為縉雲（今浙江麗水）太守，同時又以離間君臣的罪名把皇甫惟明貶為播川（今貴州遵義）太守。

本來此事也就算過去了。

但樹欲靜而風不止，李隆基想大事化小而韋堅的家人卻偏偏要無事生非。半年後，韋堅的兩個弟弟又上奏為自己的哥哥鳴冤——說韋堅沒有跑官，還在奏章中把太子也牽扯了進去——說太子可以證明這一點。

他們哪知道，皇帝之所以要處理韋堅，就是對著太子來的！

好在李亨沒那麼糊塗。應該說，他對自己面臨的處境還是認識得很到位的。他知道，在這樣的關鍵時刻，做對了，也許還有可能轉危為安，做錯了……人生有時候，是不允許做錯的。因此，他的反應非常迅速，甩掉自己的妻子比甩鼻涕還要快。他不僅馬上宣布和韋妃離婚，跟韋家劃清了界限，還請求皇上千萬不要因為這些人與自己的關係而破壞法規。

果然如他所料，韋氏兄弟的舉動再次惹惱了李隆基。

給你們臺階下你們不要，偏要把自己放在火上烤，那好，我成全你們！

就這樣，韋堅再次被貶為江夏（今湖北武漢）別駕，他那兩個成事不足敗事有餘的兄弟則被流放嶺南。

之後，李林甫趁著皇帝在氣頭上，又把曾與他作對的李適之（當時李適之已辭去了宰相職務）也拖下了水，進言說李適之也是韋堅一黨。

於是，韋堅又被改判為流放臨封（今廣東封開縣），李適之則被貶為宜春（今江西宜春）太守，數十個與他們有關係的朝臣也都紛紛被貶謫。

不過，李亨總算是逃過了一劫。

然而令他萬萬沒有想到的是，沒過多久，他竟然又再次被捲入到了旋渦之中！

這次出事的，是李亨另一個姬妾杜良娣的家人。

杜良娣的姐夫柳勣和他的丈人也就是杜良娣的父親杜有鄰不知因為什麼產生了矛盾，不知產生了什麼仇什麼怨，他竟然以「捨得一身剮，要把丈人拉下馬」的大無畏精神在外面散布流言，說杜有鄰「妄稱圖讖，交構東宮，指斥乘輿」——編造迷信言論，勾結東宮太子，誹謗當今皇帝。

流言的傳播速度比流感還快，很快就傳遍了整個京城。

一時間，躺著也中槍的李亨異常尷尬。

李林甫則如獲至寶，決定抓住機會，再次大幹一場。

世界上沒有什麼人是我李林甫陷害不了的，如果有，那就陷害兩次！

他當即命自己的心腹吉溫將杜有鄰、柳等人抓捕歸案，嚴刑訊問。

此案的結果是：杜有鄰、柳等人都被杖殺，一大批之前與李林甫有過過節的官員都被借機株連，之前被貶的韋堅、皇甫惟明等人被賜死，李適之也畏而自殺。

而李亨卻又一次涉險過關。

他故技重演，在第一時間就與杜良娣撇清了關係——將她廢為庶人，趕出東宮，最終保住了太子之位。

當然，他之所以沒有被廢，除了因為他平時出淤泥而不染的小心謹慎、臨危愛老婆而不保的冷酷無情，更重要的原因是，李隆基並不想換掉他。

在李隆基看來，一方面，他不希望早已成年的太子李亨羽翼過豐，威脅到自己的地位，因此要借李林甫的手，除掉太子的黨羽；另一方面，他也不希望李林甫真的把李亨整垮，因為李林甫目前的權勢已經很大了，如果再讓他扳倒李亨，擁立新的太子，那他就不好控制了……

但李林甫卻並不這麼想。

他清楚地知道，自己和太子之間早已結下了深仇大恨，早已如濃硫酸和金屬一般不能共存，要不想將來死無葬身之地，就只能將太子置於死地！

條條大路通羅馬，但他能走的，卻只有這唯一的一條路！

為了增加自己的勝算，他又找到了一個得力的盟友——安祿山。

一個是掌控朝政的宰相，一個是手握重兵的諸侯；一個是經驗豐富的老臣，一個是紅得發紫的新貴；一個陰謀技能爐火純青，一個馬屁功夫無人可比；一個鎮得住文武百官，一個搞得定皇上貴妃……

強強聯手，力量自然更大了。

李林甫的膽量也更大了。

安李團結如一人，試看天下誰能敵！

於是，便有了震驚朝野的王忠嗣案。

陷害王忠嗣

王忠嗣，本名王訓，其父王海賓曾任太子右衛率、豐安軍使，西元七一四年在一次與吐蕃的惡戰中壯烈殉國，死後被追贈為左金吾大將軍。

當時年僅九歲的王訓就這樣成了孤兒，李隆基感念其父的忠勇，將他接到了宮中，親自撫養，並賜名忠嗣。

王忠嗣長大後英武剛毅，沉穩寡言，李隆基因他是名將之後，經常與他談論兵法，王忠嗣每次都對答如流，頗有見地，李隆基不由得讚歎道，你將來一定是位出色的將軍！

事實也證明了李隆基的眼光。

自二十多歲從軍以來，王忠嗣先後效力於河西節度使蕭嵩、朔方節度使李禕麾下，歷任河西討擊副使、左威衛將軍、河東節度副使等職，在西北戰場上多次大破吐蕃，屢建戰功。

西元七四一年，三十六歲的王忠嗣因功升任朔方（治所今寧夏靈武）節度使，四年後再兼河東（治所今山西太原）節度使。

西元七四六年，原河西、隴右節度使皇甫惟明因捲入韋堅案遭到貶謫，王忠嗣又兼任了河西（治所今甘肅武威）、隴右（治所今青海樂都）節度使。

當時全國共有九大藩鎮，王忠嗣一人就占了四個，由此可見他在皇帝心中的地位！

王忠嗣的確當得起這樣的重任。

他年輕時以勇銳聞名，再大的危險都不怕，但在獨當一面後卻變得極其穩重，再小的風險也不冒。

每次作戰前，他都要先派出大量間諜前去偵察，力求全面瞭解對手的各種資訊：有多少人、有多少馬、有多少糧草、有多強的戰鬥力、主將是誰、特長是勇還是智、威望是高還是低、治軍是嚴還是寬……

在徹底掌握敵情後，他再做有針對性的周密計畫，最後才發兵出擊，因此他常常能以最小的傷亡而取得勝利。

不過，他雖然善戰，卻並不好戰。

他常常對左右說，太平時代的將軍，只要好好安撫部隊就夠了，絕不能為了成就自己的功名而濫開戰端，白白消耗國家和百姓的財力。

他最擅長的，是不戰而屈人之兵。

在朔方的時候，他故意引進溫州炒馬團，把當地的馬價炒得很高，境外牧民見有利可圖，全都爭先恐後地把最好的馬賣給他。這樣一來，唐軍戰馬充足，騎兵越來越強，而周邊的突厥等胡人卻因缺少良馬而戰鬥力大為削弱，自然難以與唐軍匹敵。

此外，他還特別善於發現人才，哥舒翰、李光弼、郭子儀等一大批後來的名將都是因他的慧眼識珠而嶄露頭角的。

可以這麼說，在當時的唐朝軍界，無論是戰功還是威望，無論是實力還是影響力，王忠嗣都是當之無愧的第一人！然而，木秀於林，風必摧之；人高於眾，李林甫必毀之。李林甫知道，在向來有出將入相傳統的唐朝，依照這樣的勢頭發展下去，王忠嗣未來很可能會入朝拜相，成為自己的勁敵。更令他不安的是，王忠嗣從小生活在宮中，與他的死敵——太子李亨淵源匪淺！他決定未雨綢繆，儘早將王忠嗣除掉。

而與此同時，勢力逐步壯大的安祿山也把王忠嗣視為了他最主要的競爭對手。

在這一點上，李、安兩人一拍即合。

西元七四七年，安祿山以防禦契丹人為名修築雄武城（即今天津薊州區北的黃崖關），向朝廷請求王忠嗣派兵支援，企圖借機吞併其軍隊，削弱其實力。

王忠嗣對安祿山的想法心知肚明，因此他留了一個心眼兒，沒有直接派軍前往，而是先親自帶著少數隨從前往巡視。

這一看，就看出了問題！

他發現，安祿山在幽州大肆培植個人勢力，軍中充滿了對安祿山的個人崇拜，牆上到處都是「沒有安大帥，吃不起大蒜」、「山外青山樓外樓，沒有安大帥我們算個球」、「即使忘了自己的生日，也絕不能忘了安大帥的指示」之類的肉麻標語；他發現，軍械庫中存放的大量裝備不是用來野戰的，而是用來攻城的，可契丹人大多生活在帳篷裡，打契丹人根本不需要這些東西……

顯然，安祿山有異心！

他大為震驚，沒和安祿山會面就匆匆返回。

回去後，他立即給李隆基上書：安祿山若是靠得住，癩蛤蟆都能上樹，這個胡人將來必然會造反！可此時的李隆基對安祿山極為寵愛，對此根本就不相信。他覺得王忠嗣之所以這麼說，是出自對安祿山的妒忌。而安祿山由於被點破了心事，對王忠嗣更是必除之而後快，經常趁皇帝與自己見面時說王忠嗣的壞話。

王忠嗣大概也嗅到了危險，為避免樹大招風，他主動辭去了河東、朔方兩鎮的節度使職務。

但李林甫和安祿山卻依然不放過他。不過，王忠嗣這個人既不貪財又不好色，既有能力又有背景，且深受皇帝器重，該從哪裡找突破口呢？

這難不倒李林甫。很快，他就想出了辦法。

李林甫極力挑動李隆基，讓他命王忠嗣攻打石堡城（今青海湟源西南）。

石堡城是唐朝與吐蕃邊境上的一座重鎮，地勢險要，易守難攻，且位置極為重要，可以說，誰占有了石堡城，誰就掌握了河湟地區的主動權。因此這裡一直是雙方的必爭之地。

雙方在此反覆拉鋸。最近的二十年內，城池就幾度易手：

西元七二九年，唐朝大將李禕率部奇襲石堡城，將其一舉拿下；

西元七四一年，吐蕃出動重兵發動反撲，奪走了石堡城的控制權；

西元七四五年，唐朝河西、隴右節度使皇甫惟明率部強攻石堡城，最終卻損兵折將，無功而返……

這幾年來，李隆基一直無時無刻不惦記著重新收復石堡城。李林甫的提議自然正中其下懷。

他當即下詔給王忠嗣，命他不惜代價，務必攻取石堡城。然而王忠嗣對此卻有不同意見。

他上奏說：石堡城異常險峻，且吐蕃在此屯有重兵，如要硬攻得手，至少要搭上數萬條唐軍將士的性命，得不償失，臣認為不如先養精蓄銳，等待時機。

李隆基很不高興。

我對你如此關心，你竟然一點不體諒我的心！

我對你寄予厚望，你竟然這樣令我大失所望！

你不去，難道就沒人願意去了嗎？

當然有。

在古代中國，也許會缺糧、會缺水、會缺錢，但從來不會缺迎合聖意的人。有個叫董延光的將領揣摩到了皇帝的心思，主動請纓：臣願往！李隆基大喜，馬上同意了他的請求。同時，他還命王忠嗣撥給董延光數萬兵馬，並全力支持其行動。

可王忠嗣對董延光提出的要求卻並不配合。兩人的交涉有點像現在酒桌上不太愉快的勸酒。

董延光：王將軍，給點人吧。（喝點白酒吧。）

王忠嗣：不行，我真的給不了了。（不行，我真喝不了了。）

董延光：要不，給點糧草？（要不，來點啤酒？）

王忠嗣：不行，我們這兒明年還有很多仗要打，會不夠用的。（不行，我明天還有很多事要幹，會起不了床的。）

董延光：你到底幫不幫我？（你到底喝不喝？）

王忠嗣：我真的已經盡力了。（我真的不能喝。）

…………

最後兩人只能不歡而散。

部將李光弼勸王忠嗣不要這樣對待董延光：打石堡城是天子的意思，如果董延光失利了，必然會歸罪於您，把責任都推到您身上，您這是何苦呢？

但愛兵如子的王忠嗣卻依然堅持己見：我就算丟掉官職，也不願看到數萬將士白白犧牲！我知道你是為我好，但我心意已決，你不用再多說了！

李光弼只好悻悻而出。

不久，他最擔心的事終於發生了。

董延光鎩羽而歸，隨後為了推卸責任向皇帝誣告，說這次之所以會失利都是因為王忠嗣的阻撓，然後添油加醋地列舉了王忠嗣的十八大罪狀一百零八個失誤。

本來就對王忠嗣有意見的李隆基忍不住勃然大怒。

之前他有多麼喜歡王忠嗣，現在就有多麼討厭王忠嗣！

這樣的結果，正是李林甫期盼的。

他馬上指使一名官員向皇帝揭發，說王忠嗣之所以消極避戰，是為了保存實力，以便起兵擁立太子。

顯然，他的目的是想利用王忠嗣將太子拖下水，實現自己廢掉太子的夙願！

可惜，他又再次失望了。

儘管李隆基下詔征王忠嗣入朝，等他一到京城就將其免職，交由御史台、刑部和大理寺三司會審，卻同時又給此案明確定性，將其與太子撇清關係：吾兒久居深宮，怎麼可能與外人通謀？這一定是不存在的，只要查王忠嗣阻撓軍事行動這件事，其他的不要管。

李亨再次逃過了一劫。

但王忠嗣就沒那麼幸運了。

不久，三司就做出了判決：王忠嗣阻撓軍功屬實，論罪當誅。

就在王忠嗣危在旦夕的時候，有一個人挺身而出，救了他的命。

哥舒夜帶刀

此人是新任隴右節度使哥舒翰。

哥舒翰是突騎施（突厥別部）哥舒部落首領之後，世代居住在安西（今新疆庫車），其父哥舒道元曾任安西副都護，家境極為優越。

他年輕時是個典型的紈絝子弟，遊手好閒，縱情聲色，喝酒、賭博、打架，什麼都幹，就是不幹正事。四十歲那年其父去世，他本著「世界那麼大，我想去看看」的心態離開家鄉，前往京城長安，成了「長漂」一族。

在長安的日子裡，他還是和以前一樣遊手好閒。

直到三年後的某一天，他不知因何事得罪了長安縣尉，被對方狠狠地羞辱了一番。

如果說秦嶺淮河是中國南北的分水嶺，那麼這一事件就是哥舒翰人生的分水嶺。因為此次受辱，竟然如閃電引燃枯枝般引燃了哥舒翰的雄心！你讓我撒泡尿照照自己，我偏要好好地發展自己！

已經人到中年的他發誓一定要幹一番讓人刮目相看的大事業！隨後，他仗劍來到河西（今甘肅武威）從軍。

太陽只要鑽出雲層，瞬間就光芒萬丈；哥舒翰只要走出迷茫，馬上就一舉成名。他既有勇又有謀，既有膽又有識，既有意志力又有執行力，剛一入伍就在攻克新城（今青海門源）一戰中立下大功，從此嶄露頭角。

王忠嗣擔任河西節度使後，對他更是極其欣賞。在王忠嗣的大力提攜下，他的職務晉升速度很快，短短數年時間內就從一名衙將被提拔為右武衛將軍、隴右節度副使。

哥舒翰治軍嚴明，同時又輕財好義，很得軍心。西元七四七年的積石山一戰更是讓他聲名大噪。

積石山（位於今甘肅臨夏境內）位於唐朝隴右地區和吐蕃交界處，由於土地肥沃，適於農耕，唐軍常年在此駐軍屯田。

然而每到麥子熟的時候，吐蕃人都要發兵前來搶割，當地守軍抵抗不過，只能眼睜睜地看著自己的勞動果實被洗劫一空。吐蕃人甚至囂張地將此地稱為「吐蕃麥莊」，將當地的唐軍稱為「唐白勞」。

哥舒翰的到來，徹底扭轉了這樣的被動局面。

那一年的收穫季節，他親自領兵進駐積石山，同時派部將王難得等人埋伏在積石山外吐蕃人的必經之路上。

和往年一樣，吐蕃人果然又大搖大擺地來了。

這一次，他們出動了五千騎兵。

但他們剛到，哥舒翰就率軍突然衝出。

吐蕃人猝不及防，難以抵擋，只能節節敗退。

哥舒翰帶著部下緊追不捨。

他本人則一馬當先，衝在最前面。

每追上一個吐蕃人，他就用自己的長槍拍拍對方的肩膀，等對方本能地回頭時，他再用槍直刺咽喉，將其挑到空中再重重摔下。

他有一個家奴，當時才十五六歲，出戰時一直跟在哥舒翰身邊，每次只要哥舒翰挑人下馬，他就馬上提刀砍下其腦袋。

兩人一個挑一個砍，流水作業，配合嫻熟，效率基本穩定在每秒殺一人以上！

這地獄般恐怖的場景把吐蕃人嚇得魂飛魄散，只能拼命逃竄。

逃得慢的，做了哥舒翰及其麾下將士的刀下之鬼，少數逃得快的，總算擺脫了追兵，沒想到又被王難得等人截住了歸路。

此時這些人已經累得呼吸基本靠喘、走路基本靠挪、對抗基本靠翻白眼——還得是五百分鐘轉0.0001圈的慢動作，怎麼可能是王難得這支生力軍的對手！

最終，五千吐蕃人全軍覆沒，連一匹馬都沒能逃回去！

此戰之後，哥舒翰的威名傳遍了整個西北大地！

李隆基也注意到了這顆冉冉升起的新星，有意對哥舒翰提拔重用，便派人召他來長安。

此時，他的老上級王忠嗣正在長安的獄中接受審查。

臨行前，軍中很多將領都讓他多帶些金銀珠寶，以便在朝中打點，營救王忠嗣。

可哥舒翰卻不願這麼做。

他慷慨激昂地說，如果天下還有正義，王公必不會冤枉而死；如果沒有，要金銀又有什麼用！

就這樣，除了一腔豪情和一匹馬，他什麼也沒帶就上路了。

到長安後，李隆基親自在華清宮接見了他，一番交談後對他非常滿意，隨即擢升他為隴右節度使。

得到節度使的任命後，按照慣例要入宮謝恩。

哥舒翰借此機會，在李隆基面前極力為王忠嗣喊冤，極力讚頌王忠嗣的能力，還表示願意以自己的官職來換取赦免王忠嗣。

李隆基對王忠嗣違抗命令、不肯攻打石堡城這件事依然耿耿於懷。

在他看來，曾經裝過大糞的碗，就算再好看也不能再放在碗櫃；曾經有過這種嚴重污點的王忠嗣，就算再有本事也不能再留在人世！

因此對哥舒翰的請求，他根本不願聽，拂袖而去：別的朕都可以答應你，但王忠嗣的事免談！

而哥舒翰卻依然不肯放棄。

他一邊跟在皇帝後面一步一叩首，一邊一遍又一遍地聲淚俱下地請願：別的都可以免談，但王忠嗣的事，請陛下一定要答應我！

在他的極力懇求下，李隆基最後不得不改變了主意——畢竟，西北正是用人之際，他如今離不開哥舒翰這樣的將才，不能不顧及其面子！

他下詔免去了王忠嗣的死罪，將其貶為漢陽（今湖北武漢）太守。

王忠嗣這才保住了性命——可惜的是，僅僅是從死刑轉為死緩而已。

三年後，一向身體強健的王忠嗣突然暴卒，死因不明，年僅四十五歲——有人推測說他有可能死於李林甫之手。

王忠嗣的倒臺，最大的受益者無疑是安祿山。

他接收了原本王忠嗣掌控下的河東地區，從此手握范陽（治所今北京）、平盧（治所今遼寧朝陽）、河東（治所今山西太原）三大藩鎮，控地數千里，擁兵數十萬，一躍成為整個唐朝最強的地方實力派！

不過，由於朝中有李林甫的存在，此時的安祿山還不敢太過放肆。

對李林甫，他一方面非常感激——沒有李林甫，他恐怕很難整垮王忠嗣；另一方面也無比佩服——要論玩心眼，他相信全天下的人都不是李林甫的對手，當然也包括他自己在內。

給阿基米德一個支點，他能撬動地球；給李林甫一絲機會，他能攪亂乾坤！

對李林甫的謀略，安祿山不是相信，而是迷信！

他只能生活在李林甫的陰影下。

可以這麼說，如果安祿山是風箏，那麼李林甫就是放風箏的線，風箏就算飛得再高也擺脫不了線的控制！

第六章 楊國忠：從市井無賴到大唐首相

天上掉下個貴妃妹妹

然而有一個人的崛起卻改變了這一切。此人名叫楊國忠。

楊國忠，本名楊釗，是楊貴妃的遠房族兄，其母是武則天男寵張易之的妹妹。可張易之得寵的時候，楊釗還是個繈褓中的嬰兒，沒有沾到任何光；等楊釗稍大點的時候，張易之就倒楣了——不僅倒了楣而且臭名昭著，楊釗作為其外甥，也嘗夠了被人鄙視的滋味。他不僅沒吃到魚，還招來一身腥！

舅舅名氣不佳，楊釗本人的名聲也好不到哪兒去。

儘管祖上出自關中望族弘農楊氏，但楊釗家這一支卻早就敗落了。由於家境不好，他從小沒受到過良好的教育，很早就走上了社會，染上了一身的壞毛病，尤其沉迷賭博，賭輸了還四處借錢，借了錢還經常不還，到後來，族人只要遠遠地見到楊釗就會像抗戰時期的百姓看到日本鬼子一樣躲起來。

手頭沒錢，又借不到錢，在家鄉他當然是混不下去了，無奈只好離鄉背井，去蜀地（今四川）從軍。

楊釗這個人不僅不學無術，而且也不學武術，自然不可能像哥舒翰那樣一戰成名——事實上，他不僅不能一戰成名，甚至連一戰都不能參加。

大概是上司見他身體不夠強壯，他根本就沒有被安排上前線，而是被安排去了後勤，負責屯田統計之類的工作。沒想到這正好用上了他的特長。由於之前經常在賭錢時算各種亂七八糟的點數，借錢時計算各種雜七雜八的利息，他對數字異常敏感，計算能力特別強。

他算起賬來總是又快又準，從來沒有出過一次差錯——我覺得，如果生活在現代，他絕對可以做一個一流的會計！憑藉著出色的業績，楊釗被任命為新都（今成都市新都區）縣尉，但在這個不需要計算的崗位上，他的表現似乎有些平庸——整整幹了三年都沒有得到提拔的機會。

當時的人事制度規定，官員任期滿後如果沒有升遷或調動，就必須回家等待補缺機會，因此楊釗在從縣尉的崗位上退下來後，就只能賦閒了。

那時的他已經娶妻生子，妻子裴柔和出身於賭徒的他可謂門當戶對——裴柔原本是蜀地的一個娼妓。一下子沒有了經濟來源，他和家人的生活一下子陷入了困境。

好在天無絕人之路，有個叫鮮于仲通的當地富豪經常接濟他，他才勉強得以維持生計。

在成都生活的這段時間，楊釗與同在那裡任官的族叔楊玄琰一家來往很多。

楊玄琰去世後，小女兒楊玉環被其叔父楊玄璬接到了洛陽，另外三個女兒則留在了成都，由於家中缺少男人，楊釗免不了時常要過去幫忙，有時是通馬桶，有時是通下水道，有時是通姦——楊玄琰的次女，也就是後來的虢國夫人。

數年後，虢國夫人出嫁了，楊釗又混得不好，兩人也就逐漸斷了聯繫。

既失去了工作，又失去了情人，楊釗的心情很不好。也許在那個時候，他最大的期盼，只是能找個能養家糊口的工作。但人生唯一能預料的，就是一切都難以預料。有時你只想要一根黃瓜，命運卻給你一噸黃金！

楊釗就是如此。

他的好運來自他的朋友鮮于仲通。

此時鮮于仲通正在劍南節度使章仇兼瓊手下擔任採訪支使，頗受器重。

有一次，章仇兼瓊在與鮮于仲通閒聊時說，我現在最大的隱患是在朝廷上層沒有一個能說得上話的靠山。別看我在地方上可以呼風喚雨，一旦有事恐怕只能承受腥風血雨。聽說皇上現在正寵倖楊貴妃，你要是能幫我搭上貴妃這條線，我就可以高枕無憂了。

鮮于仲通馬上想到了楊釗：我從來沒去過京城，恐怕不行。不過，我倒是可以推薦一個人……

隨後，他把楊釗與楊貴妃家的淵源原原本本地講了一遍。

章仇兼瓊大喜，馬上讓鮮于仲通把楊釗叫來。

見楊釗長得眉清目秀，又能言善辯，章仇兼瓊非常滿意，不僅馬上任命他為節度使推官，還有事沒事經常請他吃美食、喝美酒、賞美景，搞得楊釗有些受寵若驚：章仇大人對我這麼好，我真不知何以為報！

章仇兼瓊卻始終不肯明說，報可報，非常報；不是不報，時候未到……

西元七四五年秋天，章仇兼瓊命楊釗去京城敬獻貢品，臨行前交代說，除了這些，我另外還有一點點東西放在郫縣（今成都市郫都區），你經過時順便帶走吧。

到郫縣後，楊釗見到了章仇兼瓊給他的貨物，一下子驚呆了！那根本不是一點點的東西，而是一箱箱的寶物——好幾個大箱子，裡面裝的全是各種蜀地產的奇珍異寶，價值至少在一萬緡（一緡相當於一千文）錢以上！

楊釗終於明白了章仇兼瓊的用意。

他之所以會對自己那麼好，之所以會給自己安排這麼多貴重禮物，是想要利用他楊釗與貴妃一家攀上關係！

這顯然是個難得的美差。

因為，這趟差事辦成了，不僅對章仇兼瓊有好處，對他楊釗更有好處！慷他人之慨，結自己的緣，借花獻佛，無本萬利，世界上還有比這更划算的事嗎？

這本賬，精於計算的「楊會計」當然不會算不明白。

他喜出望外，隨即快馬加鞭，晝夜兼程，直奔長安。

抵達長安後，楊釗立即帶上禮物前去拜訪韓國夫人、虢國夫人、秦國夫人三個堂妹：這是我們劍南節度使章仇兼瓊給夫人的一點小意思，您看，珍珠兩千顆，黃金一千公斤，翡翠五立方，五糧液五千箱……

楊家姐妹看到多年未見的楊釗非常開心，見到他帶來的那些禮物更是如餓虎看到綿羊一般兩眼放光，當即悉數笑納：你看你，都是自家兄弟，你人來了就來了，怎麼還帶這麼多貴重的禮品，搞得我都有點不好意思……不好意思不全部收下了……

三姐妹中得到最多的，是楊釗的老相好虢國夫人。

此時虢國夫人喪夫不久，見到楊釗後自然要人財兩收，鴛夢重溫。

楊釗也就順理成章地住在了虢國夫人的家裡，你儂我儂，夜夜笙歌……之後，三姐妹和楊貴妃便經常在皇帝面前說章仇兼瓊的好話，把章仇兼瓊說得謀比諸葛、勇比張飛……

章仇兼瓊也如願以償地被調入了朝廷，出任了戶部尚書這一要職。

而作為牽線者和楊氏姐妹的自家人，楊釗當然也不會沒有好處——他被任命為金吾兵曹參軍，職位雖然不太高，卻從此留在了京城。

當時李隆基特別愛玩樗蒲（一種類似擲骰子的賭博遊戲，玩法多樣，勝負常常需要經過複雜的計算），恰好楊釗也是樗蒲的高手——他自幼好賭，在這方面經驗極為豐富，因此在貴妃姐妹的引見下，楊釗經常出入宮中，與皇帝等人一起玩樗蒲。

憑藉高超的樗蒲技藝，楊釗總是能讓老皇帝玩得很盡興。

有時皇帝與其他人玩樗蒲，他就在旁邊負責計算點數，判斷輸贏，每次都是張口就來，從不算錯。

李隆基對他的數學能力非常佩服：真是個做度支郎（負責財政統計和支調的官員）的好材料！朕就缺這樣的理財人才！

確實，那段時間李隆基最關注的就是理財問題。唐朝實行的稅賦是租庸調製。

所謂租庸調制，即每丁每年要向國家繳納粟二石，稱為租；絹二丈、綿三兩或布二丈五尺、麻三斤，稱為調；服徭役二十天，若不服徭役也可繳納絹布代替，這稱為庸。

租庸調制實施的基礎是均田制，在李隆基的年代，隨著均田制的瓦解、土地兼併的盛行，逃亡的百姓增多，正常的稅賦很難足額收上來，又由於府兵制改為募兵制以及邊境上戰事頻仍，軍費的開支大幅增加，加上李隆基又向來出手闊綽，朝中奢靡風氣盛行，因此多年來財政上一直捉襟見肘，有時甚至入不敷出。李隆基不得不任用了一批善於理財（搜刮）的大臣，才勉強得以實現財政平衡。

因此，見楊釗有財政方面的能力，李隆基便決定將他派到戶部任職，不久又擢升其為度支郎中兼侍御史。楊釗雖然學識欠佳，但在搞錢方面卻很有手段——哪怕蚊子經過也要被刮掉一點肉……短時間內就為國庫增加了不少收入。

除此以外，由於有楊氏姊妹暗中相助，他往往能提前知道皇帝的喜惡，每次奏對都很合李隆基的心意——無論是問他戶部每月的總收入，還是問他某個縣、某個鄉、某個村、某戶人家的男丁數量、女丁數量、年產糧食數量、月產農家肥數量，他都能對答如流且精確到小數點後五十八位……

這樣一來，李隆基對他忍不住刮目相看：本以為只是一個普通的賭棍，沒想到理財能力這麼厲害！

楊釗就這樣博得了李隆基的賞識，職務也不斷升遷。

西元七四八年，他被任命為給事中兼御史中丞、專判度支事，成為主管朝廷財政的重要官員之一。

在這個崗位上，楊釗又大出了一把風頭。

他下令各地把所收的稅賦和倉庫所存的糧食悉數兌換成布帛輸送進京，並將其堆放在一塊，然後上奏皇帝，宣稱國庫充盈，古今罕有。

李隆基帶著文武百官前去視察，果然見國庫中財物堆積如山，不由得大喜，當即加封楊釗為兼知太府卿事，同時又賜給他三品紫袍和金魚袋（唐代證明官員身分的標誌，內裝魚符），以示恩寵。

此後，李隆基對他更為信任，還親自為他賜名國忠，以勉勵他為國盡忠。

我不要你覺得，我要我覺得

隨著地位的迅速躥升，楊國忠的野心也開始迅速膨脹。

入仕之初，由於缺乏根基，他不得不依附於宰相李林甫，常常充當李林甫排除異己的幫兇，可後來由於日益得寵，他的野心也日益膨脹，逐漸有了和李林甫分庭抗禮的想法。

西元七五二年，與楊國忠一起分掌財政的御史大夫王因罪被賜死，楊國忠又兼任了原本屬於王的京兆尹、御史大夫、京畿關中採訪使等二十多個職位，掌握了全國的財政大權。

不過楊國忠對此並不滿足。

他想要的，是取代李林甫，成為朝中的No.1！

其實這一點並不難做到——李林甫已經年滿七十歲，身體也大不如前。而他此刻作為皇帝最信任的寵臣，從那段時間的強勁發展勢頭來看，拜相幾乎是遲早的事。

然而楊國忠不是個有耐心的人。更何況，他對李林甫還有很大的怨言——當初御史大夫一職任命的時候，李林甫推薦的是王，而不是他楊國忠！

儘管李林甫事後也為此解釋過「不好意思，我覺得王畢竟年齡更大、資歷更深、跟我的時間更長，給我送的禮也更多……當然，這個不重要……」，但楊國忠卻始終無法釋懷：我不要你覺得，我要我覺得！這樣的過節，記憶力極佳的楊國忠當然不可能忘記！

他決定向李林甫發起挑戰。

當然，他也知道，要扳倒李林甫這樣樹大根深的大人物，光憑自己單打獨鬥肯定是不夠的，還需要得到其他人的支援。這一點其實並不難做到。

李林甫獨掌大權十幾年，受過他恩惠的人很多，不過力的作用是相互的——他得罪的人也不少。

楊國忠很快就為自己找到了兩個得力的盟友。

一個是宰相陳希烈。

陳希烈性情乖巧，從不和李林甫相爭，李林甫也就樂得把他當成擺設，所有的政事幾乎全部都拿到自己家中去處理，李府門庭若市，而陳希烈卻整天都無所事事。可是陳希烈畢竟不是擺設。他也會有情緒，也會有怨恨——儘管他表面上唯唯諾諾，但內心對李林甫的恨意卻早已如梅雨季節的水庫一樣漲到了警戒水位，只要有一點宣洩的空間就會奔騰而出！

另一個是隴右節度使哥舒翰。

由於老上級王忠嗣是被李林甫整倒的，因此哥舒翰對李林甫也極為不滿。有了陳希烈和哥舒翰的支持，楊國忠的底氣更足了。

恰好此時又發生了一件對李林甫不利的事。

事情是安祿山惹出來的。

這些年，安祿山一直在不遺餘力地擴充自己的勢力，上回就曾以築城為名企圖吞併王忠嗣的部隊，只是沒有得逞。儘管首次嘗試未獲成功，但這個想法在他心中從未消失過。這次，他盯上的是朔方節度副使阿布思。

阿布思本是突厥首領，西元七四二年率眾歸降唐朝，被賜名李獻忠，後因多次立功而晉升為朔方節度副使。此人頗有才略，在唐朝蕃將中名望很高，安祿山視其為競爭對手，對他極為忌恨，便趁著自己發兵征討契丹的機會，要求朝廷將阿布思劃歸自己指揮，打算借機吞併。阿布思不是傻子，當然知道安祿山葫蘆裡賣的是什麼藥，當然不願意去，便向留後（唐代節度使缺位時設置的代理職稱）張請求代為上奏皇上，讓他免於出兵，可張卻堅決不同意。

這下阿布思絕望了——再不抗命，就會沒命！無奈，他只好率部叛歸漠北。

那時李林甫正兼任朔方節度使，名義上算是阿布思的直接領導，阿布思的叛逃，嚴格來說他也負有一定的領導責任。楊國忠抓住這一點上綱上線，大做文章，逼迫之前王案的知情人指控李林甫與叛將阿布思、罪臣王都有很深的私交，隨後以此為由彈劾李林甫。

陳希烈、哥舒翰等人也都站出來推波助瀾，說李林甫確有問題。

雖然李隆基對此沒有輕易採信，但他和李林甫還是日漸疏遠。

李林甫開始感覺到了一絲絲涼意。

不過，作為縱橫官場幾十年、坑遍天下無敵手的唐朝第一老狐狸，他當然不可能就此認栽。

很快，他就找到了楊國忠的軟肋——劍南（治所今四川成都）。

楊國忠是個私心很重的人。

在他的字典裡從來沒有「用人唯賢」這個詞，有的只是「用人唯私」。

他發跡後，便舉薦自己當初的恩人鮮于仲通擔任了劍南節度使。

然而儘管鮮于仲通對楊國忠個人有很大的恩情，對治理地方卻沒有絲毫的能力。

他心胸狹隘，性情急躁，做事很不得人心。

當時在劍南的南面有個南詔國（今雲南一帶，國都今雲南大理），本來南詔一直向唐朝稱臣，可後來由於不堪忍受唐朝邊境官員的敲詐勒索，西元七五〇年南詔王閣羅鳳憤而起兵，兩國在邊境上發生了嚴重的軍事衝突。

鮮于仲通領兵八萬前去討伐。

閣羅鳳聞訊大懼，連忙遣使請降。鮮于仲通自恃兵強，傲氣十足地拒絕了閣羅鳳的請求。沒想到在戰前牛得不行的他，上了戰場卻完全不行，被閣羅鳳打得幾乎全軍覆沒，僅以身免。楊國忠掩蓋了鮮于仲通的敗狀，反而還給他報功。但這騙得了皇帝，卻騙不了劍南的百姓。

此役之後，鮮于仲通名聲掃地，再也無法在劍南立足了。

楊國忠不得不把鮮于仲通調回京城，自己兼任劍南節度使一職——當然，他沒有去那裡上任，只是遙領。

之後，劍南的局勢每況愈下。

與唐朝撕破臉的南詔徹底倒向了吐蕃，隨後憑藉吐蕃的支持，屢屢犯邊。唐軍連戰連敗，形勢極為被動。蜀地軍民紛紛請求節度使楊國忠親自前來鎮守。得知此消息後，李林甫心生一計，馬上奏請皇帝，要求讓楊國忠順應百姓的呼聲出鎮劍南，以穩定局勢。這本來就是楊國忠的分內之事，李隆基當然不可能不同意。

這下楊國忠急了。他知道自己根本不是打仗的料，把他趕到戰場上就相當於把一隻雞趕到長江裡——等著他的只能是滅頂之災！更讓他擔心的是，他覺得自己離開朝廷後，李林甫會在背後對他捅刀子！

這一點是毫無疑問的。

怎麼辦？

思來想去，搜腸刮肚，楊國忠也想不出什麼好的辦法，最後只好硬著頭皮、厚著臉皮去找皇帝。

他一邊哭一邊向李隆基哀求不去劍南，說這是李林甫在陷害自己。

然而他流的眼淚幾乎都可以沖十五次馬桶了，李隆基也沒有答應——畢竟，劍南如今遇到了這樣大的麻煩，身為節度使的楊國忠不去實在是難以向百姓交代的。

不過，為了安慰他，李隆基還是給了他一個承諾：這樣吧，你去那裡露個面，把軍事稍微部署一下，我掐著日子等你回來，一回來我就讓你當宰相！

無奈，楊國忠只好一步八回頭，磨磨蹭蹭地踏上了前往劍南的征途。

路上，他心中一直七上八下，擔心李林甫會趁他不在朝中的時候搗鬼。

但這次他顯然是多慮了。

剛進入蜀地，他就接到了皇帝召他回朝的緊急命令。

他如蒙大赦，連忙撥轉馬頭，日夜兼程趕回長安。

回到京城後，他才明白皇帝之所以要召他回來的原因。

他的死對頭李林甫病危了！

仇人相見，分外溫馨

得知這個消息後，楊國忠心中不由得樂開了花。

帶著勝利者的喜悅，他美滋滋地前去探望李林甫——我就喜歡你那副看不慣我又幹不掉我的樣子，就這個感覺，倍兒爽！

爽爽爽爽爽！

此時李林甫已病入膏肓，無法下床了。他知道，自己已經活不了幾天了，在與楊國忠的競爭中，他是註定會失敗了。可他的表情卻依然很平靜。因為在他看來，他並不是輸給了楊國忠，他只是輸給了時間。任何人都不可能是時間的對手。

現在，他唯一放心不下的，是他的後人——他死後，楊國忠會放過自己的子孫嗎？因此，見到楊國忠來訪，他一邊用盡他最後的力氣擠出了幾滴眼淚，一邊誠懇地請求說：我就要死了，你一定會當宰相，以後的事就託付給你了！

這完全超出了楊國忠的意料。

本來他以為會是仇人相見分外眼紅，沒想到竟然是朋友托孤無比溫馨！此情此景，怎能不讓他大驚失色？他汗流滿面，連話都說不利索了：不……敢當……不，不敢……當……

說完，他趕緊退出了，不，逃出了李林甫的府邸。

西元七五二年十一月，當了十九年宰相的李林甫在家中去世，享年七十一歲。

在傳統認知中，李林甫是史上著名的奸臣（《新唐書》將他放在《奸臣傳》就是明證）。他陰險狡詐，口蜜腹劍，迫害忠良，是導致唐朝由盛轉衰的罪魁禍首之一。李林甫也不止一面。

在《劍橋中國史》主編崔瑞德看來，儘管道德品行不高、喜歡玩弄權術等這樣那樣的缺點，但李林甫還是不失為一個務實的政治家和制度專家。可以這麼說，在皇帝李隆基晚年沉迷享樂、荒廢政務的情況下，唐朝依然能保持長期的穩定和繁榮，李林甫應該是功不可沒的。

李林甫死後，楊國忠如願以償地被任命為新的首席宰相。

向來睚眥必報的他，當然不可能因為李林甫臨終前的話而放過自己的宿敵。

沒等李林甫下葬，他就迫不及待地動手了。

楊國忠派人前去聯絡安祿山，讓他與自己一起陷害李林甫。

得知唯一的剋星李林甫終於死了，安祿山如釋重負，連多年的老便祕似乎都一下子暢通了，整個人舒爽無比，感覺比剛被從五指山重壓下解救出來的孫悟空還要輕鬆。

再也沒有人能鎮得住我了！

我可以無所顧忌地大展拳腳了！

他毫不猶豫地答應了楊國忠，還設法找到了阿布思的舊部，讓其出面指證，說李林甫曾和阿布思約為父子。

牆倒眾人推，死老虎大家踩。

見反李聯盟來勢洶洶，李林甫的女婿也害怕了。

為了自保，他主動站出來昧著良心做偽證，言之鑿鑿地說李林甫確實有異心：去年二月三十一日的午夜時分，秋高氣爽，豔陽高照，李林甫和阿布思等三個人坐在一棵高大的狗尾巴草下，一邊喝著酒，一邊竊竊私語，我只聽見兩個字「要反！」……

他說得如此具體，自然是由不得李隆基不信了。

盛怒之下，他馬上下詔削去了李林甫的全部官爵，子孫當官者統統除名並流放邊疆，所有財產一律充公……

做完了這一切後，他還覺得不解氣，又喪心病狂地命人劈開李林甫的棺材，拎出李林甫的屍體，奪走其口中所含的明珠，剝掉其身上所穿的官服，再改用小棺以平民的規格草草埋葬。

視制度如無物

可惜李林甫活著的時候機關算盡，卻無論如何也算不到自己的身後事會如此悲慘！

不過，從另一個角度來說，他也是幸運的。

因為，就在他死後僅僅三年，大唐帝國就經歷了一場難以想像的浩劫！

而這一切，李林甫已經感覺不到了。

當然，此時的楊國忠也不會感覺到。他現在的權勢比當初的李林甫有過之而無不及。

李林甫雖然專權，可在首席宰相的職權以外也只是掌握了官吏的銓選即人事權，而楊國忠不僅繼承了這些，還外加全部的財政大權以及劍南道（今四川一帶）的軍政！

他的驕橫跋扈也遠超李林甫。

不年輕的人往往喜歡表現自己的年輕，沒威望的人往往喜歡表現自己的威風。

楊國忠就是如此。

可能是知道自己難以服眾，他特別喜歡擺譜，總是擺出一副高高在上的「人是鐵，範兒是鋼，一日不裝憋得慌」的裝樣子，對百官頤指氣使，作威作福，眼睛總是瞪得跟死魚眼似的，嘴巴總是臭得跟盛夏時節的糞坑似的，臉色總是難看得跟剛死了老婆似的……

除了對人的態度，他對制度的態度也和李林甫完全不同。李林甫這個人雖然以奸詐聞名，但對朝廷的各項規章制度卻還是非常尊重的，即使算計別人也都儘量遵循法度，儘量按照程序，儘量做到有法可依。而楊國忠在處理政務的時候，卻全憑個人的好惡，看待制度如同一頭豬看待一張存有巨額資金的銀行卡——根本不當回事。

比如選官。

本來唐朝選拔官員是極為審慎的，從開始提名到最後確定，都要經過嚴格的「三注三唱」程序。

具體來說是這樣的：

每年春天，六品以下的官員報名赴選，先集中考試，再一一唱名並面試，隨後由吏部官員根據其政績評語和考試成績綜合評定，標注其適合擔任的職務，這個過程稱為「一注一唱」，這樣的程序要進行三次即「三注三唱」後，才把擇優錄用的人選遞交門下省，再經給事中、黃門侍郎、侍中層層審核後上奏皇帝，最終下詔宣布。

一般來說，整個銓選程序要持續幾個月的時間。

然而楊國忠上臺後卻根本不這麼做。

在銓選開始前，楊國忠就與幾個心腹僚屬私下圈定了入選名單——而入選的依據是什麼，史書上沒有記載。

內定好人選後，他再把另一名宰相陳希烈、給事中以及各有關部門負責人全都叫到自己辦公室：今天宰相、給事中都在，就不必再到門下省審查了。

隨後他按照名單一個個唱名、一個個面試——平均每人面試的時間還不到嗑一粒瓜子的工夫，接著當場拍板敲定並標注，不到一天就搞定了原來要幾個月才能完成的選官工作。

選官比買菜還要隨便，選出來的人會沒有問題嗎？

當然有問題。

不過，儘管所有人都知道這裡面肯定有問題，但沒有一個人敢提一點意見，只有一片讚歌：這樣的大手筆，只能出自楊相之手！

由此可見，此時的唐朝朝廷已經完全成了一言堂。

之所以會造成這樣的結果，最主要的責任人無疑是皇帝李隆基。

從李隆基近二十年來所任用的首席宰相來看，先是忠正直率的張九齡，接著是有才無德但尚有底線的李林甫，再換成無才無德且毫無底線的楊國忠，道德良心一個比一個低，而權力集中度則一個比一個高；與之相對應的是，制度的重要性越來越小，個人的重要性則越來越大。

到了楊國忠當政的時代，很多制度完全淪為了擺設！

而這也許正是李隆基所需要的。

隨著年齡的日益增長，國家的日益富強，他早已失去了當初勵精圖治的進取心，現在的他想的是享受，是快樂，是任性。

張九齡這樣的士人喜歡進諫，讓他無法為所欲為，只能戴著鐐銬跳舞；而楊國忠這樣的小人喜歡拍馬，讓他可以盡情享樂，不用受到任何約束！

張九齡這樣的士人學問高，名氣大，他必須對其禮遇有加；而楊國忠這樣的小人，雖然名為宰相，但其實不過是個家奴，他完全可以將其呼來喝去！

第七章
山雨欲來風滿樓

狗咬狗，一嘴毛

對家奴這個定位，楊國忠本人也心知肚明。他深知自己的一切權力都是皇帝給的，他的所有競爭力都來自皇帝的寵愛，因此，要想鞏固自己的權位，就必須用心揣摩皇帝的心思，取得皇帝的歡心。還有，排擠同樣得寵於皇帝的臣子。

比如安祿山。

安祿山是貴妃的養子，可以隨意出入皇宮，可以隨意與皇帝嬉戲，與皇帝的親密程度不在自己之下！更令他覺得不安的，是安祿山對他的態度——安祿山經常入朝，與楊國忠接觸的機會不少。雖然楊國忠剛上臺的時候，安祿山曾與他合作過——一起指控死去的李林甫，但那純粹是公事公辦，實際上他對楊國忠是非常鄙視的。

在安祿山看來，楊國忠就是一個完全靠裙帶關係上位的小人物，不管是資歷還是能力、不管是工作還是陰謀和之前的李林甫比都完全不可同日而語。可以這麼說，天大的事到了李林甫手裡都只是屁大的事，而屁大的事到了楊國忠那裡都會被折騰成天大的事！更何況，楊國忠還是官場小輩，自己前幾年入朝時上下臺階這小子還要卑躬屈膝地過來攙扶，現在卻總是鼻孔朝天，一副小人得志的倡狂樣，他能看得慣嗎？當然看不慣。別人怕你，我可不怕你！

因此，在楊國忠面前，安祿山很不客氣。楊國忠說東，他偏要說西；楊國忠說吸煙有害健康，他偏要說吸煙可預防肺癆；楊國忠說人不能吃大糞，他偏要說人中黃被編入了《本草綱目》……這讓楊國忠很不舒服。他下定決心，無論如何都要把安祿山拉下馬。

當然，要對付手握重兵的安祿山，沒有軍界的支持肯定是不行的。不過在這方面，楊國忠並不擔心。因為他早就在軍中物色了一個得力的盟友——隴右節度使哥舒翰。

作為王忠嗣大力提攜的老部下，哥舒翰對陷害自己恩人的安祿山一直非常痛恨，兩人的不和比司馬昭之心還要「路人皆知」。正如汽油和煙頭不能在一起否則會引起爆燃一樣，安祿山和哥舒翰也不能出現在同一場合，否則必然會發生衝突。

對這兩位愛將之間的矛盾，皇帝李隆基也非常擔心。

西元七五二年底——也就是楊國忠剛當上宰相不久，兩人同時入朝，李隆基特意讓高力士在宮中組織了一次飯局，想要借此調和兩人的關係。

宴席上，考慮到皇帝的面子不能不給，安祿山主動拋出了橄欖枝：我的父親是胡人（唐朝時把昭武九姓在內的西域諸民族稱為胡人），母親是突厥；而你的父親是突厥，母親是胡人（哥舒翰的母親是西域于闐人），我們兩人族類相近，怎麼能不友好呢？

然而，他嘴上雖然說著友好，但臉上的神色卻比參加追悼會還要陰沉。

從這種臉口不一的表現可以看出，安祿山的話是沒有絲毫可信度的。

為什麼這麼說呢？其實這也很好理解。

如果一個女人上身穿一本正經的西服正裝，下面卻只穿一條底褲，你難道會認為她一本正經嗎？

於是，哥舒翰也擺出一副牙疼的表情，語帶譏諷地回應道：古人說，狐狸向自己的洞窟嗥叫（意指同類相殘）是不吉利的，因為它們忘了本。如果你真的有這份心，我怎麼敢不友好呢？

沒想到安祿山一聽見「狐」這個字，竟然當場就跳了起來——他認為哥舒翰在諷刺自己是胡人。

他指著哥舒翰的鼻子破口大罵，你這個狗突厥，竟敢如此無禮！

這下哥舒翰也火了，一拍桌子，霍地站了起來。

眼看原本設想中的「喜劇片」就要變成「武打片」，高力士急了，連連對哥舒翰使眼色。

哥舒翰這才強壓著怒火坐了下來。

隨後他假裝自己喝醉了，甩手離席而去。

此後，兩人的矛盾更深了。可這卻是楊國忠所樂於見到的。

本著「敵人的敵人就是朋友」的原則，楊國忠對哥舒翰大加籠絡。

西元七五三年五月，哥舒翰大敗吐蕃，收復九曲（今青海貴德）。

此役讓他威名大震，隴右一帶因此而傳頌起了著名的〈哥舒歌〉：北斗七星高，哥舒夜帶刀。至今窺牧馬，不敢過臨洮！得知哥舒翰立下奇功，李隆基大喜。楊國忠趁機推薦由哥舒翰兼任河西節度使。

之後不久，他又奏請李隆基加封哥舒翰為西平郡王。

這樣一來，安祿山和哥舒翰一個是范陽、平盧、河東三鎮節度使，東平郡王；一個是河西、隴右兩鎮節度使，西平郡王；兩人一個在東，一個在西；一個號稱東邪，一個人稱西狠。兩人幾乎是平起平坐、勢均力敵，安祿山在軍中一家獨大的局面得到了有效的抑制。

接下來，楊國忠又利用自己和皇帝經常接觸的機會，屢次在李隆基面前告發安祿山，說他居心叵測，必然會造反。

李隆基對此卻根本不相信——他對安祿山如此厚待，安祿山怎麼可能會造反呢？

可惜他錯了。

事實上，安祿山早就有了反意。

常言道，距離產生美。其實權威在很大程度上也是要靠距離才能產生的。

安祿山經常往來宮中，與李隆基、楊貴妃等人接觸多了，對皇帝也就失去了敬畏：所謂天子，原來也不過是個凡人。什麼芫荽，不就是香菜嘛！

就像有的人在看了某些暢銷歷史作品後產生了「這些書我也可以寫啊」的想法一樣，一個念頭在安祿山的腦海裡油然而生：這個皇帝我也可以當啊。

但真正促使人做一件事，光有想法是遠遠不夠的。

尤其是「造反當皇帝」這種風險極高的事。

事實上，安祿山之所以執意要反，也是因為他不得不這麼幹。

當初他為了拍皇帝的馬屁曾得罪過太子，還曾和李林甫結盟企圖謀劃廢立，如今皇帝的年紀越來越大，隨時可能撒手人寰，而太子一旦繼位，必然會拿他這個仇人開刀，到時他只能任人宰割！

與其坐以待斃，不如拚死一搏！

不過，他原本的打算，是想等李隆基駕崩後才造反。

只是後來發生的一切，讓他不得不提前採取了行動。

這是後話，暫且不提。

忽悠之王史思明

先看一看安祿山這幾年在范陽都做了哪些準備。

秉持著「人才是第一生產力」的原則，他有意識地網羅了一大批文臣武將——謀士有高尚、嚴莊、張通儒等，將領則有史思明、安守忠、李歸仁、蔡希德、牛廷玠、向潤容、李庭望、崔乾祐、尹子奇、何千年、武令珣、能元皓、田承嗣、田乾真、阿史那承慶等數十人。

其中最值得一提的是史思明。

史思明，本名窣（ㄙㄨˋ）干，族屬不明——《新唐書》中說他是突厥人，現在也有人認為他和安祿山一樣是粟特人後裔。

他是安祿山的同鄉，比安祿山早一天出生，兩人是從小一起長大的玩伴。

可他們倆的長相卻完全不同。

安祿山很胖，史思明卻極瘦；安祿山看起來憨態可掬，史思明看上去則面目可憎。

史載他的外貌是這樣的：

頭髮是禿的，肩膀是聳的，背是佝僂的，眼窩是深陷的，就連鼻子都是歪的，一般人流鼻涕會流到嘴裡，他流鼻涕會流到耳朵裡……

如果史書記載可信的話，他長得似乎已經不能叫醜了，只能用噁心來形容——白天見到他會讓人吃不下飯，晚上見到他會讓人睡不著覺，夏天見到他會讓人渾身發冷，冬天見到他會讓人渾身冒汗，坐輪椅的人見到他可以一下子躥出去八里地，做手術的人見到他可以省掉一大筆麻醉費用……

除了人醜得出奇，史思明的出道經歷也非常傳奇。據說他早年曾經欠了一大筆債，為了躲債，他逃出了唐朝邊境，沒想到被奚人的巡邏兵抓到了，要殺他。他急中生智，眼睛一瞪，同時把臉布置得像會場般正式，用新聞發言人般的口氣一本正經地對那些巡邏兵說，我代表大唐中央政府警告你們，你們切勿搬起石頭砸自己的腳。我是大唐派的使者，如果殺了我你們會悔之莫及的，你們還是領著我去見你們大王吧。

巡邏兵被他的氣勢唬住了——這個人不是裝腔作勢，他是真的有腔調！

他們都信以為真：世界之大，無醜不有……不，世界之大，無奇不有！一個這麼醜的人能當大國的使臣，絕對是個非同凡響的大牛人！之後，史思明被護送到了奚王的牙帳。

見到奚王後，表演天才史思明略施小伎倆，就把奚王忽悠得深信不疑——即使他讓奚王去直播裸奔，恐怕奚王也會毫不猶豫地照做。

奚王用最高的標準對他好吃好喝招待，臨走還特意派了百餘人隨他一起去唐朝朝拜。

史思明擺擺手說不行：這些人不夠格見天子，我聽說你有名將瑣高，何不派他入朝呢？

此時他在奚王心目中的地位比老師在小學生心目中的地位還要權威，他的話奚王怎麼敢不聽？

就這樣，史思明帶著瑣高及其三百名部下一起踏上了返回唐朝的歸途。

快到平盧（今遼寧朝陽）的時候，史思明偷偷派人通知當地守將：奚人派瑣高和一幫精銳前來，聲稱是入朝，其實是想偷襲，務必先下手為強。

守將聞訊大喜，當即率軍出擊，將毫無防範的奚人殺了個一乾二淨，只留下瑣高一人送到當時的節度使張守珪那裡。

見奚人中最能打仗、最令人頭疼的瑣高被抓了，張守珪自然喜出望外。

他當即將史思明納入麾下，封為果毅，不久又讓他和安祿山一起擔任捉生將。

兩個多年前的老友就這樣成了同事。

不過，史思明和安祿山雖然起點差不多，能力也都不錯，但後來史思明在仕途上的發展卻比安祿山要差得多。

究其原因，我個人覺得，也許和兩人的長相不無關係——安祿山雖然內心奸猾，但卻貌似忠厚，人畜無害，讓人感到無比放心；而史思明則不僅內心奸猾，而且外表一看就是個奸猾之輩，讓人感到不得不防，很難得到別人的信任。

換句話說，從安祿山身上，你會看到交情；在史思明那裡，你只會看到交易！

可能正因為如此，安祿山一飛沖天，不到十年就從一個底層的小軍官成了大權在握的節度使，而史思明那段時間似乎一直在原地踏步，直到安祿山當上平盧節度使後，他才因其提攜而出任了平盧軍兵馬使。

應該說，安祿山對這個老朋友還是很夠意思的，據說還曾派他到京城奏事，面見天子，史思明這個名字就是皇帝特意賜給他的。

史思明後來成了安祿山麾下的頭號大將。

當然，要想造反，光有史思明這樣的悍將還不夠，還需要精兵。

安祿山從同羅（鐵勒人的一支）、奚、契丹等民族的降兵中選拔了八千名猛士，稱為「曳落河」（胡語，意為壯士），又在裡面優中選優，精選出百餘人作為自己的貼身侍衛，這些人人都可以一當百。

除了儲備人才，他還暗中儲存了大量造反用的物資。

他畜養了數萬匹戰馬，囤積了很多武器彈藥，又透過與境外的貿易積累了無數錢財，同時還命人偷偷製作了各種官袍和象徵官員身分的魚袋（唐代官員依據品級高低佩戴不同的魚袋，以證明其身分等級）……

你不仁，我不義

儘管安祿山做事十分隱祕，但當時還是有不少人對他的行為產生了懷疑——比如當初的王忠嗣，可惜現在已經死了；比如時任平原（今山東德州）太守的顏真卿，可惜官位太低……

但至少有一個人是在皇帝面前是能說得上話的。

誰呢？

楊國忠。

前面說過，楊國忠曾多次在皇帝面前揭發安祿山想造反，可李隆基始終不信。

西元七五四年初，楊國忠又再次老調重彈。

這次，為了證明自己所言不虛，他甚至不惜和皇帝打賭：陛下你可以召安祿山進京，我敢保證他肯定不敢來！

沒想到很快他就被打臉了。

安祿山接到詔書後，竟然一刻也沒有耽擱，馬上出發，馬不停蹄地趕到了長安。

一見皇帝，他就一下撲倒在地，一邊涕淚橫流，一邊哽咽著說，臣只是個胡人，幸得陛下寵信，才有了今天，可是現在臣為楊國忠所忌恨，臣的死期，就要到了。世上無難事，只怕有些人——楊國忠他……見乾兒子眼淚與鼻涕泡齊飛，肥頭共大肚子齊抖——振幅之大接近芮氏規模六．八級，彷彿受了天大的委屈，李隆基也忍不住動情了。他不停地好言好語相勸：你放心，不管別人說什麼，朕永遠都是相信你的。為了安撫安祿山受傷的心靈，他還賞賜了一大筆財物。

從此，李隆基對安祿山更加深信不疑。

為了更進一步籠絡安祿山，李隆基甚至還想加封他為宰相，連詔書都擬好了。

楊國忠得知後連忙反對：安祿山雖然有軍功，但他連大字都不識一個，怎麼能當宰相？臣恐怕詔書一下，四夷之人都會看輕我大唐！

在他的強烈抗議下，李隆基不得不收回了成命，改封安祿山為尚書左僕射。

比起尚書左僕射這樣的頭銜，安祿山似乎更在乎實實在在的實惠。

趁李隆基現在對他極其信任，他主動開口要求兼領閒廄（飼養皇家馬匹和其他動物的機構）、群牧總監（主管全國軍馬飼養）等職。這兩個職務乍一看似乎很不起眼。不就是《西遊記》中孫悟空看不上的弼馬溫嗎？從工作性質來看，確實差不多。只不過，歷史不是神話，人也不能像孫悟空那樣騰雲駕霧，現實中古代養馬者的地位比《西遊記》中寫的高多了。由於騎兵的機動性強，衝擊力大，在野戰中相對於步兵具有無可比擬的巨大優勢，故而戰馬在那個時候是極其重要的軍事資源。毫不誇張地說，誰擁有的戰馬多，誰就掌握了戰場的主動權！

一個本來就手握數十萬重兵、專制一方的大將，還想進一步控制全國的戰馬，安祿山到底有何居心？這個問題，正常人就是用腳指頭想也能得出答案。但李隆基卻依然毫不猶豫地答應了安祿山。此時的他，就像一個極度溺愛孩子的母親，不管孩子提什麼樣不合理的要求，哪怕是要摘天上的月亮，都不會拒絕。因為他想補償安祿山之前所受的委屈。

他寧可負天下人，也不願意負安祿山！

他寧可失去自己的智商，也不願意看到安祿山的悲傷！

腦袋進水終不悔，為伊消得人愚昧！

安祿山奏請讓他的心腹吉溫擔任兵部侍郎兼任閒廄副使，代他履行職務——吉溫原本是李林甫的爪牙，李林甫死後倒向了安祿山，成為安祿山安插在朝中的代理人。

之後安祿山又利用職務之便，派親信從各處牧場將健壯的戰馬全都挑選出來，轉移到別處飼養，充作自己的戰略儲備。

這次試探的得逞，讓安祿山徹底摸透了李隆基對自己的底線。那就是毫無底線！

因此，接下來他又提出了一個更無理的要求：臣所統領的將士，在討伐奚、契丹、九姓鐵勒等的戰事中戰功累累，臣懇請朝廷對他們破格提拔，希望能提供一批空白委任狀，以便臣帶回軍中，授予立功的將士。李隆基竟然還是不假思索地同意了。

安祿山回去後，就利用這些空白委任狀一下子就任命了五百多個將軍、兩千多個中郎將，徹底收買了人心，將麾下的軍隊徹底打造成了只聽命於自己的私人武裝。

就這樣，安祿山充分利用在京城的這段時間，最大限度地拿到了自己想要的東西。他覺得，從風險收益率的角度看，再在京城待下去，意義已經不大了。

西元七五四年三月，他向皇帝請辭，要求返回范陽。

李隆基雖然有些依依不捨，但他也知道安祿山畢竟是邊鎮的主帥，責任重大，不能長期不在任上，便答應了他的請求。為表示自己對安祿山的無上恩寵，他還特意脫下自己的御服，將其披在安祿山身上。然而此時的安祿山卻根本顧不上感恩戴德——他嘴裡說的是「感動」，心裡想的卻是「趕路」。一離開皇宮，他連屁都來不及放就馬上動身，以最快的速度策馬東去。

過了函谷關後，他改走水路，坐上早已準備好的船隻沿黃河順流而下。為了加快速度，他每隔十五里就換一班縴夫，晝夜兼程，一路不停，日行數百里，一口氣跑回了范陽。

從這裡，我們可以清楚地看出安祿山的心態。

在京城的那段日子裡，他雖然貌似鎮定，還到處伸手要官，可他的內心卻是極其缺乏安全感的。實際上，他一直戰戰兢兢，一直度秒如年，一直生怕楊國忠會對自己下手。因為，他的軍隊遠在范陽，京城是楊國忠的地盤，他在這裡就相當於大白鯊在陸地——根本就沒有任何還手之力！毫無疑問，在長安多待一天，他就會多一分危險！他無時無刻不在想著早點回家。回去就是喝洗腳水，也比在這裡喝李隆基的御酒強！

即使到了老巢范陽，安祿山依然還是有些心神不定。他知道，儘管他現在算是安全了，但無疑只是暫時的。對楊國忠的為人，他非常瞭解。這傢伙是屬王八的——只要咬住了，就不會鬆口，是絕不會善罷甘休的！

果然，沒過多久，楊國忠的報復就來了。

此事的導火線，是陳希烈的辭職。

之前陳希烈曾和楊國忠結盟一起排擠李林甫，他本以為楊國忠上來後他的日子能好過些，沒想到卻失算了——楊國忠竟然比李林甫更霸道，對他更無禮。

這讓他心灰意懶，便主動請求辭去宰相職務。

李隆基對尸位素餐的陳希烈也早就看煩了，很快就答應了他的請求。

接下來，該起用誰來代替陳希烈呢？

本來李隆基看中的是兵部侍郎吉溫。但吉溫是安祿山的人，楊國忠當然要堅持反對。他推薦的是吏部侍郎韋見素。最後還是李隆基做出了讓步。畢竟，已經年滿七十的他對朝政早就失去了興趣，他需要依靠楊國忠來處理繁雜的政務。

就這樣，韋見素成了新的宰相。

而美夢成空的吉溫則大受打擊。

事實上，他的厄運還沒有結束。

楊國忠對他的打擊還在繼續。

作為一個睚眥必報的人，楊國忠對自己的政敵從來都不會心慈手軟。不把吉溫置於死地，他絕不會收手！

雖然治國能力不行，但搞陰謀他還是有兩手的。

聽說河東太守韋陟和吉溫關係不錯，他便決定從韋陟身上找突破口。楊國忠先是讓人舉報韋陟貪污腐敗，有嚴重的經濟問題，接著又放出風聲說御史台即將對他立案調查。韋陟聞訊大驚，慌忙向好友吉溫求助，給他送去了大量財物，想透過他攀上安祿山，讓安祿山為自己說話。

這一切，當然逃不過早就三百六十度無死角盯著他們的楊國忠的眼睛。證據確鑿，無可抵賴，吉溫只能低頭認栽。

很快吉溫從朝廷大員一下子被貶到了澧陽（今湖南澧縣）長史，接著又進一步被貶為高要（今廣東高要）縣尉。

在唐代很多人的心目中，去嶺南這樣的蠻荒之地就相當於一隻腳邁進了地獄。吉溫當然也是這麼想的，他一路拖延，行進的速度比跛腳的蝸牛還慢，到了始安郡（今廣西桂林）就再也不肯往前走了。

這正好又被楊國忠抓住了把柄。

他立即派大理寺官員前去查辦，乾脆將吉溫整死在大牢裡。

吉溫是安祿山最親信的死黨。

連小弟都罩不住，讓安祿山這個做大哥的面子往哪兒擱？——注意，不是路邊「大哥你這鹹鴨蛋多少錢一斤」的那種大哥哦。

他惱羞成怒，上表為吉溫訴冤，說這是楊國忠故意陷害。

然而吉溫受賄的事鐵證如山，李隆基也不太好回護，只好扯點什麼「公開公平公正」之類的套話應付安祿山。

這下安祿山更受不了了。

什麼公開公平公正，根本就是公開公然公告地打他安祿山的臉！

更令安祿山無法接受的是，失去吉溫這個自己安插在中樞的耳目後，他一下子成了失去導航訊號的飛機——完全沒有了方向。

因為他再也無法得知朝廷高層的任何內幕資訊了！

他無法確定楊國忠會在何時對他動手，無法確定楊國忠會用什麼樣的方式對他動手，但有一點他是可以確定的，楊國忠肯定會對他動手。

怎麼辦？

想來想去，他覺得唯一的辦法就是先發制人！

如果楊國忠再這樣咄咄逼人，就只能提前反了！

暴風雨即將來臨，而皇帝李隆基對此卻一無所知。

事實上，他一無所知的東西還有很多。

這兩年，他很少關注朝政，所得到為數有限的資訊也大都是經楊國忠過濾和美化過的。

比如，前段時間唐軍在與南詔的戰事中多次失利，前後戰死以及感染疫病而死的士兵多達二十萬，但身兼劍南節度使的楊國忠不僅隱瞞了戰敗的消息，反而還對皇帝謊稱大捷。

總之，李隆基每天聽到的不是畝產萬斤就是日進萬金，不是天降的祥瑞就是天大的喜事，不是局勢一片大好就是一天更比一天好，這讓他感到無比自豪，忍不住自己都佩服自己：好食材是不需要多少調料的，好領導是不需要多少努力的。只要有顆聰明的心，何必樣樣事必躬親？看我日日玩樂夜夜笙歌，各條戰線照樣高奏凱歌！

在和高力士的一次閒聊中，他得意揚揚地說，朕已經老了，現在把朝中政事都交給宰相，把邊防軍事委託給諸將，還有什麼可擔憂的呢？

但高力士卻憂心忡忡：臣聽說雲南屢屢戰敗喪師，邊將又擁兵太盛，陛下該如何防範他們？一旦出問題的話，後果將不堪設想，怎麼能說高枕無憂呢？

這話讓李隆基感覺大煞風景，彷彿在觀賞美景的時候突然看到了一堆洋溢著惡臭的垃圾堆：你不要再說了，讓朕再想想吧！

因此沒過多久，高力士忍不住再次舊話重提。

那一年夏秋之際，關中連續暴雨，發生了嚴重的洪澇災害，很多田地都被水淹了。

李隆基有些擔心水災會影響農業收成，然而楊國忠卻找來了一株顆粒飽滿的穀穗，對皇帝說，陛下您看，雨水雖然多，可莊稼長勢依然很好哇，這就像陛下您年齡雖然大，可您的身體依然很好，依然能征服世界、征服女人是一樣的道理……

功夫不負馬屁人，李隆基放心了。

楊國忠也放心了。

不料扶風（今陝西鳳翔）太守房琯偏偏在這個時候跳了出來，報告說轄區內受災嚴重。

楊國忠不由得大怒——解決不了問題，還解決不了提出問題的你！

他立即下令御史對房琯進行立案調查——罪名是什麼沒有記載。

這下，所有人都識相了，再也沒人敢上報災情了。

不過，雨畢竟不是人，不懂什麼識相不識相，還是一直在下，而且越下越大。

李隆基不由得又擔心起來。

有一次，看著窗外的瓢潑大雨，他對身旁的高力士說，大雨為什麼老是下個不停呢？你幫我分析分析看。

之所以他會這麼說，是因為古人通常認為災害性天氣是老天對天子犯錯的懲罰。

高力士直言不諱地說，自從陛下把朝政委託給宰相以來，賞罰沒有章程，法令不能貫徹，以致老天陰陽失調，臣又有什麼好說的呢？

李隆基沉默了，很長時間都沒有說話。

他在想什麼呢？

也許是這樣的：

我何嘗不知道楊國忠有很多缺點，可是他的優點也不少哇，不僅會做事還會來事，不僅對我馴服還能讓我舒服。

當然，這只是我的猜測而已。

李隆基心中真正的想法到底是什麼，我們不知道。

但楊國忠是怎麼想的，史書卻有著明確的記載。

據說他曾經對人說過這麼一句話：吾本寒家，一旦緣椒房至此，未知稅駕之所，然念終不能致令名，不若且極樂耳——我本是寒門子弟，只是因貴妃的關係才有了今天，不知以後的歸宿會怎樣，估計不會留下什麼好名聲，不如及時行樂吧。

這樣一個人執政，當然不會有長遠的打算。

這樣一個人掌權，毫無疑問是國家的不幸。

就和病毒在感染人的時候絕對不會考慮什麼人的行政級別、地位高低一樣，楊國忠在做事情的時候也絕對不會考慮什麼治國安邦、強軍富民。

事實上，他每天關注的只有兩件事：

吃喝玩樂，窮奢極欲。

爭權奪利，幹掉政敵。

在他心目中，此時最大的政敵當然是安祿山。

他時時刻刻都用放大鏡盯著安祿山的一舉一動。

西元七五五年二月，安祿山又有了新的動作。

他派副將何千年入朝，奏請用三十二名蕃將代替漢人將領。

李隆基的態度還是和原來一樣，對這個看起來明顯不合理的要求，他依然沒有片刻猶豫就答應了，馬上命令有關部門發出委任狀。

剛當上宰相不久的韋見素得知此事後深感不安，對楊國忠說，安祿山向有異志，現在又有這樣的行為，可見反狀已明。明日咱們一起去面見聖上，我一定會竭力進諫，如果聖上還是不允，請你務必繼續勸阻。

楊國忠同意了。

第二天兩人剛見到皇帝，還沒等開口，李隆基就已經猜到了他們的來意：你們二人此次入宮，是因為懷疑安祿山嗎？

韋見素直截了當地說安祿山反跡已露，勸皇帝收回成命。

聽了他的話，李隆基顯然很不開心，臉一下子拉得比扁擔還長。

諸葛一生唯謹慎，楊國忠一心唯馬屁。

在他看來，再重要的事也沒有皇帝的臉色重要。

見皇帝生氣了，他害怕惹得龍顏大怒禍及己身，馬上就做了縮頭烏龜，硬是把想說的話和想放的屁一起全都憋了回去，一時間憋得臉紅脖子粗嘴巴裡一股濃濃的氨水味——估計昨天晚上他吃的肉有點多。

李隆基問他：你有什麼看法呀？

他卻顧左右而言他：陛下，你笑起來真好看，像春天的花一樣……

韋見素勢單力薄，反對自然就無效了。

三十二名蕃將的任命書最終還是發了出去。

然而頑強的韋見素還不願放棄。

一計不成，他又生一計。

幾天後，他再次聯合楊國忠一起找到了李隆基，提出了一個新的建議：臣等認為不如召安祿山入朝為相，將他管轄的范陽、平盧、河東三鎮分開，另外任命三人為三鎮新的節度使。此可謂兩全其美之策，若安祿山忠於國家，他也沒有吃虧；若他真的圖謀不軌，則可以將反叛的威脅提前消除……

李隆基當時覺得他們說得似乎挺有道理，便同意了。

但等詔書草擬好後，他又有些猶豫，便沒有把詔書發下去，而是先派心腹宦官輔璆琳前往范陽，名義上是賜給安祿山南方產的名貴水果，實際上卻是想去看看他到底有沒有異心。

情商極高的安祿山當然不可能不知道皇帝派輔璆琳來的用意，因此表現得極為恭敬，在輔璆琳面前言必稱「聖上」，每講一段話都至少要引用十八句皇帝語錄，同時出手也特別大方，給輔璆琳饋贈（賄賂）了大量金銀財寶。

輔璆琳樂得合不攏嘴，在向李隆基彙報時對安祿山大加美言，還拍著胸脯保證說安祿山絕對忠心，絕無二心。

這下李隆基徹底放心了，便馬上讓人把楊國忠、韋見素二人召來：朕已經決定了，安祿山還是留在范陽為好，東北的奚、契丹二虜，都需要他去鎮撫。朕一直推心置腹地對待安祿山，相信他肯定沒有異心。這一點朕可以親自為他擔保。你們以後再也不要為此擔憂了。

從這句話中可以看出，李隆基確實老了，糊塗了。如今除了楊貴妃以外，其他幾乎什麼都不知道。

他既不瞭解市場的菜價，也不瞭解長安的房價；既不瞭解安祿山的盤算，也不瞭解楊國忠的心思！

事實上，在楊國忠看來，他和安祿山早已結下不共戴天之仇，只要安祿山還活著一天，他就不會有安心的一天！

可現在，安祿山不僅安然無恙，而且依然深受信任，依然手握重兵，他怎能不感到恐慌？

狗急了會跳牆，兔子急了會咬人，楊國忠急了會……

他幹了這樣一件令人目瞪口呆的蠢事：

大概是為了早日拿到安祿山謀反的實錘、以便置安祿山於死地，楊國忠悍然決定將行動升級。

西元七五五年四月，他突然命人包圍了安祿山在京城的宅邸，逮捕了安祿山的門客李超等人，交給御史台訊問。

令他失望的是，從這些人口中他沒有得到任何有價值的東西。

隨後，惱羞成怒的楊國忠下令將李超等人全部祕密處死。

安祿山的長子安慶宗與宗室女榮義郡主訂了婚，此時他正住在京城，得知此事後他第一時間就密報給了父親。

安祿山聞訊大為震驚。

這次抄他的家，究竟是道德的淪喪還是人性的扭曲……

不好意思串詞了，應該是：這次抄他的家，究竟是皇帝的意思還是楊國忠的擅自行動？

他無法確定。

難道皇帝真的對自己產生了懷疑？

他還是無法確定。

難道皇帝馬上要對自己動手啦？

他依然無法確定。

……

總之，對這件事，他心裡有著太多的疑問。

曾經給他提供過無數可靠資訊的吉溫已經不在了，現在京城發生的這一切，都只能靠他在遙遠的邊地憑藉有限的資訊自己琢磨。

然而他絞盡腦汁——把腦子幾乎都絞成豆腐腦兒，卻依然確定不了此事的性質。

世界上的事，越是不確定，往往越是危險——正如我們越是不確定一種新病毒的特性，它對我們就越是危險一樣。

安祿山這次也是這樣。

正是因為不確定，他最終決定孤注一擲，鋌而走險。

算了，亂麻解不開，可以用快刀；問題想不明，乾脆就造反！

你不仁，就別怪我不義！

從此，他態度大變。

之後再有朝廷的使者到來，他每次都稱病不再出去迎接，會見使者時，他的表現也非常傲慢，不僅毫無人臣之禮，還常常把軍隊召集起來，全副武裝，如臨大敵，一副向朝廷示威的樣子。

這年六月，是安慶宗與榮義郡主大婚的日子。

李隆基親自下詔，召安祿山回長安參加婚禮，但安祿山卻以身體不佳為由拒不奉詔。兒子結婚都不肯出面，這顯然太不合常理了。就連一向對安祿山信任有加的李隆基也感覺到了有些不對頭。

然而還沒等他想明白，安祿山就又有了新的動作。

他上表說要給朝廷獻三千匹馬，每匹馬配兩名馬夫，由二十二名蕃將護送入京。

第八章
漁陽鼙鼓動地來

華清池之約

消息傳出，朝野上下一片譁然。河南尹達奚珣認為這很可能是個陰謀。

他立即給皇帝上了一封奏摺：

> 安祿山此次名為獻馬，其實是陷阱；這六千人名為馬夫，其實是武夫，也就是說他是想趁機偷襲長安！陛下千萬千萬不能答應，就算安祿山真的一定要獻馬，也必須要等到冬天再說，且無須派軍隊護送，到時只要沿途各地的官府供應差役就可以了。

被他這麼一說，李隆基也對安祿山這一舉動產生了嚴重的懷疑。他在這個山雨欲來風滿樓的敏感時刻興師動眾地獻馬，實在是有些居心叵測！

此時輔璆琳受賄的事也被人揭發了出來。這下，李隆基終於徹底明白了。原來自己一直以來都被安祿山給唬了！看來此人確實有異心！他勃然大怒，隨即找了個藉口殺掉了輔璆琳。

可反跡已現的安祿山該怎麼處理呢？

李隆基用他因很久不用而堆滿了灰塵的大腦苦思冥想，總算想出了一個計策——設法把安祿山誘至長安除掉，提前解決掉這個威脅！

這年八月，他派宦官馮神威前往范陽，一面按照達奚珣所說的那樣阻止安祿山送馬，一面盛情邀請安祿山來長安：朕最近特意為你量身定制了一個全新的溫泉池，十月在華清宮等你，一定要來哦。

但這種小兒科的伎倆，怎麼可能騙得了以狡詐著稱的安祿山呢？

馮神威宣旨的時候，安祿山表現得異常傲慢，甚至連跪拜接旨的表面文章都不願做，而是一直蹺著二郎腿大大咧咧地斜坐在胡床上，直到最後才彷彿有屁要放那樣略微抬了抬屁股、欠了欠身子，漫不經心地問了句：聖上安穩否？——那語氣，就像買菜的大媽問菜販「青菜新鮮嗎？」一樣隨意。

接著，他對李隆基的邀請做出了回覆：馬不獻亦可，十月灼然詣京師！——馬不送也行，十月我會昂首挺胸地到京城來的！

說完，他命左右將馮神威帶下去，安置在賓館——不，應該叫隔離在賓館，因為在賓館的那段時間裡，除了房間裡隨處可見的蟑螂，馮神威沒能再見到任何一個活物。

幾天後，馮神威便被打發走了，臨走連照例應該有的獻恩表也沒得到。然而此時的馮神威已經根本顧不上這些禮節了。他雖然名字很神威，但實際上卻很沒種——畢竟是個太監嘛，早已被安祿山表現出來的架勢嚇得屁滾尿流，一回到京城他就哭哭啼啼地向皇帝告狀：臣差一點見不到陛下！嗚嗚嗚嗚嗚……

隨後他把自己在范陽的悲慘遭遇一五一十全都告訴了李隆基。可李隆基對這些細節似乎並不十分在意。他感興趣的只有安祿山的這句話：十月灼然詣京師！

安祿山真的會來嗎？

後來的歷史告訴我們。

會。

只不過不是以李隆基想要的方式。

事實上，就在李隆基充滿期待地等著安祿山入京的時候，安祿山也在為自己起兵做著緊鑼密鼓的準備。為了保密，他只和自己的心腹謀士嚴莊、高尚以及將軍阿史那承慶三人一起密謀，其餘將佐全都蒙在了鼓裡。將士們只是感覺到自從入秋以來，伙食標準似乎高了很多——從以前的一葷三素變成三葷一素，軍事訓練也頻繁了很多——從以前的三天一次變成一天三次。沒人知道這是為什麼。

不過，世界上沒有無緣無故的愛，沒有無緣無故的恨，當然也沒有無緣無故的加餐。

很快，謎底就揭曉了。

這一天，有奏事官從長安返回了范陽。

隨後安祿山馬上召集諸將，召開緊急會議：奏事官剛剛給我帶來了一份天子的密詔，命我火速領兵入朝討伐楊國忠，諸君應全部隨我一起出征！

眾將聞言大驚，但由於之前他們早就被訓得服服帖帖，沒有一個人敢提出疑問。

安祿山范陽起兵

西元七五五年十一月九日，安祿山將麾下所有的軍隊十五萬人集結到范陽，號稱二十萬人，正式宣布起兵。

次日清晨，他在薊城（范陽節度使治所，今北京）城南舉行了規模盛大的閱兵誓師大會，聲稱要進京清君側、除奸佞——這個奸佞指的當然是楊國忠，並傳令三軍：凡有異議擾亂軍心者，一律誅滅三族！

他命范陽節度副使賈循留守范陽、平盧節度副使呂知誨守平盧（治所今遼寧朝陽）、別將高秀岩守大同（今山西大同），自己則登上特製的鋼鐵戰車，指揮全部步騎精銳大舉南下，兵鋒直指東京洛陽。

一時間，燕趙大地上鼓聲震天，煙塵蔽日。

站在戰車上的安祿山意氣風發，豪情萬丈，對前景充滿了信心。

他知道，此時的大唐帝國，雖然表面上看似繁榮，但其實早已金玉其外敗絮其中，官場腐敗盛行，社會危機四伏，更重要的是，為了開疆拓土和應對邊患，整個唐朝的軍隊是按照「內輕外重」的格局來布置的——唐軍主力大多集中在西北和東北邊陲，而包括長安、洛陽兩京在內的中原腹地則十分空虛。

安祿山相信，憑藉自己手下這支百戰雄師，一定能所向無前，直搗長安！

對一直對他恩重如山的李隆基，他並沒有什麼內疚之情。

自己強才是真的強，管他李隆基是什麼感受呢！

應該說，他的開局確實十分順利。

當時天下承平已久，百姓幾代都沒有經歷過戰事，猛然得知范陽兵起，河北各地從上到下全都如從來沒下過水的旱鴨子突然掉入大江之中一般驚慌失措，官員們要麼開門投降，要麼棄城而逃，叛軍一路上幾乎沒遇到任何像樣的抵抗，比勢如破竹還要勢如破竹！

主力狂飆突進的同時，叛軍在西線也首戰告捷。

早在安祿山起兵之前，他就派部將何千年帶著一支小分隊西進，奇襲河東節度使治所太原（今山西太原）。也許有人會問：安祿山本就兼任了河東節度使，太原在他管轄之下，為什麼他還要去攻打呢？

這當然是有原因的。

事實上，安祿山雖然身兼范陽、平盧、河東三大節度使，但他一般都坐鎮范陽，主管對東北的契丹、奚人作戰，河東地區由副使實際管理，而此時的副使正是楊國忠的黨羽楊光翽。

為了防止楊光翽從太原東進，在他後方搗亂，他未雨綢繆，提前策劃了這次斬首行動。

他派何千年以進獻神射手的名義前往太原，毫無防備的楊光翽按照以前的慣例出城迎接，當場就被何千年抓了起來，押送到安祿山所在的軍營中斬首示眾。群龍無首的太原守軍急忙向朝廷報告了叛軍出現在河東的消息。

與此同時，東受降城（今內蒙古托克托縣）的守將也派人奏報安祿山造反。

然而，面對這些來自前線的緊急情報，李隆基卻不怎麼相信——安祿山真要造反的話，最先告急的應是河北地區呀，怎麼會是河東以及八竿子都打不著的東受降城呢？

他覺得這可能是嫉恨安祿山的人製造的假消息。

此時的他正在華清宮休養。

每年十月赴華清宮泡溫泉，是李隆基多年以來養成的老習慣，今年更是早早地來到這裡，等待安祿山如約而至。雖然現在已是十一月了，安祿山依然連影子都沒有，但李隆基依然沒有喪失耐心，還在抻長了脖子盼望安祿山的到來。畢竟，范陽到長安距離遙遠，耽誤幾天甚至數月都是可能的。

再說了，就算是預產期，推遲不也很常見嘛！

直到十一月十五日，也就是安祿山起兵後的第七天，各地告急文書來的次數都比老皇帝的小便次數還要頻繁了，李隆基才如夢初醒，不得不接受了殘酷的現實：看來安祿山是真的反了！

他連忙召集群臣商議對策。

大臣們全都憂心忡忡，只有楊國忠一人得意揚揚——我之前說過多少遍了，你們不聽，你看現在不是應驗了嘛！看看，這就是先見之明！這就是神機妙算！古有西周姜太公，今有大唐楊國忠……

這樣的想法讓他自我感覺極其良好，信心也跟著極度膨脹。

他彷彿看見天空飄來十一個字：有我楊國忠在，那都不是事！

於是他拍著胸脯對皇帝說，陛下您放心好了，真正造反的只不過是安祿山一人，將士們一定不會跟著他的。臣可以保證，不超過十天，安祿山的首級就會被送到陛下面前！

這話讓李隆基聽了非常順耳——是呀，我開創了歷史上前所未有的盛世，在我的統治下，國家富強，百姓康樂，天下民眾肯定人人都會抱著「縱做鬼，也幸福」的心態努力報效朝廷，拼死反抗叛軍！無論是誰造反，都不過是蚍蜉撼樹、老鼠擋推土機——完全是不自量力！

因此，聽了楊國忠的發言，他忍不住頻頻點頭：楊愛卿所言甚是！

由於繼位四十多年來一直順風順水，加上周圍無數馬屁精日復一日的讚美——甚至連他放個屁都會馬上有人作詩誇獎「高聳龍臀，洪宣寶氣。臣立下風，不勝馨香。日月星辰，若出其中。星漢燦爛，若出其裡。幸甚至哉，歌以詠屁」，所以李隆基對自己取得的成就一直非常自負，對自己擁有的能力也一直非常自負。

在他的心目中，自己不是人，是神，而神是從來都不會犯錯的，是從來都戰無不勝的，有問題的只可能是別人！

也許正是因為他這種心態，讓他在安祿山叛亂後連續冤殺了高仙芝、封常清兩位蓋世名將！

第九章
安西雙璧：高仙芝和封常清

高仙芝奇襲小勃律

高仙芝出身將門，其父高舍雞本是高句麗人，入唐後先後在河西（治所今甘肅武威）、安西（治所今新疆庫車）等地任將軍。

高仙芝自幼在安西軍中長大，深受邊塞軍人的薰陶，精於騎射，剛猛果決，但內心剽悍的他外形卻非常俊美，是名副其實的花樣美男。

二十多歲時，他就因父親的功勳而被授為遊擊將軍，先後在田仁琬、蓋嘉運兩任節度使麾下效力，卻一直得不到賞識，鬱鬱不得志，直到後來夫蒙靈察主掌安西，他才時來運轉，平步青雲，不久就被提拔為安西副都護、四鎮（唐朝在安西地區設立的龜茲、於闐、疏勒、碎葉四個軍鎮，史稱安西四鎮）都知兵馬使，成為安西地區唐軍的第二把手。

真正讓高仙芝名揚天下的是著名的小勃律之戰。

小勃律位於今喀什米爾西北部，本是勃律國的一部分，七世紀初勃律國被吐蕃擊破，分裂成了大、小勃律兩個國家。

小勃律地處要衝，是吐蕃從青藏高原進入西域的唯一通道，因此無論對唐朝還是吐蕃，其地位都極為重要——唐朝要確保西域，就必須控制小勃律，而吐蕃若要覬覦西域，也必須先拿下小勃律。

小勃律原本親附唐朝，故而屢屢受到吐蕃的攻擊。西元七三六年，吐蕃終於得手，迫使小勃律國王向吐蕃稱臣，並迎娶吐蕃公主，隨後吐蕃透過小勃律大肆向西域擴張，西域二十多個國家被迫臣服於吐蕃。

李隆基向來心高氣傲，對這樣的局面當然無法容忍。在他的催促下，連續三任安西節度使田仁琬、蓋嘉運、夫蒙靈察都曾出兵征討小勃律，卻每次都無功而返。

西元七四七年四月初，高仙芝奉命再次向小勃律發起攻擊。

他帶領一萬名騎兵從安西出發，在經過撥換城（今新疆阿克蘇）、握瑟德（今新疆圖木舒克）、疏勒（今新疆喀什）後，唐軍遇到了此行的第一個難關——平均海拔五千米以上的蔥嶺（今帕米爾高原）。

蔥嶺一帶地勢複雜，氣候惡劣，在這樣的地方行軍，不僅要克服嚴重的高原反應，還常常要面臨暴風、雪崩等氣象災害，一般人即使什麼也不拿要翻越也絕非易事，而唐軍還隨身帶著各種武器裝備以及乾糧食品，可想而知會有多麼艱難！

在這期間，高仙芝他們經歷了什麼，我們不得而知，我們只知道他們不僅順利地走了出來，而且依然沒有放慢行軍的腳步。之所以這麼急，是因為高仙芝知道，從這裡到小勃律，一路都屬高寒山區，每年除六、七、八三個月外，均為大雪封山期。

也就是說，留給他和唐軍的時間，其實是非常有限的！

七月十三日，也就是在他們出發三個多月後，吃盡千辛萬苦，歷經千難萬險，走過千山萬水，唐軍終於到達了吐蕃人控制的軍事要塞連雲堡（今阿富汗東北部的蘭加爾）附近。

連雲堡是通往小勃律的必經之地，吐蕃在堡中駐有守軍一千餘人，此外在城南十五里外還有一個依山而建的吐蕃軍寨，駐軍八九千人，合起來共有萬餘名兵力，與高仙芝所部大致相當，且以逸待勞，優勢明顯。

事實上，還沒到連雲堡城下，唐軍就遇到了攔路虎——城外有一條河叫婆勒川，當時正好漲水，攔住了他們的去路。

看著湍急的河水，將士們都犯了愁。

高仙芝卻不管這些，傳令要求次日清晨渡河，且每人只能帶三天的乾糧。

這下，將士們更困惑了——渡河，說起來簡單，可是這水那麼急又那麼深，怎麼過法，您倒是說個辦法呀？造橋？不要說明天，明年都不一定成；坐船？這鬼地方連根木頭都找不到，到哪裡去找船；遊過去？可我們都是北方人，沒人會遊，除了夢遊……這豈不是說，要想過河，只能靠做夢！

不過，困惑歸困惑，由於高仙芝向來治軍嚴明，他們也不敢多說什麼。

第二天清晨，他們還是硬著頭皮來到了河邊。

沒想到眼前的河水和昨天比，淺若兩河——昨天還深不見底，現在卻淺得連一隻雞都淹不死，完全可以直接涉水走過去！

一時間，他們全都對高仙芝佩服得五體投地。我們這位主帥太厲害了！

除了敬佩，他們心中還有疑問。高仙芝到底是怎麼做到的？

難道他有魔法？

當然不是。

其實高仙芝沒有魔法，有的只是淵博的知識。他知道這裡的河水主要來自那融化的雪山，由雪水匯合而成。晚上氣溫低，融水少，次日早上的流量自然會小很多。

就這樣，最終唐軍人不濕旗、馬不濕鞍，全都順利地過了河。之前一直如臨大敵的高仙芝這才如釋重負。

他笑著對身邊的監軍宦官（唐朝中後期出兵作戰常以宦官負責督查，稱監軍，這也是李隆基的首創）邊令誠說，要是吐蕃人趁我們渡河時發動襲擊，我軍必敗無疑。現在我們已經布好了陣勢，連雲堡就是上天賜給我們的禮物了！

隨後，高仙芝立即命唐軍發動強攻。吐蕃守軍雖然猝不及防，但依然憑藉險要的地形頑強抵抗。

唐軍一時奈何不得。

見正面攻擊受阻，高仙芝召來了陌刀將李嗣業，給他下達了死命令：中午前務必給我解決戰鬥！解決不了戰鬥，我就解決你！

李嗣業是當時著名的勇將，身長七尺，膂力過人，尤其善使陌刀。所謂陌刀，是唐代流行的一種長柄兩刃刀，前端尖銳，無論是劈、砍還是刺都有極大威力，他麾下的這支陌刀軍，是高仙芝麾下戰鬥力最強的兵種。見城頭滾木礌石密集如雨，李嗣業並沒有強攻，而是領兵從連雲堡側面的懸崖峭壁攀緣而上，突然出現在了守軍的側後方。

要讓正在全力防守正面唐軍的吐蕃人一下子改變防守方向，相當於要讓正在以兩百碼速度全速前進的汽車一下子改變行進方向——絕對是不可能的。

可以這麼說，在那一瞬間，吐蕃人對李嗣業幾乎是不設防的。

面對李嗣業和他的陌刀軍的猛砍猛殺，他們唯一來得及的反應只是出自本能的讚嘆。就這樣，在李嗣業這支奇兵出其不意的衝擊下，吐蕃人的防線亂成了一團。其餘唐軍見狀趁機猛攻，很快就占領了連雲堡。

這一戰唐軍共斬殺敵軍五千餘人，俘虜一千，繳獲戰馬一千多匹，軍資器械不可勝數。

然而，儘管首戰就大獲全勝，可這次慘烈的戰鬥和西域險峻的地形卻讓監軍邊令誠嚇破了膽，他說什麼也不敢再往前走了：高將軍，我最近痛風……痛得厲害，實在是走不動了，不如就讓我在這裡等你凱旋吧！

高仙芝也樂得少些掣肘，便分給他三千相對較弱的士兵留守連雲堡，自己則帶著其餘人馬繼續向小勃律進軍。

接下來的路越來越難走。

三天後，唐軍來到了坦駒嶺。

坦駒嶺海拔四六八八公尺，是興都庫什山（位於今阿富汗和巴基斯坦邊境）最著名的險峻山口之一。要想透過坦駒嶺，必須沿冰川而上，別無其他捷徑，而且冰川上冰丘起伏，冰塔林立，冰崖似牆，冰縫如網，稍不注意，就會滑墜深淵，或者掉進冰川的裂縫裡，一命嗚呼。

在這樣危險的路上行軍，每個士兵的精力都時刻高度緊張，體力消耗都很大。他們的腳步越來越蹣跚，呼吸越來越粗重，眼神越來越渙散，心情也越來越低落。除了身體的疲憊，更令他們擔心的還有另一件事——前面有一座敵友不明的堅城：阿弩越城。

在又一次連續下了十幾個幾乎直上直下的陡坡後，將士們終於忍無可忍了——畢竟，人的承受能力就和憋尿能力一樣是有上限的。

他們紛紛埋怨起來：高將軍，你究竟要讓我們去哪兒呢？

高仙芝沒有直接回答，只是若有所思地說，如果阿弩越人肯投降我們就好辦了。

話音未落，山的另一邊就走過來了一支二十多人的隊伍。

這些人全部胡人裝扮，自稱來自阿弩越，說他們的主公得知大唐軍隊到來，決定主動歸降，特意派他們前來迎接。

除此以外，他們還提供了另一個寶貴的情報——吐蕃通向小勃律的娑夷河上的藤橋被砍斷了，也就是說，如果唐軍攻打小勃律，吐蕃軍隊根本不可能過來增援。

得知這個振奮人心的消息，唐軍上下就如連續陰跌不止的股票遇到了一個大利好——一下子止住了頹勢，重新煥發了生機。

但此時高仙芝的心中卻有些忐忑不安。

因為他知道，其實這些所謂的阿弩越降人並不是真的，而是他為了提振士氣找人假扮的。

萬一阿弩越不肯投降，怎麼辦？

他心裡完全沒有底。

運氣不好的人，往往怕什麼就來什麼；運氣好的人，總是怕什麼就不來什麼。現在的高仙芝顯然屬於後者。最終他擔心的事並沒有發生阿弩越城見唐朝大軍到來，竟然真的不戰而降了。

在城中休整一天、補足給養後，唐軍繼續開拔。

前面不遠就是小勃律，高仙芝命部將席元慶率一千精銳擔任先鋒，自己則率大軍隨後開拔。

席元慶快馬加鞭，很快就抵達小勃律城下。

不過他並沒有直接攻城，而是按照預先的安排對城裡喊話：我們到這裡來，不是要攻打你們的城池，只是想借個道去大勃律。小勃律乖乖，把門兒開開，快點兒開開，我要進來……

小勃律人果然打開了城門——雖然他們並不十分相信席元慶的話，但他們更不相信自己能戰勝唐軍，因此兩不信中相權取其輕，還是將信將疑地選擇了相信席元慶。

沒想到席元慶翻臉比翻書還快，竟然一進城就率部直撲王宮：繳槍不殺！不要讓國王跑了！

小勃律國王大驚：你們不是借道嗎？怎麼變成劫道了！

他慌忙帶著王后（吐蕃公主）和一幫大臣出逃，躲入了城外的山谷中，準備在那裡等待吐蕃援軍。

然而他的這個舉動早就在高仙芝的預判之中。

席元慶臨行前，高仙芝曾對他面授機宜：小勃律聽說大唐軍至，其君臣百姓定會躲進山谷。你只要說皇帝有令，願意出降者獎賞金銀綢緞，他們必然會出來。到時候你把那些大臣綁起來，聽候我處置。記住，世界上沒有用錢解決不了的問題，如果有，那就用更多的錢去砸！

席元慶依計而行。在金錢的誘惑下，小勃律的多數臣民都先後走了出來，只有國王和王后這對孤家寡人還躲在深山的石窟之中。

此時高仙芝領著大部隊也到了。

他立即把幾名親附吐蕃的大臣斬首示眾，同時命席元慶火速趕赴六十里外娑夷河上的藤橋，將其砍斷，以絕吐蕃人來援。果然不出他所料——橋剛被拆毀，吐蕃人的援軍就到了。

但由於無法過河，他們只能望河興嘆——這條娑夷河，古稱弱水，寬達百餘米，波濤洶湧，且河水的密度極小，連一根頭髮都無法浮起來，在這樣惡劣的地形上重新造橋，起碼要一年的時間！

而見援軍無望，小勃律國王也只能出來投降。至此，此次萬里奔襲畫上了一個圓滿的句號。

這一戰，也讓高仙芝成了一個傳奇。

英國探險家斯坦因在實地考察了高仙芝的行軍路線後，對他此次遠征嘆服不已：中國這一位勇敢的將軍，行軍所經，驚險困難，比起歐洲名將，從漢尼拔，到拿破崙，到蘇沃洛夫，他們之翻越阿爾卑斯山，真不知超過若干倍……

扯遠了，還是把鏡頭轉回到現場吧。

征服小勃律後，高仙芝帶著俘獲的小勃律國王、王后踏上了歸途。

在連雲堡，他與留守在那裡的監軍邊令誠再次見了面，隨後一起東返。

得知高仙芝勝利歸來，邊令誠也很開心，在他的極力鼓動下，高仙芝也按捺不住心中的興奮，便派使節先行入朝，直接向皇帝李隆基告捷。

沒想到這一舉動給他帶來了極大的麻煩。

回到安西後，節度使夫蒙靈察不但沒有為他接風洗塵，反而對他大發雷霆：你這個吃狗屎的高麗奴（可能有些人會覺得這一句有些粗魯，在這裡我必須說明一下，這不是我寫的，我只是史書的搬運工，史書原文就是「啖狗糞高麗奴」）！你的官是誰給你的，竟敢不等我處理，就擅自向皇上報捷！高麗奴，你的罪當斬，只是你新立戰功，暫且饒你一次！

高仙芝也知道自己的做法確實不合規矩，後悔莫及。

無奈，他只好連連謝罪。

不過，高仙芝忍得下這口氣，和他一起出征的監軍邊令誠卻忍不了。在他看來，這次勝利也有自己的一份功勞，打壓高仙芝就是打壓他。他立刻給皇帝密奏，不無誇張地為高仙芝鳴冤叫屈，說高仙芝深入敵國萬里，立下了奇功，卻受到節度使夫蒙靈察的迫害，時刻有生命危險……

李隆基聞言大為震驚，當即將夫蒙靈察徵召回朝，同時將高仙芝提拔為安西節度使，成為大唐帝國派駐西域的最高軍政長官。

有了更大的空間，高仙芝的軍事才能發揮得更加淋漓盡致。

西元七五〇年二月，他再次遠征，率軍擊破了依附吐蕃的朅師國（今巴基斯坦北部），俘虜其國王，另立親唐朝的新君。

怛羅斯之戰

憑藉一系列成功的軍事行動，高仙芝在中亞的威名越來越盛。草一得勢，便容易瘋長；人一得志，便容易倡狂。高仙芝也沒能免俗。隨著聲望和地位的日益提高，他也變得日益驕傲，甚至開始肆意妄為。正是他的肆意妄為，引發了一場大戰！

當時中亞有個粟特人建立的石國（昭武九姓之一，國都柘枝城，今烏茲別克斯坦塔什干），由於地處絲綢之路要衝，居民善於經商，富甲一方。

這引起了高仙芝的注意。

因為他有個缺點：貪財。

西元七五〇年底，他上書稱石國無蕃臣禮，出兵討伐石國。

這似乎並不是事實——按照史書的記載，其實石國對唐朝還是挺忠誠的，幾年前其國王車鼻施還被李隆基冊封為懷化王，並被賜以免死鐵券。

在高仙芝眼裡，石國忠心與否絲毫都不重要，有錢富裕就是他侵略的全部理由。

國小力弱且毫無防備的石國當然不可能是唐朝大軍的對手，高仙芝一到，他們就投降了，態度非常謙卑，也非常困惑：我們願與大唐永結友好，絕不與大唐為敵。你就算懷疑地心引力，也不能懷疑我們對大唐的一片赤心。這次你們討伐我國，不知是我們犯了何罪？

高仙芝輕蔑地笑了：犯了何罪，你去問老天爺吧。我只負責送你上天！

他悍然下令將石國的老弱全部殺死，王公大臣悉數擄往安西，而國王車鼻施則和之前俘虜的揭師國王一起被送往長安處斬。

與此同時，石國的財富也被高仙芝洗劫一空，占為己有。

他這次運回家的東西，據說僅寶石就有十餘斛（古代容量單位，一斛相當於十斗或一百升），黃金多到需要五六頭駱駝來拉，其餘財物更是不計其數——不過，我到底不是會計，在這裡就不一一列舉了。

顯然，這是一場高仙芝為了個人私利而發動的侵略戰爭，它極大地損害了大唐帝國在西域人心中的形象。

原本他們把唐朝當成公正無私的大哥，現在卻發現竟然是蠻橫無理的大盜！石國有個王子在滅國時僥倖逃脫，身懷國仇家恨的他四處遊說西域諸國出兵為他復仇。各國也都對高仙芝的殘暴行徑深感憤慨，都對石國的悲慘遭遇深感唇亡齒寒，很快就達成了共識，發表了反對唐朝霸權主義的共同宣言，結成了反唐同盟。

然而他們也知道，唐軍實在是太強大了，就算他們聯合起來，也不可能是其對手。畢竟，一百個雞蛋組隊也不可能鬥得過石頭，一百個彈弓結盟也不可能打得過AK47！他們能做的，只有引入外援。

他們相中的外援，是大食。

大食，即阿拉伯帝國，是由伊斯蘭教先知穆罕默德所創建的政教合一的國家。它幾乎與唐朝同時興起（西元六三二年建國），那些狂熱的穆斯林以阿拉伯半島為基地四處擴張，向西占領了北非和西班牙，向東則吞併了整個西亞和大半個中亞地區。

此時正是阿拉伯帝國的鼎盛期，其國土範圍橫跨歐亞非三大洲，是當時亞歐大陸上唯一能與唐朝相媲美的超級大國。

就在高仙芝滅掉石國的這一年，也就是西元七五〇年，大食帝國風雲突變，阿拔斯家族取代倭馬亞家族成為新的帝國統治者，由於倭馬亞王朝旗幟尚白，故中國史書稱其為白衣大食，而取代它的阿拔斯王朝旗幟尚黑，故史稱其為黑衣大食。

當時黑衣大食負責中亞事務的是時任呼羅珊（今伊朗東北部以及阿富汗、土庫曼斯坦一帶）總督的艾布·穆斯林。

艾布·穆斯林是阿拔斯王朝的開國第一功臣，也是此時大食最傑出的名將，戰功卓著，經驗豐富，在接到石國王子和西域諸國的求援信後，他馬上意識到這是自己向東擴張的好機會，當即答應了他們的請求。

隨後他坐鎮於中亞重鎮撒馬爾罕（今烏茲別克斯坦撒馬爾罕市），在那裡設立指揮部，親自調兵遣將，準備東進。可是，還沒等他來得及行動，就聽到了一個令人震驚的消息——高仙芝竟然先動手了！

原來，高仙芝在得知大食軍隊即將對自己發起進攻後，沒有選擇加強防務，而是決定主動出擊。

高仙芝腦海中也從來沒有「收縮防守，被動挨打」這個選項。不管面對怎樣的對手，不管面臨怎樣的形勢，他想到的，都只會是進攻！進攻！再進攻！他要先發制人，趁大食還沒動手就先給它一個下馬威，將它打殘，將它打服！

按照《資治通鑒》的記載，高仙芝這次所帶的兵力有三萬人（此處有爭議，阿拉伯史料中稱唐軍有十萬人，但我個人認為不大可能，在自然條件惡劣的中亞長途遠征帶這麼多軍隊，後勤是吃不消的），除了他自己麾下的安西軍精銳兩萬人，還有依附於唐朝的葛邏祿（鐵勒諸部之一，當時主要活動於阿爾泰山以西）、拔汗那（中亞古國之一，位於今烏茲別克、吉爾吉斯、塔吉克交界處的費爾幹納盆地一帶）等蕃人軍隊。

按照當時唐軍的編制，安西四鎮所轄兵力為兩萬四千，此次高仙芝一下子就調用了兩萬，幾乎可以算得上是傾巢而出了。

需要說明的是，雖然安西唐軍的主力部隊大多為步兵，但每個士兵都配有戰馬，只有在打仗時才下馬步戰，因此機動性並不差。

西元七五一年七月，經過三個月的長途跋涉，高仙芝統率的這支蕃漢聯軍進抵了中亞名城怛羅斯（今哈薩克南部塔拉茲附近），隨即對城池發動猛攻。由於守城的大食軍早有準備，又依託堅城，以逸待勞，唐軍一時無法得手。戰局就此陷入了僵持。

而此時在艾布．穆斯林的調度下，大食的援軍正在源源不斷地趕來！受命統領大食援軍的是艾布．穆斯林手下的大將齊亞德。大食軍的數量史書沒有記載，不過一般認為遠多於唐軍。

儘管眾寡懸殊，高仙芝卻依然毫不畏懼。兵來將擋，水來土掩，豺狼來了有獵槍，色狼來了有員警……有什麼可怕的？他當即下令，除了留一部分繼續圍攻怛羅斯城外，其餘軍隊悉數列陣迎敵。

一場大戰就此展開。

具體的作戰過程，由於記載有限，我們不得而知。我們只知道，在打了整整五天後，雙方依然殺得難分難解，不分勝負。隨著戰事的膠著，高仙芝的內心極為焦灼。因為他知道，自己孤軍深入，缺乏補給，所帶的糧草、軍械都十分有限，時間拖得越長，形勢對他就越不利！

這個道理並不難懂。

高仙芝明白。

他的對手大食人明白。

他的盟友葛邏祿人也明白。

葛邏祿人的習慣跟我家樓下王大媽的炒股習慣差不多——喜歡追漲殺跌，誰走勢強勁就追捧誰，誰前景黯淡就拋掉誰。現在，見高仙芝形勢不妙，葛邏祿人毫不猶豫地反水了，他們加入了大食人的陣營，對唐軍反戈一擊！

從原本平衡的天平一端拿掉一個砝碼加到另一端，天平馬上就會變失衡；在本來均勢的戰場一邊跑掉一批人馬加入另一邊，勝負很快就會見分曉。

葛邏祿人叛逃後，之前一直在苦苦支撐的唐軍終於再也頂不住了，不久就全軍崩潰。兵敗如山倒，你逃我也逃。

然而殺紅了眼的高仙芝卻依然不願認輸。

李嗣業連忙勸阻：我軍深入敵境，後方又沒有援軍，如今大食得勝，西域諸國一定會趁機攻擊我們。倘若我們全軍覆沒，還有誰能向陛下彙報這個至關重要的消息？不如早點撤吧。

可高仙芝還是固執己見：我打算召集餘眾，明天再戰！

這下李嗣業更急了：現在形勢如此危急，將軍不可再意氣用事了！

在他的再三勸說下，高仙芝總算恢復了理智，總算意識到敗局已經和那些陣亡士兵的生命一樣無法挽回了。

他就是再頑強，也不能再勉強了。

他就是再不甘心，也不能不死心了。

無奈，他只好長嘆一聲，同意退（逃）兵（跑）。

沒想到退出去沒多遠，高仙芝一行就遇到了麻煩——前面是一處狹窄的山谷，已經被率先潰退的唐軍盟友拔汗那士兵及其車馬牲畜堵得水泄不通！由於擔心大食追兵殺到，高仙芝心急如焚。危急時刻，他大喝一聲，掄起大棒就打，那些擋路的拔汗那兵馬應聲而斃，其餘的也都嚇得閃到一邊，讓出了一條通道。高仙芝等人這才得以衝了出去。

逃出後，高仙芝清點殘兵，發現跟隨自己出征的兩萬唐軍，竟然只剩下了數千人！

這就是近年來在網上炒得火熱的怛羅斯之戰。

有人說，正是唐軍在怛羅斯的失敗使其退出了西域的角逐。但這顯然是不符合史實的。其實，唐朝退出西域，主要是因為安史之亂的發生，跟這一戰並無多大的關係。雖然在怛羅斯損失了一萬多精兵，然而憑藉著強大的國力，安西四鎮還是很快就恢復了元氣，短短兩年後他們又在遠征大勃律等戰事中再次揚威西域。

事實上，儘管怛羅斯之戰打得頗為激烈，史學界卻普遍認為這次戰役對後來的歷史影響相當有限。這場仗打完後，雙方就各自回家了，彷彿什麼都沒發生過。

大食沒有再乘勝進軍，趁機擴大戰果——此役他們雖然獲得了最後的勝利，但也付出了極為慘重的代價，已經無力再進攻了，且由於看到了唐軍在戰場上表現出的驚人戰鬥力，從此打消了向東擴張的念頭。

而唐軍也沒有再捲土重來，報仇雪恨透過——此役，他們認識到了大食的實力不可小覷，從此不再輕易冒險。總之，怛羅斯一戰，就像往湖裡扔了一塊巨大的石頭，儘管一時間動靜很大，可很快湖面就恢復了平靜。

什麼都沒有變化。

一切都如同往昔。

顯然這一戰沒有改變歷史，卻改變了雙方主帥的命運：

大食方面的主將艾布·穆斯林，在戰後僅僅過了四年就因功高震主被阿拔斯王朝的第二任哈里發曼蘇爾殺害，他麾下的得力大將也就是此戰的直接指揮者齊亞德也在同時被處死。

而唐軍主將高仙芝也在戰後被調離安西，入京出任右羽林大將軍。

接任安西節度使的，是一個叫王正見的人，由於史書無傳，這個人幹了什麼我們不得而知，但這並不重要——因為他一年後就死了。

接替他的，是高仙芝曾經的得力助手封常清。

封常清傳奇

封常清祖籍蒲州猗氏（今山西臨猗），他從小就是個孤兒，只有外祖父一個親人。在他童年的時候，他的外祖父因犯罪被發配到安西看城門，他也因此跟著到了安西，在安西長大。

這樣的家境，當然不可能受到良好的教育，好在他外祖父本身有些文化，便親自教他。

如果你在那時來到安西，你一定能看到那一老一小——老的，在城門下看門；小的，在城樓上讀書。

風聲，雨聲，讀書聲，聲聲入耳。

夏天，冬天，春秋天，天天如此。

如果你十年後再來，你會發現，老的不在了——因為他已經死了。

而那個叫封常清的孩子現在已經長大了，卻依舊在那裡苦讀：夫天將降大任於是人也，必先苦其心志，餓其體膚……

《舊唐書》記載：封常清是一個天生的醜八怪。如果說人是上天創造的，那麼上天在造封常清的時候肯定是手滑了，一不小心造了這麼一個「不合格品」。我的天，那個醜哇，真是慘絕人寰……

什麼？你說這不是《舊唐書》的風格？

確實不是。

但意思就是這個意思。

實際上，封常清不僅長得不好看——瘦瘦小小，腿特別短，而且還是個殘疾人——眼睛是斜的，腳是跛的……

不過，儘管家窮人醜，一米四九，可封常清並沒有自暴自棄。

他雖然生如螻蟻，卻有鴻鵠之志。

他雖然命如紙薄，卻有不屈之心。

然而他再怎麼努力，命運卻始終是一片坦蕩——一直在低谷裡，從來沒起來過。

直到他三十多歲，依然是一事無成。可是他依然沒有失去鬥志。

他下定決心，一定要改變自己的人生！他把改變人生的希望寄託在了高仙芝身上。

當時高仙芝正在安西擔任節度副使兼兵馬使，對風度儀表頗為看重的他走到哪裡都帶著一幫鮮衣怒馬的侍從，是安西街上一道頗為亮麗的風景。

封常清對高仙芝非常崇拜，便來到高仙芝府上，遞上自己的名牒，請求擔任高仙芝的侍從。

高仙芝見他長得實在是對不起觀眾，便以侍從名額已滿為由婉拒了他。

不料第二天封常清又來了，高仙芝見又是他，臉色一下子就綠了——綠得像春天的青草，沒好氣地說：我不是告訴你沒有名額了嗎？你怎麼還來！

沒想到封常清的脾氣竟然比他還大：我仰慕你，所以才願意追隨你鞍前馬後，你何必這樣拒人於千里之外？如果你只注重外表，恐怕會失去子羽這樣的人才！

子羽，是孔子的弟子，孔門七十二賢之一，由於相貌醜陋，孔子差點沒要他，但後來子羽卻成了天下聞名的大學者，孔子得知後忍不住發出了這樣的嘆息：以貌取人，失之子羽！

應該說，封常清用子羽這個典故是經過深思熟慮的——一方面很契合當時的情境，另一方面又顯示出了他的文化能力。

然而這依然沒有用——高仙芝還是沒有答應他。

但高仙芝的不答應也沒有用——在之後的數十天裡，封常清每天都到高仙芝家門口求見，不管颳風下雨，雷打不動。

最後高仙芝實在受不了了，無奈只好讓步。

算了，還是收下你吧。畢竟，我是一個有身分的人。再這樣下去，人家還以為這個醜八怪是個討債的，豈不壞了我的名聲！

就這樣，封常清如願以償地成了高仙芝的侍從。

當然，是最不起眼的那個。

但很快，他就憑藉自己出眾的才華讓高仙芝和安西軍中的廣大將領都刮目相看。

不過，他不是一戰成名，而是靠一篇戰報成名。

那段時間安西附近發生了一次叛亂，高仙芝奉節度使夫蒙靈詧之命率軍征討，大獲全勝。打了勝仗自然要上報。

可還沒等高仙芝吩咐幕僚寫戰報，封常清就主動呈上了他私下擬好的文稿。

文中不僅把戰前的準備、戰場的地形、戰事的經過、戰後的總結、戰勝的方略都寫得清清楚楚，而且所有的內容幾乎都是高仙芝所想要表達的，既無所不包又滴水不漏，既有條有理又有聲有色，既一氣呵成又一針見血……

高仙芝讀了忍不住大為讚歎——太完美了！比完美還要完美！一個字都不用改，一個字都不能改！

更令他驚訝的是，封常清之前從未打過仗，而從此文看卻分明是行家裡手！

但高仙芝表面上依然不動聲色，只是簡單地勉勵了封常清幾句，隨後就將其所擬的戰報原原本本地送了上去。

接下來發生的事，又再次出乎了高仙芝的預料。

回到安西後，節度使夫蒙靈詧按照慣例設宴犒賞高仙芝。

高仙芝剛坐下，夫蒙靈詧帳下的判官（相當於現在的助理）劉眺等人就迫不及待地問他：這次的戰報是誰寫的？將軍的僚屬中怎麼會有這樣的人才？

聽高仙芝說出封常清的名字後，劉眺就馬上命人將其找來。

一番交談後，眾人一致得出了三個結論：

一、原來世界上真的有這樣醜的男人；

二、原來世界上真的有「人不可貌相」的道理；

三、原來世界上真的有這樣的奇才！

從此，封常清在安西聲名大噪，高仙芝也將他當成自己的左膀右臂。

高仙芝升任節度使後，對他更為倚重，幾乎每次出征都讓封常清擔任留後（代理節度使），留守大本營，總管安西軍政事務。

封常清最大的特點是治軍嚴明，不徇私情。

高仙芝的乳母有個兒子叫鄭德詮，他從小和高仙芝一起長大，親如兄弟，此時在安西擔任郎將。仗著和領導的特殊關係，鄭德詮在軍中非常跋扈，除了高仙芝，誰都不服。

一次，他在出門的時候正好碰到封常清外出巡視返回。

看到眾將都老老實實地跟在後面，封常清則一馬當先，威風凜凜，鄭德詮很不服氣：神氣什麼呀？老子跟高仙芝稱兄道弟的時候，你小子還是高仙芝的一個小跟班！

老子是臺柱子的時候，你小子不過是個抬柱子的！

一怒之下，他縱馬從後面衝了上去，在眾目睽睽之下狠狠地衝撞了封常清一記，隨後大搖大擺，揚長而去。

封常清回府後，立即讓人傳召鄭德詮。

鄭德詮也毫不在乎，嬉皮笑臉地來了：有話快說，有屁快放。我等會兒還要去桑拿中心檢查工作呢！

但封常清的話卻讓他再也笑不出來，而是嚇得尿了出來！

封常清是這麼說的：我封某出身寒微，這一點郎將你是知道的。但既然中丞（高仙芝此時在朝廷的官職是御史中丞）大人讓我當了留後，郎將你怎麼能當眾侮辱我？郎將你今天必須死才能整肅軍紀！

說完，他立即命人將鄭德詮拖下去，重打六十軍棍。

鄭德詮的母親聞訊大驚，慌忙請來高仙芝的妻子，一起前去救人。

然而到了節度使府，兩人卻發現大門緊閉，只好在門外邊哭邊喊，讓封常清手下留情。

儘管她們的哭聲淒厲，封常清卻只當沒聽見，硬是把鄭德詮活活打死了。

無奈，高仙芝的乳母和妻子只能寫信向出征在外的高仙芝告狀。

高仙芝也非常震驚：啊？已經死了嗎？怎麼會這樣？

不過，他知道鄭德詮畢竟有違反軍紀的過錯在先，因此在回安西見到封常清後，他對此隻字沒提，而封常清也泰然自若，似乎根本就沒有發生過這件事一樣。

之後，又有兩名高級將領犯事，也被封常清在軍前當眾擊殺。

就這樣，在封常清的鐵腕治理下，安西軍的軍紀越來越好，戰鬥力也越來越強。

而憑藉著優異的業績，他的職位也越來越高。

西元七五二年，他正式被任命為安西四鎮節度使。

第二年，他率軍征服了原本歸附吐蕃的大勃律（今巴控喀什米爾的巴爾蒂斯坦一帶）。這是繼高仙芝遠征小勃律後，唐軍在中亞取得的又一次勝利。此戰在怛羅斯之敗後重新確立了唐朝在中亞的領導地位，意義十分重大。

第十章
千里大潰敗

烏合之眾

封常清也因建此大功，很受李隆基的賞識。

安祿山起兵的時候，他正好入朝述職，來到了李隆基所在的華清宮。真是想睡覺有人送枕頭，李隆基連忙向他詢問平叛之策。

新受重用的封常清就如新婚之夜的新郎官一樣心情澎湃，躍躍欲試，急於表現自己。他慷慨激昂地說，如今天下太平已久，所以百姓一聽說叛軍就恐懼不安，但形勢是會變化的，困難只是暫時的，臣請求立刻前往東京（洛陽），開府庫，募勇士，然後揮師北渡黃河，相信用不了幾天就能斬下逆胡安祿山的頭顱，獻給陛下！

李隆基聞言大喜，當即任命封常清為范陽、平盧節度使，讓他去洛陽組織防禦。

雷厲風行的封常清一刻也沒有耽擱，當天就動身趕往洛陽，短短十餘天時間就招募了六萬人，隨後他下令截斷連接黃河北岸到洛陽的河陽橋，嚴陣以待，準備迎敵。

然而戰事還沒開始，封常清就有了不祥的預感。

他儘管久經沙場，可數十年來無論是生活還是工作都沒有離開過西域，對中原的瞭解只是聽說過，卻從沒有深入體驗過。

現在真正到了洛陽，他才認識到自己之前的預判太樂觀了——他那種「開府庫，募勇士」的策略在民風剽悍、人人習戰的安西是可行的，而在和平已久、幾代人都沒見過硝煙的中原，卻顯得水土不服。

因為他發現，他招募的人雖然不少，卻大都是烏合之眾有過乞討經歷和詐騙經歷的人很多，有過戰鬥經歷的人卻一個都沒有；用過真刀真槍的人卻一個都沒有……

顯然，要想在幾天時間裡把這些素人訓練成令行禁止、有進無退的具有強大戰鬥力和嚴明紀律的正規軍，就相當於要在幾天時間內把黃豆做成醬油——根本是不可能的！

想到這裡，封常清曾經的沖天豪情，一下子變成現在的充滿無奈。

是呀，他就是再有本事，也不過是一杯水落入撒哈拉沙漠——能發揮多大的作用呢？

不過，開弓沒有回頭箭，事已至此，他也只能硬著頭皮上了。

與憂心忡忡的封常清相比，皇帝李隆基則要淡定得多。

封常清離開後，李隆基又在華清宮裡優哉遊哉地休養了四天，才依依不捨地回到了長安。

回京後，他做的第一件事，就是將當時正在京城擔任太僕卿的安祿山之子安慶宗斬首，隨安慶宗生活的母親康氏（安祿山的原配夫人）以及他新婚不久的妻子榮義郡主也一起被賜死。

也許李隆基的心情是可以理解的，可他的這一做法卻無疑是不太明智的。

畢竟，安慶宗是安祿山的嫡長子，留著他，對安祿山來說多少是一種牽制，關鍵時刻甚至可以充當談判的籌碼，而現在李隆基卻為了洩憤，輕而易舉地將這張牌毀了！

不久之後，他將為這個錯誤付出慘重的代價——當然，和很多時候一樣，淪為代價的，是那些無辜的百姓。

除了安慶宗，因安祿山造反而受到牽連的，還有時任朔方節度使的安思順。

由於史書無傳，我們對安思順所知甚少，只知道他是安祿山的繼父安延偃之侄，成名比安祿山更早，資歷也比安祿山更深安思順從軍四十餘年，一直在西北戰場作戰，早在西元七二一年就擔任了洮州（今甘肅臨潭）刺史，後來歷任大鬥軍使、河西（治所今甘肅武威）節度使、朔方（治所今寧夏靈武）節度使等多個要職。

儘管名義上是安祿山的堂兄，但安思順和安祿山並無血緣關係，工作上也沒有什麼交集——一個在西，一個在東，相距數千里。而兩人的政治立場更是完全不同——安思順對唐朝是非常忠誠的，甚至還曾一度向皇帝李隆基揭發過安祿山密謀造反，安祿山也知道他和自己不是一條心，因此在起兵時並未聯絡他一起行動。

不過，匹夫無罪，懷璧其罪；安思順再沒問題，姓安就是問題。李隆基現在把「安」這個字當成了敏感詞。安思順也第一時間就被解除了兵權，召回朝中出任戶部尚書。朔方節度使一職則由原朔方右廂兵馬使郭子儀接任。

在解除安思順兵權的同時，李隆基還做出了另外幾個事情的重要安排：

一、右羽林大將軍王承業為太原尹，防守重鎮太原；

二、新設河南節度使，領陳留（今河南開封）等十三郡，以衛尉卿張介然為節度使——這也是唐朝第一次在除了邊境地區的內地設立節度使，給張介然的任務是阻擋安祿山攻擊河南，拱衛東都洛陽；

三、右金吾衛大將軍程千里為潞州（今山西長治）長史，以防叛軍從那裡進犯河東。

之後，李隆基又任命榮王李琬為元帥，右金吾大將軍高仙芝為副帥，率軍東征，作為繼封常清之後的第二梯隊，迎戰叛軍主力。李琬是李隆基第六子，在當時還在世的皇子中年齡僅次於太子李亨，平時的口碑也非常不錯，朝野上下都對他寄予了厚望。

令人大跌眼鏡的是，這個任命剛發布沒幾天，李琬就莫名其妙地去世了。

這究竟是真的意外，還是有人故意製造的意外？

不知道。

因為我搜遍史書，結果沒有找到。

但不管怎麼說，反正李琬是死了，高仙芝成了這支部隊的主帥。然而李隆基似乎對有「因私欲擅自開戰」前科的高仙芝並不完全信任，又給他配了個監軍——幾年前和他搭檔過的宦官邊令誠。

主帥有了，那麼，兵呢？

那時唐軍主力大都部署在邊境，遠水解不了近渴，唯一的辦法只能是招募新兵。

在高仙芝的主持下，募兵工作進行得頗為順利，不到十天就招募了十一萬士卒，其中大多是長安的市井子弟。這支從未上過戰場的新軍，卻有著一個響亮的名號：天武軍。

這當然是可以理解的，包裝嘛——就好像，有些人明明是認了，可說出來卻是：跟這個世界和解了，是不是聽起來瞬間感覺很高大上？

西元七五五年十二月一日，高仙芝帶著由部分禁軍、在京城的邊軍以及新成立的天武軍共五萬人馬，從長安出發了。

按照原先的安排，他本來應該先進駐陝郡（今河南三門峽），隨後繼續東進。與叛軍展開決戰。

可形勢的發展卻打破了他的計畫。

因為，叛軍的推進速度實在是太快了！

節節敗退

由於天下太平已久，唐朝各地對這場突如其來的戰事完全沒有準備，很多州縣的武庫早已荒廢多年，裡面的鎧甲不是爛的就是壞的，弓箭不是拉不開的就是一拉就斷的，刀槍不是鏽到一碰就跟蘇式月餅似的掉渣就是鈍到連豆腐都切不動的……

很多唐軍士兵甚至只能徒手或拿著木棍去和叛軍作戰。

毫無疑問，這種近乎裸奔的軍隊想要打贏武裝到牙齒的叛軍，就如同自行車想要跑贏法拉利——根本是不可能的。

因此，叛軍所到之處，無不摧枯拉朽，望風披靡。

事實上，就在高仙芝從長安出發的次日，安祿山已經在靈昌（今河南滑縣）渡過了黃河。

時值臘月，天氣寒冷，安祿山用繩索將破船及草木捆在一起，投入河中，僅一夜時間就冰凍成橋，大軍得以順利渡河，隨後進抵河南重鎮陳留（今河南開封）。

駐守陳留的，是新被李隆基任命為河南節度使的張介然。

此時他剛到陳留還沒幾天，連東南西北都還沒分清楚，聯手下的軍隊有多少人都還沒搞明白，叛軍就殺到了。

張介然倒是很鎮定，親自帶兵登城守衛。可打仗不是你想打，想打就能打，要靠士兵去拚才行。他麾下那些士兵都從未經歷過戰事，見到叛軍綿延數十里，煙塵滿天，鼓聲震地，他們聯手裡的武器都拿不穩，哪裡還有什麼戰鬥力？

不到一天工夫，陳留就被叛軍攻陷了，張介然也兵敗被擒。

進城之後，安祿山的次子安慶緒從城中張貼的榜文中看到了哥哥安慶宗被殺的消息，急忙告訴了父親。安祿山忍不住捶胸大哭，仰天長嘆：我有何罪，要殺我兒子！

我猜，他說的時候一定是閉著眼的。

因為，人是不能睜眼說瞎話的——「我有何罪」這樣的話，虧他說得出口！

然而安祿山說得卻是那樣的理直氣壯。

也許，對他這樣一個「內心強大到渾蛋」的人來說，做任何壞事都是理直氣壯的——再怎麼傷天害理，他都覺得合情合理；再怎麼慘無人道，他都認為是替天行道；再怎麼毫無人性，他都當成是修身養性！

為了祭奠自己的兒子，他竟然下令將投降的近萬名陳留守軍全部殺光。

張介然也被他斬首於軍門。

他要用無數人的生命，來給自己的兒子陪葬！

在屠城後，安祿山命部將李庭望留守陳留，自己親率大軍直撲下一個目的地——滎陽（今河南鄭州）。

滎陽的唐軍比陳留守軍還要沒有出息，看到叛軍聲勢浩大，很多人都嚇得兩眼一黑，兩腿一軟，兩股間一濕，直接栽倒了！

有的是「啪！啊啊啊啊……」，那是栽到地上摔傷的；

有的是「啊啊啊啊……啪」，那是栽到城下摔死的。

……………

不要以為這是我瞎編的，實際上，這是通鑑上明確記載的：士卒乘城者，聞鼓角聲，自墜如雨……

當然，這種說法難免有些誇張，但那些士兵的不堪一擊卻是無疑的。此戰的結果也證明了這一點。

當天，叛軍就輕鬆攻克了滎陽，滎陽太守崔無詖戰死。

連戰連捷的叛軍氣勢更盛。

之後安祿山以大將田承嗣、安忠志（奚人，本名張忠志，因被安祿山收為養子，故改姓安，不過他後來更為人熟知的名字是李寶臣）、張孝忠（契丹人）為前鋒，繼續向洛陽進軍。

沒想到剛出滎陽不遠，安祿山卻差點出了意外。

攻擊安祿山的，是唐朝將領荔非守瑜。

荔非守瑜是哪裡人，年齡多大，長得怎麼樣，之前做過什麼，隸屬哪支部隊，我們都不知道，我們只知道，他是個值得敬佩的好漢。他埋伏在叛軍必經的一處名叫罌子谷的峽谷中，等叛軍走過的時候，他屏住呼吸，拈弓搭箭，對準戰車上的安祿山就是一箭。可惜箭稍稍偏了一點，只射中了戰車。安祿山一下子驚出了一身冷汗。由於不知敵人的虛實，他一邊命人帶兵迎戰，一邊下令改道從谷南行軍。而荔非守瑜則繼續利用地形的掩護，一面不斷轉移一面不斷向叛軍放箭，竟然連續射殺了數百名叛軍！

然而叛軍畢竟人多勢眾，最終荔非守瑜被逼上了懸崖。在射出了自己的最後一支箭後，他縱身一躍，跳入了山下的滾滾黃河。滾滾黃河東逝水，浪花淘盡英雄。

他就這樣永遠地消失在了浪花中。

但在後人的記憶中，他永遠都不會消失。

不過，荔非守瑜雖然極為英勇，可憑他一個人的力量是絕不可能阻擋數十萬叛軍的兵鋒的。很快，叛軍就兵臨武牢（今河南滎陽汜水鎮）。武牢（即原來的虎牢，唐代為避唐太祖李虎的諱改稱武牢）是著名的險關，也是洛陽以東的最後一道屏障。

駐守在這裡的，正是封常清。

得知陳留失守後，封常清立即帶著自己那支臨時拼湊起來的新軍進駐了武牢，打算在那裡據險死守，等待高仙芝的東征大軍來援。在他原來的設想中，守一個月不行，守個十來天總沒有問題吧。

封常清此時的感覺應該和我也差不多。

他手下的軍隊雖然人數不少，卻大都是從未上過戰場的新兵們。

正如羊再多也不可能打得過狼群一樣，他的軍隊也不可能是如狼似虎的叛軍的對手。

在田承嗣等叛軍悍將的輪番蹂躪下，武牢很快就失守了。

封常清只能收集殘兵，邊戰邊退。

他先是退到了葵園（今河南滎陽高山鎮），在那裡，他憑藉高超的指揮藝術總算小有斬獲——殲滅了近百名叛軍前鋒，但接下來卻很快又反勝為敗——被叛軍如潮水般的進攻再次擊潰，只能又退守上東門（洛陽城東北的一道城門），可是依舊無法擋住叛軍的衝擊。

叛軍爭先恐後地從上東門蜂擁入城。

頑強的封常清還是不肯認輸，又在城內的都亭驛與叛軍展開巷戰，結果還是戰敗；接著他又退到宣仁門（洛陽皇城東門），依然還是無力回天。

他知道自己大勢已去，無奈只好長嘆一聲，下令退入提象門（洛陽上陽宮的東門），並砍樹阻塞通道，接著又拆毀了皇城的西牆，率殘部撤出了洛陽。

洛陽就此陷落。

儘管封常清節節敗退，但畢竟還是抵抗了整整六天，為接下來的防守爭取到了一定的時間，更重要的是，透過這次實戰，他親身體會到了叛軍強大的戰鬥力，總結出了正確的應對策略。

在退到陝郡（今河南三門峽）的時候，他遇到了前來增援自己的老上司高仙芝。

封常清向高仙芝分析說：賊軍兵鋒甚銳，在下雖連日血戰，卻依然難以抵擋。陝郡人心離散，太守和多數官員百姓都已經逃跑，難以組織有效的防禦，而潼關（今陝西潼關）是長安的東大門，地理位置極為重要，且易守難攻，目前那裡沒有大軍駐守，一旦潼關被叛軍突破，長安就危險了。依在下看來，不如放棄陝郡，火速退保潼關！

高仙芝也同意他的看法。

兩人當機立斷，馬上傳令全軍迅速往潼關方向撤退，要求務必趕在叛軍之前進入關內布防。

應該說，他們的行動是非常及時的。

因為他們前腳剛剛撤離陝郡，後腳叛軍就殺到了！

安祿山深知兵貴神速的道理，在攻下洛陽後，儘管很多人都想在那裡好好休（搶）整（掠）一番，但安祿山卻堅持不許，嚴令他們立即乘勝西進，直撲潼關。

平心而論，此時的叛軍挾連勝之勢，持不敗之威，士氣如虹，銳不可當，倘若高仙芝帶著他那支雜牌軍按原計劃繼續東征，一旦正處於巔峰期的叛軍，肯定不是其對手，甚至有可能全軍覆沒。那樣的話，長安恐怕也很難保得住了！

然而，雖然高仙芝一再強調要求以最快的速度行進，可由於他手下的這支部隊是臨時抽調組成的，來源複雜，成分不一，互相之間也不熟悉，指揮起來難以得心應手，加上陝郡到潼關之間的道路大都為山路，崎嶇難行，時間一長，他們還是逐漸慢了下來，隊形也拉得越來越散。

最終，高仙芝擔心的情況還是發生了。

一支叛軍騎兵追上了他們！

那個時候，以新兵為主的唐軍本來就惶恐不安——就算被蚊子踢一腳只怕都會嚇死，何況是得知敵軍來襲？

一時間，他們亂成了一團，自相踐踏而死的、擠下懸崖摔殘的不在少數。

好在此次追來的叛軍只是一小股先頭部隊，兵力有限，加上高仙芝、封常清畢竟是經驗豐富的宿將，在他們的指揮下，唐軍雖然樣子頗為狼狽，但還是逐步穩住了陣腳，大部分部隊均有驚無險地撤回了潼關。

入關後，高仙芝立即下令整修工事，加固城防，調集物資，嚴陣以待，做好了長期堅守的準備。

沒過多久，叛軍的大部隊也到了。

高仙芝、封常清二人帶領唐軍憑藉有利地形頑強抵抗，最終頂住了叛軍一波接一波的攻勢。見一時難以得手，安祿山擔心久攻不下會有被切斷歸路的危險，只好引兵退去。之後他命大將崔乾祐駐守陝郡，同時又分兵四路抄掠。附近的臨汝（今河南汝州）、弘農（今河南靈寶）等郡都先後投降了叛軍。

此時洛陽失守的消息也傳到了長安。

李隆基大為震驚。

這是他之前從來都沒有想到過的這種希望破滅的感覺，相信很多父母是深有體會的：孩子小時候，總覺得孩子能上清華、北大，後來卻發現連高中都考不上……

李隆基再也坐不住了，決定要御駕親征。

可是現在京城已經沒有多少部隊了，怎麼辦？

他只能下詔徵調河西（治所今甘肅武威）、隴右（治所今青海樂都）、朔方（治所今寧夏靈武）三鎮的軍隊，要求除保留少部分士兵駐防邊境要地外，其餘的主力部隊悉數回京勤王。

十二月十六日，李隆基召集楊國忠、韋見素等一幫重臣，對他們說，朕在位已近五十年，早就厭倦了政事，本來去年就想傳位給太子了，只是當時水旱災害頻繁，朕不想把厄運留給子孫，打算等收成稍好的時候再傳位，沒想到現在又發生了叛亂，朕打算親征討逆，讓太子監國，留守京城，事平之後，朕就可以高枕無憂地退居二線，過自己的清靜日子了——一根香煙一張報，一杯茶水一泡尿，一池溫泉一手摟著貴妃一起泡……

儘管李隆基的語氣似乎波瀾不驚，楊國忠聽了卻有如五雷轟頂。

因為他知道，一旦太子李亨掌權，自己的好日子就到頭了！

當初李林甫陷害太子屢興大獄的時候，他還只是個小小的監察御史，為了能往上爬，他不遺餘力地充當李林甫的幫兇，無論是韋堅案還是柳案，擔任急先鋒首先出面告發的都是他，他也由此和太子產生了不可調和的矛盾。

這麼說吧，如果李亨心中有個「最恨的人」排行榜，名列三鼎甲的肯定是他和李林甫、安祿山三人，而現在李林甫已不在人世，安祿山也不在朝中，李亨上臺後必然會把全部的怒火發洩在他一個人身上！

這是一定的——就像明天一定會到來一樣。

怎麼辦？

他覺得，要想阻止這種情況的發生，就一定要阻止皇帝親征、太子監國這件事的發生——無論這樣做對國家有怎樣的好處！

這就是楊國忠。

在這個生死存亡的關鍵時刻，他沒有考慮一點點國家的安危，眼裡只有自己的利益！

退朝後，楊國忠馬上找到了楊貴妃的三個姐姐韓國夫人、虢國夫人和秦國夫人，流著淚對她們說：我等死在旦夕了。太子一直都厭惡我們楊家，一旦他掌權，我與姐妹們就都沒命了。嗚嗚……

被他這麼一危言聳聽，三個女人被嚇得花容失色、心律失常、大小便幾乎失禁，跟他一起抱頭痛哭起來。

當然，他們也知道，哭是解決不了問題的。能解決問題的，只有楊貴妃。

於是，三個夫人一起入宮，哀求自己的妹妹幫忙。

不愧是中國好妹妹，為了她的家人，楊貴妃是什麼事情都做得出的。她不顧自己的形象，嘴裡銜著滿口的泥巴——必須說明的是，這並不是表示她的嘴很髒（雖然我覺得的確有此效果），實際上這在古代叫銜土請命，是臣下請求死罪的表示，哭得梨花帶雨，苦苦請求皇帝收回成命。

見心愛的女人如此可憐，老皇帝一下子就心軟了：愛妃快別哭了。我哪裡都不去，就在宮裡陪你……

楊國忠就這樣逃過了一劫。

而前線的高仙芝、封常清卻沒有這麼好的運氣。

儘管他們最終守住了潼關，遏止住了叛軍的進攻，但李隆基對此卻極為生氣。

戰前封常清曾信誓旦旦地說可以輕鬆地平定叛亂，可給他帶來的，卻是這樣的結果！

本以為你是個人才，沒想到卻是個廢柴！

本以為你能一往無前，沒想到卻是一退千里！

戰前他對封常清抱有多大的期望，現在他就有多大的失望！

戰前他有多想提拔封常清，現在他就有多想處罰封常清！

是呀，安祿山十一月九日在范陽起兵，僅用了短短一個多月的時間就占領了東都洛陽，占據了唐朝的半壁江山！

這樣的結果，是戰前任何人都沒有預料到的。

李隆基認為，必須要有人為此次失敗負責（背鍋）。

也許在我們後人看來，最該對此負責的不是別人，就是李隆基自己給安祿山如此大權力的是他，縱容楊國忠胡作非為導致安祿山造反的也是他，制定外重內輕政策導致中原空虛的還是他……

二將枉死

不過，李隆基本人是絕不會這麼想的。

多年來的一帆風順，多年來的顯赫政績，讓他對自己的能力無比自信不——不是自信，而是迷信。

他始終堅定不移地認為，自己是永遠都不可能犯錯的。

以前不會，現在不會，以後也不會！

因此，在他看來，造成現在這種被動局面的，只能是將帥的無能！

最該為此負責的，就是那個封常清——畢竟，洛陽就是在他手裡丟失的！

而對政治一竅不通的封常清卻絲毫沒有想到這些。他也沒時間想這些。

他滿腦子想的，都是如何將功贖罪，如何扭轉戰局。

洛陽失陷後，封常清曾先後三次派使者帶著自己所擬的表文去長安，想向皇帝彙報自己和叛軍作戰的心得體會，提醒皇帝千萬不要輕視叛軍。

出乎他意料的是，李隆基竟然每次都拒絕接見。

封常清心急如焚——這麼重要的大事，怎麼可以耽誤！

無奈，他只好親自騎馬回京，想要當面請示。

然而他這次甚至連長安的城門都沒能進得去——剛到渭南（今陝西渭南），李隆基的敕令就來了：革去封常清一切職務，削職為民，立即以白衣的身分回到軍中效力！

飛馳的馬一下子停了下來。

沸騰的血一下子涼了下來。

令封常清心涼的，不是因為他被免職——對此他早就有了充分的心理準備，而是因為他和將士們用鮮血和生命換來的寶貴教訓無法傳遞到皇帝那裡，他擔心以後還會再次重蹈覆轍！是因為他認為至關重要的東西，皇帝卻將其當成了病毒——避之唯恐不及！

可事已至此，他又有什麼辦法呢？他只能垂頭喪氣地回到了潼關。好在他的老上級高仙芝並沒有拋棄他——高仙芝讓他以小吏的身分監巡左右廂諸軍，繼續輔佐自己。在兩人的通力合作下，潼關的防務越來越完備。

與此同時，安祿山也沒有發動新的攻擊。因為他正忙著準備一件大事——稱帝。如此輕鬆就占領了東都洛陽，不僅大大出乎了李隆基的預料，也大大出乎了安祿山的預料。這讓他感到無比的興奮。就如窮人中大獎後首先想到的一般都是瘋狂享受一樣，安祿山取得洛陽後首先想到的就是過一把皇帝的癮。

他覺得自己是天命所歸，決定在洛陽登基稱帝，從而名正言順地號令四方。

但做皇帝畢竟不那麼簡單，安祿山需要考慮的事很多——定什麼年號，讓誰當宰相，國宴上喝什麼酒，還有，要承受史上最重量級皇帝的體重，御座該用什麼樣的材料來加固……安祿山需要做的事也很多——一套一套煩瑣複雜的流程，一遍一遍全體參加的演練，一次一次費盡心思的勸進，以及一個一個親力親為的選妃……

安祿山每天都忙得晨昏顛倒，對打仗自然也就沒有那麼上心了。

叛軍的攻勢就這樣緩了下來。

開戰以來一直節節敗退、疲於應付的唐朝政府軍，終於得到了些許喘息之機。高仙芝、封常清之前一直繃得緊緊的神經總算鬆弛了下來，開始未雨綢繆，謀劃未來。可惜，他們已經沒有未來了。他們的生命已經進入了倒計時。

陷害他們的，是監軍邊令誠。

《新唐書》記載說：令誠數私於仙芝，仙芝不應邊令誠曾多次向高仙芝索要錢財，高仙芝不答應。因此，邊令誠對高仙芝懷恨在心，一心想要置高仙芝於死地。

但這恐怕並非實情。

高仙芝雖然貪財，卻並不吝嗇，相反非常慷慨，史載他「頗能散施，人有所求，言無不應」，對邊令誠這個早年曾幫助過自己又深得皇帝寵倖的宦官，高仙芝怎麼會因捨不得錢財而得罪他呢？

而《舊唐書》則是另一種說法：監軍邊令誠每事干之，仙芝多不從——（在這次東征行動中）邊令誠經常提各種意見，高仙芝大多不聽。在高仙芝看來，邊令誠在軍事上是個外行，加上現在形勢又這麼緊急，當然不能讓他摻和。

可邊令誠卻不這麼想。

他覺得高仙芝這是忘恩負義，狂妄自大，沒把自己這個監軍放在眼裡！

故而他對高仙芝極其不滿，便借著回京彙報的機會，誣告高仙芝、封常清。

不過，我個人覺得，邊令誠之所以這麼做，也許還有更重要的原因。作為李隆基的身邊人，邊令誠雖然不懂打仗，卻很懂皇帝的心思。他知道，就像平時成績優秀的好學生往往難以接受自己高考落榜一樣，向來順風順水的李隆基肯定也無法接受慘敗的現實，對這次的結果必然是極其不滿的。

一旦皇帝怪罪下來，不僅高仙芝、封常清會吃不了兜著走，他邊令誠作為監軍也可能難逃干係，所以為了自保，他必須搶先一步，把所有的髒水都潑到高、封二人身上！

因此，在高仙芝退入潼關後，邊令誠第一時間就趕回了京城，咬牙切齒地向李隆基打小報告：這次戰敗，都是高仙芝和封常清的問題！封常清一味誇大敵人的兵威，畏敵如虎，動搖軍心，高仙芝則不僅放棄陝郡數百里地不戰而逃，還克扣軍餉！在這樣兩個人領導下，我軍怎麼可能打得了勝仗！

這番話對此時的李隆基來說，不亞於久旱逢甘霖、久憋遇廁所——來得正是時候！

他現在心裡本來就窩著一股火，本來就急需有人來為這次戰敗承擔責任，而邊令誠的說法正好給他提供了證據（口實），那還有什麼好說的！沒有任何猶豫，沒有多加考慮，他馬上就下詔，命邊令誠前往潼關，將高仙芝、封常清兩人就地正法，以正軍紀！

邊令誠馬不停蹄趕回軍中，隨即把封常清召來，向他宣讀皇帝敕令。

令邊令誠意外的是，封常清對此似乎毫不意外，似乎早就有了心理準備。他淡定地對邊令誠說，我之所以沒有在戰場上赴死，只是不想讓敵人建功，玷污了大唐軍隊的威名。現在我討逆失利，死是理所當然的。隨後，他從懷中拿出自己之前早已擬好的奏表，請邊令誠轉交給皇上。

這篇表文字字飽含深情，句句充滿忠心，即使在隔了一千多年後的今天，讀來依然令人感動不已：

……臣死之後，望陛下不輕此賊，無忘臣言，則冀社稷復安，逆胡敗覆，臣之所願畢矣。仰天飲鴆，向日封章，即為屍諫之臣，死作聖朝之鬼。若使歿而有知，必結草軍前。回風陣上，引王師之旗鼓，平寇賊之戈。生死酬恩，不任感激，臣常清無任永辭聖代悲戀之至。

這是一個忠臣對皇帝發出的最後的忠告！

他希望能以自己的滿腔熱血和肺腑之言，喚醒朝廷，喚醒皇帝！

可惜，他的文字感動得了千年之後的我們，卻感動不了兩百里之外的李隆基。

在李隆基看來，打仗就和吵架一樣，每個人事後都會覺得自己沒發揮好，都會有很多心得，但其實你就這點本事而已。這種敗軍之將的話，有什麼好聽的！

當然，那時的封常清是不可能知道這些的。
他只知道，自己該說的話已經說了，該做的事已經做了，現在是該上路的時候了。
對國家，他問心無愧。
對於死，他無怨無悔。
對前途，他充滿信心。
他無比堅定地相信，沒有一個冬天不會過去，沒有一個春天不會到來。
雖然，他已經註定看不到那一天了。
他的生命被永遠地定格在了那個寒冷的冬天。
死後，他的屍首被草草地扔在了一張草席上。

接下來，自然要輪到高仙芝了。
邊令誠對他似乎有些忌憚——他知道，高仙芝可不是封常清，封常清是深受儒家薰陶的書生，信奉的是：君要臣死臣不得不死；而高仙芝卻是喜歡快意恩仇的蕃將，信奉的是：該出手時就出手！
因此，邊令誠在對高仙芝宣旨的時候帶了百餘名陌刀手護衛，臉上還特意擺出了一副飯店門僮般的職業笑容：陛下也有詔命給大夫（高仙芝當時兼任御史大夫）。
不過，他似乎是多慮了。高仙芝並沒有反抗，只是悲憤地說，我遇敵而退，以死謝罪是應該的。可蒼天在上，後土在下，說我克扣軍餉，那純屬汙衊！
此時士兵們聞訊也都趕了過來。
看著這些與自己休戚與共的將士，高仙芝的心情越發激動：我在京城招募了你們這些好兒郎，雖然朝廷發了一些財物，但實際上連裝備都不夠。本打算與諸位一起殺敵立功，博取高官重賞，不料敵人太過猖獗，只能帶著你們固守潼關。如果我確實有克扣軍餉的事，諸位就說「實」；如果沒有，諸位就幫我喊「枉」！

話音剛落，周圍便響起了雷鳴般的吼聲：枉！枉！枉！枉！枉！枉！枉！枉！

響徹山谷，經久不落。

餘音繞梁，三個時辰不絕。

風雲為之變色，草木為之顫抖。

方圓十里內的鳥雀全都被驚得飛起。

周圍山坡上的積雪全都被震得呼嘯而下。

然而，他們就算吼得再響，聲音也不可能傳到京城；他們就是喊破喉嚨，也不可能改變主帥的命運。

但高仙芝覺得，這就已經夠了。

他不怕死，只是怕死得不明不白，只是怕死了還背負著不存在的罪名！

他如釋重負地笑了——笑得那麼坦然，那麼輕鬆。

隨後他微笑著走向刑場——彷彿不是去赴死的，而是去赴宴的。

臨刑前，高仙芝又轉過頭來，對著倒在血泊中的老戰友封常清長嘆道：你從默默無聞的時候就跟了我，我提拔你當了判官，後來你又接替我當節度使，今天你又和我一起死在這裡，這大概就是命吧！

高仙芝、封常清這兩個威震天下的大唐名將，就這樣慘死在了自己人的刀下。

可以想像，在他們死後，「作戰不力，喪師失地」的帽子是少不了的。

總之，皇帝依然是無比英明的，只是高、封二人沒有執行好皇帝的正確決策才招致了失敗。

天子怎麼可能犯錯呢？

他又不是凡夫俗子，他是神仙一樣的存在——哪怕是他吐出的口水，都比純淨水還要清澈；哪怕是他噴出的鼻涕泡，都比鑽石還要閃亮……

關中無大將，病人做主帥

甩鍋的問題得到了完美的解決，皇帝的形象得到了完美的維護，但接下來李隆基還面臨著一個無法逃避的挑戰——該由誰出任新的主帥呢？

早兩年倒是有一個理想的人選——哥舒翰。

哥舒翰智勇雙全，戰功卓著，軍事能力無可置疑，而且一直與安祿山不和，忠誠度也無可挑剔，用他來對付安祿山，就相當於用青蒿素對付瘧疾——實在是太合適不過了。

遺憾的是，現在哥舒翰身體出了問題。

哥舒翰年輕時是個紈絝子弟，從軍後依然舊習不改，吃喝嫖賭抽五毒俱全。

葡萄美酒夜光杯，喝了一杯又一杯……

也許正是這種不良的生活習慣毀了他的身體——就在前一年，也就是西元七五四年，哥舒翰在洗澡時突然中風，昏迷了好久才甦醒。雖然僥倖撿了一條命，但他的身體卻從此癱瘓了。之後他一直在長安養病。

也正因為這樣的原因，李隆基沒有安排他去前線，而是用了高仙芝和封常清。可現在高、封二人都不在了，李隆基就是想破了腦袋也找不到合適的替代者，最後還是決定起用臥病在床的哥舒翰。

畢竟，一塊美玉就算有瑕疵，身價猶在，依然比普通的石頭要值錢得多；哥舒翰就算有毛病，威名猶在，還是比尋常的將領要強得多！他任命哥舒翰為兵馬副元帥，前往潼關平叛。哥舒翰以病重為由極力推辭。李隆基當然不會答應。

無奈，哥舒翰只能拖著病體，躺在擔架上、硬著頭皮上了前線。

令他稍感欣慰的是，這次李隆基給他配備的軍力還是比較強的——跟他一起出征的，不再是剛招募的新兵，而是那些從河西、隴右、朔方等地調回來的邊軍以及部分附屬部落的蕃兵共八萬人，其戰鬥力是毋庸置疑的。加上之前高仙芝、封常清的舊部，此時唐軍在潼關的總兵力達到了近二十萬，聲勢復震。

然而此時的哥舒翰畢竟是重病未癒，連抬起自己手腳的力氣都沒有，怎麼可能有力氣去處理那些繁雜的軍務？他只能把軍中的日常事務都委託給了行軍司馬田良丘。

田良丘不敢專斷，又把權力一分為二——哥舒翰的愛將王思禮主管騎兵，之前統率過高仙芝餘部的李承光則主掌步兵。

一般來說，層層轉包的工程容易出問題，這次當然也是這樣。

王思禮和李承光資歷相近，地位相當，性格也相似——一個「往死裡」，一個「里程光」，光聽名字就知道兩人都不是省油的燈。

他們誰也不服誰，誰也看不上誰，常常互相拆臺，老是互相對著幹——一個要加酸另一個必定會加鹼，一個往前邁另一個必定往後拽，一個猛踩油門另一個必定猛踩剎車，一個吃止瀉藥另一個必定吃瀉藥、大黃、巴豆、番瀉葉……

就這樣，透過不遺餘力的不斷拉扯，王思禮和李承光完美地證明了一個數學上的新定理——1+1=0。

可惜那個時候沒有諾貝爾數學獎，二人不僅不可能得到任何一個獎項，還搞得唐軍上下無所適從，什麼都幹不了。

他們既沒有鬥志，也沒有凝聚力，軍心越來越渙散，士氣越來越低落，幾乎成了一盤散沙。

第十一章 顏真卿和顏杲卿：雙忠耀河北

這對叛軍來說，顯然是奪取潼關的絕佳機會。可安祿山卻沒有採取行動。因為這段時間，他也遇到了兩個很大的麻煩。

大器晚成郭子儀

一個來自北路。

當初安祿山從范陽南下的時候，曾派他的黨羽大同軍使高秀岩從駐地（今山西朔州）出兵西進，攻擊振武軍（今內蒙古和林格爾）。

他之所以要這麼做，一方面是為了牽制朔方（治所今寧夏靈武）與河東（治所今山西太原）方向的唐軍，另一方面也企圖從北面威脅關中。然而高秀岩卻讓安祿山失望了。不過，這似乎也怪不了他，要怪只能怪他遇到的敵人太強。

因為他的對手，是後來名震天下的郭子儀。

郭子儀出身於官宦家庭，其父郭敬之曾先後在綏、渭、桂、壽、泗五州擔任過刺史。

作為官二代，明明可以靠家世吃飯，可郭子儀卻偏偏要憑實力——年輕時他赴京城參加了武舉考試，以高等的成績一舉登第，隨後被任命為左衛長史（這是史書的說法，《郭氏家廟》則說是左衛長上），從此進入了軍界。

史載郭子儀身高六尺餘（唐代的一尺相當於現在的三十．七公分，也就是說他的身高在一八十四公分以上），相貌堂堂，同時又身手敏捷，膂力過人，天生是當武將的好材料。

從軍後，郭子儀先是在禁軍任職，接著又被派到地方，在各地輾轉擔任地方將領，一步一個腳印，幾年一個臺階，歷任河南府（今河南洛陽）別將、興德府（今陝西渭南華州區）果毅、桂州（今廣西桂林）都督府長史、北庭（治所今新疆吉木薩爾）副都護、安西（治所今新疆庫車）副都護、朔方節度副使等職，積累了豐富的軍事經驗。

然而，這些年他到底有過哪些具體的事蹟，由於史書的缺載，我們不得而知。

但這似乎並沒有那麼重要。

我們可能不記得自己小時候吃過哪些具體的食品，可有一點卻是可以肯定的——正是這些食品養育了我們現在的身體。

我們也許不瞭解郭子儀參與過哪些具體的戰事，但有一點我們是可以肯定的——正是這些歷練造就了後來的郭子儀。

西元七四九年，郭子儀被任命為左衛大將軍、橫塞（今內蒙古巴彥淖爾）軍使。

西元七五四年，橫塞軍改名為天德軍，郭子儀仍任軍使，同時又兼任九原（今內蒙古五原縣）太守、朔方節度右廂兵馬使。

西元七五五年，安祿山起兵後，郭子儀臨危受命，接替老上級安思順為新的節度使。

這一年，他已經五十九歲了。

對於現在的許多人來說，這個年齡差不多已經退居二線等待退休了；對於古代的不少人來說，這個年齡差不多已經躺在地下等待投胎了；而對大器晚成的郭子儀來說，他一生中的黃金歲月才剛剛開始。

不過，這似乎也很正常——大自然本身就是豐富多彩的，桃花三月就盛開，蠟梅卻要到年底才流芳……

也許郭子儀天生就是蠟梅的命吧。

蠟梅，當別的花在溫暖的春、夏季爭奇鬥豔的時候，它毫無動靜，而在寒潮降臨之際，它卻傲霜鬥雪，迎冷風而怒放！

郭子儀，當很多人在開元、天寶年間建功立業的時候，他默默無聞，而在危機來臨之際，他卻挺身而出，挽大廈之將傾！

安史之亂發生後，之前不顯山不露水的郭子儀開始大放異彩。

得知叛軍大將高秀岩前來襲擊振武軍，他立即率部東進，一舉擊敗了高秀岩，接著又乘勝攻占了原本被叛軍控制的代北要地靜邊軍（今山西右玉）。

高秀岩不甘心失敗，又派部將薛忠義率軍反撲，企圖奪回靜邊。

但以他的能力，在郭子儀面前無疑只能是業餘拳手面對金腰帶——只有被虐的份兒。

郭子儀命左兵馬使李光弼、左武鋒使僕固懷恩、右兵馬使高浚、右武鋒使渾釋之等人領兵截擊，大敗薛忠義軍，坑殺叛軍騎兵七千人。

這一戰，是安史之亂發生以來唐軍獲得的首次大捷，極大地鼓舞了唐軍的士氣。隨後，郭子儀又指揮朔方軍繼續進軍，一路上勢如破竹，先是包圍雲中（今山西大同），接著又克復馬邑（今山西朔州），占領了東陘關（今山西代縣）。朔方軍在代北的節節勝利，不僅徹底化解了來自北方的威脅，還打通了東進河北的戰略通道，給叛軍的後方施加了極大的壓力。

顏真卿首倡義舉

但在此時的安祿山看來，郭子儀雖然勢頭很猛，卻主要活動在偏遠的北地，他更擔心的，是另一個心腹大患——直接在他的大本營河北起事的顏杲卿和顏真卿。

顏杲卿和顏真卿是同祖父的堂兄弟，出身於山東名門琅邪顏氏，是著有《顏氏家訓》的北齊名臣顏之推的五世孫。

顏杲卿最初以門蔭入仕，以性情剛直，才幹過人而著稱——他在擔任魏州（今河北大名）錄事參軍時，參加政績考評曾取得了第一名的佳績。

安祿山起兵的時候，他的職務是常山（今河北正定）太守。

和堂兄相比，顏真卿的學問更加出眾。

他是史上影響最大的書法大師之一，擅長行、楷書，其行書氣勢遒勁，楷書則豐腴端正，極具個人特色，被後人稱為「顏體」，他也因而與初唐的歐陽詢、晚唐的柳公權、元朝的趙孟頫被後世並稱為「楷書四大家」。

除了書法，顏真卿的文章寫得也非常好，第一次參加科舉考試就以甲科的優異成績進士及第。

當時的科舉主要有明經和進士兩科，其中明經科只需熟讀經書就可考上，難度較低，進士科則需要就特定的題目創作文賦，對考生的文才和見識要求更高，考上的人數往往只有明經科的十分之一，因此當時流傳一種說法：三十老明經，五十少進士。

而顏真卿考上進士時才二十六歲，由此可見他的才氣！

之後，顏真卿正式進入了仕途。

憑藉卓越的才能和踏實的作風，他從基層開始逐級升遷，一步步進入了中央，擔任監察御史，並奉命出使河西、隴右、河東、朔方等地。當時五原郡（今內蒙古包頭）發生了一件大案，當地官員久拖不決，百姓對此意見很大。顏真卿巡視到那裡後，很快就頂住巨大的壓力查明了真相，抓獲了真凶。

更離奇的是，本來那裡一直大旱，可顏真卿斷案後卻馬上下起了大雨。顏真卿不僅解決了案情，還解決了旱情！這下百姓對他更崇拜了——官在做，天在看。原先之所以不下雨，是因為官員的不作為讓老天都看不下去了，而現在顏真卿洗脫了冤情，老天也就開眼了！

他們認為這場雨是顏真卿帶來的，將其稱為「御史雨」。

不久，顏真卿又升任殿中侍御史。不過，在這一職位上他並沒有待多長時間。這主要是因為他為人正直，不肯趨附楊國忠。他辦事一向只看事情對不對，從來不管楊國忠的臉色對不對；他提意見一向只看對國家有沒有利，從來不管對楊國忠有沒有利；他判案一向只看合不合法，從來不管合不合楊國忠的想法……

然而在楊國忠看來，對不對根本不重要，唯有站隊才重要是自己的人，放個屁都有道理；不是自己的人，再有道理都是放屁！顯然，顏真卿的不識相，讓他非常不爽。

很快，他就隨便找了個理由把顏真卿攆出了京城。

顏真卿先是被派到了洛陽，擔任東都畿採訪判官，後來又被遠放為平原（今山東德州）太守。平原郡位於河北道南部，屬於安祿山的轄區，到任不久，顏真卿就敏銳地感覺到安祿山必然會造反，開始為即將到來的戰事做準備。

他藉口城牆被雨淋壞，組織當地軍民整修城池，疏浚護城河，並大量囤積糧草和兵器，統計能作戰的人員，以便於將來擴充軍力。

當然，他也知道，這一切不能做得太明目張膽，以免打草驚蛇。為了麻痺安祿山，表面上他依然是一副名士的派頭，每天不是遊山玩水，就是飲酒賦詩；不是前呼後擁，就是左擁右抱；……

果然，安祿山被蒙住了，他認為顏真卿不過是一個沉迷酒色的文人而已，完全不足為慮。

而比起顏真卿所在的平原，顏杲卿所在的常山郡的地理位置更為重要。常山位於太行山東麓，地處南北交通的咽喉位置，是從范陽南下的必經之地。叛軍起兵僅僅幾天後，安祿山就親率大軍進抵了常山郡所轄的藁城（今河北藁城）。

顏杲卿雖然忠於朝廷，但並不迂腐，他知道憑他的實力，要想與叛軍主力對抗無異於以卵擊石，便決定先暫時屈身事敵，以後再相機行事。

於是，在得知安祿山即將到達槁城的消息後，他第一時間就帶著長史袁履謙前往迎接，態度也非常恭敬：大帥呀，正所謂慧眼識珠，我早就看出您不是凡人了，宰相肚裡能撐船，而您的肚子裡能撐航空母艦，您真是貴不可言哪……

安祿山對他的表現非常滿意，賞給他三品官所穿的紫袍，命他仍舊鎮守常山。

而安祿山對顏杲卿的信任也並不是無條件的——他帶走了顏杲卿的幾個子弟充作人質。

在離開槁城返回常山的路上，顏杲卿指著身上安祿山賜給他的紫袍對袁履謙說：這種東西，我們怎麼能穿？

袁履謙心領神會。

從此兩人便開始暗中謀劃討伐安祿山。

他們祕密聯絡了參軍馮虔、前真定縣令賈深、藁城縣尉崔安石等人，並派人告知太原尹王承業，一步步做好了起兵的準備。

不過，最早豎起義旗的並不是他，而是他的堂弟顏真卿。安祿山南下的同時，也給顏真卿下了一道命令，讓他帶領七千兵馬前往黃河沿岸渡口布防。

這正中顏真卿的下懷。

他立即以此為由在平原一帶大張旗鼓地招兵買馬，很快就募得了上萬人。接著他又派使者前往長安，向皇帝李隆基彙報自己打算在安祿山後方起兵。

李隆基那時正鬱悶呢：河北二十四郡，怎麼就沒有一個忠臣！

顏真卿使者的到來，對他來說，就彷彿在漫漫長夜中獨行了很久的人突然見到了唯一的一束光——

即使光線再弱，看上去都是那麼璀璨，那麼奪目！

可想而知，此時的他會有多麼開心——其中還夾雜著一絲驚訝：這個顏真卿，朕連他的面都沒見過，想不到他竟然如此忠義！

然而我倒是覺得，他其實完全沒必要驚訝。田裡雜草茂盛，莊稼就難以生長；朝中小人當道，忠臣就無法生存。在楊國忠等奸邪之輩一手遮天的大環境下，你李隆基就是拿著超高倍的望遠鏡，恐怕也看不見一個忠臣義士！

當然，像顏真卿這樣的人是不會在乎這些的。他在乎的，是早日平定叛亂。他寫了很多懸賞破敵的檄文，並祕密派人送往附近各州郡，接著又在平原城召開誓師大會，正式舉起了反抗安祿山的大旗。他慷慨陳詞，涕淚直流。悲時花濺淚，恨時鳥驚心。在他的感染下，將士們也都群情激奮，氣氛極為壯烈。

會剛開完，顏真卿還沒來得及擦乾眼淚，有人來報：安祿山的使者來了！

使者是來幹什麼的呢？

原來，安祿山在攻陷洛陽後，包括河南尹達奚珣在內的多數唐朝官員都投降了叛軍，只有東京留守李憕（ㄔㄥˊ）、御史中丞盧奕、採訪判官蔣清等少數人寧死不降，被安祿山斬首。

隨後，安祿山派部下段子光帶著李憕、盧奕、蔣清三人的首級到河北各郡縣巡迴示眾，以炫耀自己的武功，並借此恐嚇河北各地官員。

若有人膽敢違抗，這三人的下場就是你們的榜樣！

但對於顏真卿這樣的義士，這樣的恐嚇自然是無效的。

當段子光來到平原，揚揚得意地拿著李憕等三人的首級示威的時候，顏真卿卻表現出一副難以置信的神情，冷笑著對在場的人說：我和李憕等人都很熟，很明顯，這些頭顱並不是他們的！

諸將本來有些惶恐，現在聽說安祿山竟然欺騙他們，一下子全都義憤填膺。

段子光慌忙辯解說：這都是冒充的，不是真的……不……這都是真的，不是冒充的……我敢保證，如果是假的，包換包退……不……如果是假的，你們可以殺了我……

顏真卿把桌子一拍：好，我滿足你！

他馬上下令將段子光腰斬。

第二天，他又將李憕等人的頭顱請了出來，並用蒲草編成他們的肢體，一起收殮在棺材裡，隨後他一邊親自祭拜，慟哭哀悼，一邊哽咽著向大家說明了事實的真相：其實這確實是李憕、盧奕、蔣清三人的腦袋，昨天我怕動搖人心，所以才……

眾將被他流露出的真情所感動，也全都熱淚盈眶：鮮血不能白流，為李憕等人報仇！

從此，他們更堅定了反抗叛軍的決心。

顏真卿首倡義舉後，周邊各郡也都紛紛響應。

景城（今河北滄州）、饒陽（今河北饒陽）、河間（今河北河間）、濟南（今山東濟南）等地的原唐朝官吏先後揭竿而起，誅殺安祿山任命的官員，宣布重新歸順唐朝。

這幾路人馬少則數千，多則有上萬，大家結成同盟，一致公推顏真卿為盟主，共同對付叛軍。

很快，洛陽的安祿山得知了這個消息。

不過，這時的他對此似乎並不十分在意——幾隻小鰟鮍，翻得起什麼大浪！

他沒有派出任何正規軍，只是命博陵太守張獻誠（安祿山當年的老上級張守珪之子）率博陵（今河北安平）、上谷（今河北易縣）、趙郡（今河北趙縣）、文安（今河北任丘）、常山（今河北正定）等五郡的團練兵（即民兵）萬餘人，圍攻饒陽，然後再各個擊破，平定河北。

顏杲卿：義舉驚天地，壯烈泣鬼神

然而安祿山錯了。

河北地區掀起的，不僅僅是大浪，而是滔天的巨浪！

其中動靜最大的，是常山的顏杲卿。

顏真卿起兵後，第一時間就派人和堂兄取得了聯繫，要他早日起事，與自己形成掎角之勢，一起切斷叛軍的歸路。顏杲卿答應了。

可是他並沒有輕舉妄動。因為他覺得，要想做到這一點，光靠他手頭那點兵力是遠遠不夠的，必須想辦法打開離常山不遠的井陘口（太行八陘之一，又稱土門關，位於今河北井陘縣北，是從山西穿越太行山進入河北的著名要塞），放太行山以西的官軍進入河北。

把守井陘口的，是安祿山的兩員心腹大將李欽湊、高邈及其帶領的五千精兵。

顯然，要想奪取井陘口，不能硬來，只能智取。

但問題是高邈向來以狡詐多謀而著稱（《新唐書》中記載：邈最有謀），要想騙過他絕非易事。

顏杲卿搜腸刮肚也想不出什麼好辦法。

就在顏杲卿愁眉不展之際，他突然得到消息，高邈竟然被安祿山派往范陽徵兵去了。顏杲卿不由得大喜——高邈不在，對付李欽湊這個頭腦簡單、四肢發達的傢伙，完全是小菜一碟！

很快，他就有了主意。

他假傳安祿山的軍令，讓李欽湊帶著部將來常山接受犒賞。

聽說接受犒賞，李欽湊就如同蒼蠅聞到了臭味，馬上就來了。

是呀，自己已經在這個鳥不拉屎的山溝裡待了一個多月，而那些跟隨安祿山南下的同人卻收穫多多，搶到的戰利品不計其數，金錢美女應有盡有……

自己只能天天喝西北風，他們卻可以天天喝辣的吃香的；自己在這裡窮山惡水好無聊，他們卻在洛陽窮奢極欲好快活……

真是人比人，氣死人！

李欽湊的這點心思，顏杲卿自然不會不知道。

他讓長史袁履謙、參軍馮虔等人在常山郊外的大酒店裡設下了豐盛的酒宴，盛情款待李欽湊一行，席間還特意安排了歌伎舞女來助興。

喝著一杯接一杯的美酒，吃著一碟又一碟的美食，抱著一個又一個的美女，聽著一段又一段的美言，沒過多長時間，李欽湊就醉了，醉得即使把他的嘴擰成菊花都毫無反應了。

隨他一起前來的他的部將，也都和他一樣，一個個先後被灌趴下了。

見時機已到，袁履謙一聲令下，糊裡糊塗的李欽湊和他的隨從們頃刻間全都身首異處，一命嗚呼。之後顏杲卿命人帶著李欽湊及其部將們的首級前往井陘口示眾。事實證明，殺猴給雞看的效果比殺雞給猴看要好得多。見主帥和所有的中層領導都被殺了，叛軍士卒們嚇死了，一下子一哄而散。顏杲卿就這樣輕鬆地控制了井陘口。

次日，毫不知情的高邈從范陽返回，在經過槁城時也被早已在那裡布控的馮虔等人抓獲。可憐高邈號稱智將，竟然敗得如此的窩囊！

不過，他並不孤獨。就在同一天，叛軍的另一名大將也來和他做伴兒了。此人是安祿山的副將何千年。他當時正好奉安祿山之命從洛陽前往趙郡（今河北趙縣）辦事，途中在常山附近的醴泉驛（今河北正定南）休息。

顏杲卿聽說後當然要派人前去接風，接風的結果當然是何千年再也走不了了。

何千年是個識時務的人，轉起立場來比一般人轉個身還要快。

為了保命，他向顏杲卿獻計說，太守您手下的軍隊都是剛招募的，難以臨敵，應當深溝高壘，不可輕易出戰。等郭子儀的朔方軍到河北後，您再與其合力出擊，傳檄趙、魏之地，切斷燕、薊要害。就目前來說，您應該先放出風聲，聲稱唐朝朔方軍大將李光弼率步騎一萬已經出了井陘口，接著又派人去遊說正在圍攻饒陽的張獻誠，只要對他這麼說：「足下統領的大多是團練兵，怎麼擋得住唐朝的山西勁卒呢？」他必定撤兵而去……

不愧是安祿山的左膀右臂，應該說何千年的能力還是有的。

顏杲卿採用他提出的策略後，張獻誠果然如他所言的那樣不戰而逃，其手下的團練兵見主帥不在了，也紛紛作鳥獸散。

饒陽就此解圍。

隨後顏杲卿命人傳檄河北各州郡，對他們宣稱：朝廷的大軍如今已攻克井陘，不日就將抵達此地。在此之前主動歸順朝廷的有賞，執迷不悟、負隅頑抗的必誅！

河北諸郡之前大多是迫於形勢不得不投降叛軍的，現在聽說官軍來了，哪有不反正的道理？

沒過幾天時間，便有十七個郡宣布重新歸順唐朝，整個河北地區依然尊奉安祿山的只有范陽（今北京）、盧龍（今河北盧龍）、密雲（今北京密雲）、漁陽（今天津薊州）、汲（今河南衛輝）、鄴（今河南安陽）六個郡！

就這樣，在以顏真卿、顏杲卿兄弟為首的義軍的努力下，河北大部順利光復了！

此時安祿山正親率大軍進攻潼關，已行軍到了新安（今河南新安），得知這個消息後，他一下子驚出了一身冷汗，再也無心戀戰，只好領兵撤回了洛陽。

剛回到洛陽，他又聽到了另一個更加讓他心驚肉跳的消息——他的老巢范陽也出了問題！

還是顏杲卿搞的鬼！

他得對顏杲卿恨之入骨：這個顏杲卿實在是太能搞事了，有朝一日我一定要將你碎屍萬段！

顏杲卿確實是個狠角色。打麻將，他要麼不和，要麼就是和大四喜十三么；搞事情，他要麼不搞，要搞就搞得山崩海嘯驚天動地！

在常山起兵後，他又本著「射人先射馬，擒賊先擒王，反安祿山先反他的根據地范陽」的原則，把矛頭對準了范陽。他派部下馬燧祕密潛入范陽，前去策反安祿山任命的范陽留後賈循。

馬燧的口才極佳，他對賈循說，安祿山忘恩負義，倒行逆施，雖然現在暫時得到了洛陽，但將來肯定難逃覆滅的厄運。賈公若能殺掉牛廷玠等安祿山的親信，以范陽歸順朝廷，顛覆安祿山的根基，這是千載難逢的不世之功啊！在他滔滔不絕的勸說下，賈循動心了。可這事畢竟非同小可，他還是有些猶豫。

正是這一遲疑，葬送了他的性命。

安祿山的一名部將得到了賈循即將反叛的消息，當即派人火速報告安祿山。

安祿山不敢怠慢，馬上派自己的親信韓朝陽趕赴范陽，以與賈循商議要事為名將其誘到隱蔽處，再由早已埋伏在那裡的殺手將賈循縊殺。而策反失敗的馬燧則逃入西山，被那裡的一個隱士藏匿起來，最終躲過了叛軍的追捕，倖免於難。

他的事蹟在後來還有很多，咱們以後再說。

接下來，讓我們把視線轉回到安祿山身上。

在誅殺賈循、穩定范陽後，安祿山把主要的進攻方向放到了河北。首當其衝的，當然是他最痛恨的顏杲卿及其根據地常山。他命自己最器重的兩員大將史思明、蔡希德分別帶領步騎萬人，合兵攻打常山。安排好這一切後，新的一年也到來了。

儘管局勢瞬息萬變，但安祿山想當皇帝的心不會變，已經定好的日程也不會變。

西元七五六年正月初一，安祿山在洛陽正式登基稱帝，國號燕，以原唐朝降官達奚珣為侍中，親信張通儒為中書令，兩個心腹謀士高尚、嚴莊則出任中書侍郎。

與此同時，史思明、蔡希德等人也完成了對常山的合圍。

顏杲卿起兵才剛剛八天時間，防禦的工事還沒來得及修建好，招募的士卒還沒來得及訓練完，然而他依然毫無懼色，一邊親自領兵登城，一次又一次地擊退敵軍；一邊親筆寫下書信，一次又一次地派人突圍而出，從井陘口趕赴太原，向唐朝在那裡的最高軍政長官——太原尹王承業求救。

可是他望穿了秋水，援軍也始終沒有出現！

顏杲卿很納悶。

諸位想必也和他一樣，也想問一下，王承業為什麼還不來呢？

這當然是有原因的。

在常山起事成功後，顏杲卿曾派其子顏泉明等人帶著李欽湊的首級，押解著高邈、何千年兩名重要戰俘，前往京城獻捷。

臨行前，張通儒（安祿山偽朝的中書令）的弟弟張通幽找到了顏杲卿，向他苦苦哀求：我哥哥效力叛賊，陷我全家於不義，我們一家老小幾十口人的性命都危在旦夕，請允許我和泉明一起進京，以懇求皇帝，拯救我的宗族……嚶嚶嚶……

見他哭得上氣不接下氣，顏杲卿心軟了。

他答應了張通幽的要求。

從河北進京，通常有兩條路可走，一條是經洛陽走崤函古道過潼關，另一條是經太原從河東渡黃河到關中，但現在前面那條路已經走不通了，唯一的路線只能是後者。

途經太原時，張通幽見太原尹王承業位高權重，不論是其的職位還是與皇帝的關係都比顏杲卿高出一大截，便又想改抱王承業的大腿。

可是張通幽畢竟和王承業素昧平生，怎樣才能讓王承業幫他呢？

這難不倒張通幽。

他悄悄找到王承業獻計說，王公您不如扣下顏泉明等人，另派您的人給朝廷報捷，並重新寫一封表文，把光復河北、擒獲高邈、何千年等叛軍大將的功勞全部據為己有，這是無本萬利的好事呀！

王承業眼睛一瞪：這種做法實在是太卑鄙了！難道我是這樣的人嗎？

張通幽嚇壞了，一股暖流在褲襠中油然而生。

但事實證明，這只是一場虛驚。

因為接下來王承業說的是：是的。

隨後王承業依計而行——只不過高邈、何千年都由活人變成了屍體，畢竟，只有死人才能徹底地保守祕密！

得知王承業建下奇功，李隆基龍顏大悅，馬上提升王承業為羽林大將軍，麾下百餘人也都有封賞。

可憐顏杲卿滿腔忠義，到頭來竟然被王承業、張通幽拿來做交易！

可憐顏杲卿為國家殫精竭慮，到頭來竟然連被王承業、張通幽賣了都不知道！

而更惡劣的是，王承業為了讓自己的謊言不被拆穿，巴不得顏杲卿馬上死掉，因此無論顏杲卿派來的使者如何百般懇求，如何萬分焦急，他卻始終找各種理由拖延——不是說天氣不好就是說自己身體不好；不是說沒有糧草等東西就是說自己在拉肚子。總之，他始終沒有派出一兵一卒去救援常山。內缺物資，外無救兵。顏杲卿的命運就此註定。

西元七五六年正月初八，因彈盡糧絕，常山被叛軍攻陷。城破後，史思明縱兵屠城，殺了一萬多人，顏杲卿和袁履謙等人則被押往洛陽。

安祿山親自審問顏杲卿。

他氣急敗壞，用手指著顏杲卿數落道：你本來只是個小小的范陽戶曹參軍，是我把你破格提拔為太守。我哪裡對不住你，你要造我的反！

顏杲卿毫不示弱地反唇相譏：你本來只是營州一個放羊的小兒，是天子把你提拔為三道節度使。天子哪裡對不住你，你要造他的反！

安祿山被他駁得啞口無言。

顏杲卿見狀罵得更起勁了：我得到過你的保薦，難道就要跟著你造反嗎？你還得到過你媽的幫助，你怎麼不跟著她去死？我顏家世世代代都是大唐的臣子，我的俸祿、官位都是大唐給我的。我為國討賊，怎能叫造反？我恨不得親手殺了你！

安祿山肺都氣炸了。他暴跳如雷，當即下令將包括顏杲卿的幼子顏誕、侄子顏詡在內的顏氏一門三十餘口全部殺死。顏杲卿和袁履謙兩人則被綁在洛河中橋的柱子上，處以肢解的酷刑。袁履謙死得非常壯烈——儘管他的手腳都被砍斷，但臨斷氣前依然用最後的一點力氣，將口中的鮮血猛地吐在旁邊的叛賊身上。而顏杲卿在受刑的同時還依然罵不絕口。

劊子手殘忍地用鉤子將他的舌頭鉤斷：看你還能罵嗎？

當然能。

沒有了舌頭，他還有喉嚨。

顏杲卿艱難地發出了一連串連續不停的喉音——顯然，他還在繼續罵。

生命不息，罵聲不止。

雖然他的聲音非常含糊，但他所表達出的精神卻毫不含糊。

那就是孔子所說的「殺身以成仁」！

那就是孟子所說的「舍生而取義」！

這些東西，安祿山是不懂的。

就像廁所裡的蛆不可能明白人為什麼不喜歡吃大糞一樣，他也不可能明白顏杲卿為什麼要這麼做。實際上，他和顏杲卿完全是兩路人。在安祿山眼裡，只有利益，沒有正義。然而在顏杲卿看來，正義才是最重要的，為了正義，他願意捨棄一切，包括生命。

顏杲卿的行為贏得了後世的普遍尊敬。

也許一千個人眼中有一千個哈姆雷特，但所有人眼中的顏杲卿卻都是同一個形象——一個堅貞不屈的愛國者。

唐肅宗李亨後來專門下詔褒獎他：故衛尉卿、兼御史中丞、恆州刺史顏杲卿，任彼專城，志梟狂虜，艱難之際，忠義在心。憤群凶而慷慨，臨大節而奮發，遂擒元惡，成此茂勳。屬胡虜憑陵，流毒方熾，孤城力屈，見陷寇仇，身歿名存，實彰忠烈……

南宋民族英雄文天祥對顏杲卿更是推崇有加，不僅在〈正氣歌〉中將他與張良、蘇武、嵇紹、張巡等人並列：……時窮節乃現，一一垂丹青。在齊太史簡，在晉董狐筆。在秦張良椎，在漢蘇武節。為嚴將軍頭，為嵇侍中血。為張睢陽齒，為顏常山舌……而且還特意寫了一首詩來紀念他，詩名就叫〈顏杲卿〉：常山義旗奮，范陽哽喉咽。胡雛一狼狽，六飛入西川。哥舒降且拜，公舌膏戈鋋。人世誰不死，公死千萬年。

不過，儘管在日後備極哀榮，但我想顏杲卿被殺的時候一定是死不瞑目的。

因為那時河北的形勢正急轉直下！

第十二章
河北風雲

李光弼大戰史思明

史思明、蔡希德等人在攻陷常山後，又繼續乘勝進軍，所過州縣，凡有反抗的，一律都夷為平地。在叛軍的暴力威懾下，巨鹿（今河北邢臺）、趙（今河北趙縣）、上谷（今河北易縣）、博陵（今河北安平）、信都（今河北衡水冀州區）等河北多數郡縣又為叛軍所控制，只有饒陽（今河北饒陽）、景城（今河北滄州）、河間（今河北河間）、平原（今山東德州）等地還在堅持抵抗。

史思明率軍將饒陽團團圍住，河間、景城兩地的義軍趕來增援，都被史思明擊敗。

眼見河北情況萬分危急，李隆基連忙下令給正在雲中（今山西大同）一帶的朔方軍主帥郭子儀，讓他馬上舉薦一名良將，並分給其部分兵力，火速出井陘口，救援河北。

郭子儀選擇的是時任朔方左兵馬使的李光弼。

李光弼的祖上曾是契丹酋長，入唐後遷居京兆萬年（今陝西西安東），其父李楷洛曾任左羽林大將軍、朔方節度副使，封薊國公，以驍勇聞名。

在父親的影響下，李光弼年紀輕輕就從了軍。

他不僅精於騎射，而且文學造詣也很高，堪稱文武全才，因此在軍中他很快就憑藉其出眾的能力而嶄露頭角。

王忠嗣在擔任河西（治所今甘肅武威）節度使時，對李光弼極為賞識，非但擢升他為河西兵馬使，還逢人便說，李光弼將來必定能坐上我的位子！

西元七四九年，四十二歲的李光弼升任河西節度副使，成了河西地區的第二把手。

西元七五四年，時任朔方（治所今寧夏靈武）節度使的安思順又表奏他擔任朔方節度副使、知留後事。

可能是安思順太喜歡李光弼，故而在提拔他的同時還提了一個條件——讓他娶自己的女兒為妻。

可李光弼卻毫不猶豫地拒絕了。

他為什麼要這麼做？

究竟是出於對結髮妻子的忠貞（他當時早就娶妻生子了，妻子是出身於太原王氏的名門閨秀），還是因看出安祿山有謀反之意所以想與作為安祿山堂兄的安思順劃清界限，抑或純粹是因為安思順的女兒長得太醜令人作嘔？……

由於史書沒有記載，我們不得而知。

我們只知道，他為了拒絕這門親事，付出了巨大的代價——不惜稱病辭了官。

好在他並沒有賦閒太久。

他的東山再起，靠的是他曾經的同僚郭子儀。

當初在朔方的時候，李光弼和郭子儀都是安思順的左膀右臂，但兩人的性格、做派卻完全不同。

李光弼治軍嚴明，郭子儀卻以寬鬆出名；李光弼對下屬威風八面，郭子儀卻毫無架子；李光弼總是一臉嚴肅，郭子儀卻常常一團和氣……

不過，兩人也不是完全沒有共同點，至少有一點是一樣的——都看對方不順眼。

他們彼此之間的關係非常差，幾乎沒有任何私下交流。

即使有時候兩人一起參加宴會，他們也依然是海內存陌路，比鄰若天涯——只當對方是空氣，從來不講一句話。

每次李光弼敬酒，輪到郭子儀時郭子儀不是裝聾就是裝傻，總之就是不喝；每次郭子儀敬酒，輪到李光弼時，李光弼不是嗓子不舒服就是屁股不舒服，反正就不領情……

不過，郭子儀在繼任朔方節度使後，卻第一時間就想到了李光弼，將他招致麾下予以重用，這次又推薦他擔任主帥，去河北獨當一面。

就這樣，李光弼被任命為河東節度使，率一萬朔方軍以及太原的三千弓弩手來到了河北。

從井陘口進入河北的第一站就是常山（今河北正定）。

常山到底是顏杲卿經營多年的地方，百姓對大唐的忠心猶在。

得知李光弼率官軍到來，當地義民立即發動起義，將叛軍守將安思義綁了起來，迎接李光弼大軍入城。

李光弼熟讀兵書，深知「知己知彼方能百戰不殆」的道理，對情報工作極為重視，便親自提審安思義，打算從他嘴裡探聽叛軍的虛實。

他故意把臉拉得很長，厲聲質問道：你明白你的罪該死嗎？

安思義知道自己凶多吉少，嚇得說不出話來。

出乎他意料的是，一段時間後李光弼的臉色竟然又變得和藹起來，語氣也一下子從之前秋風掃落葉般的冷酷無情變成了春風般的溫暖：你久經沙場，依你看，我手下這支部隊是史思明的對手嗎？如果你站在我的立場上考慮，我該怎麼做？假如你的策略可取，我就不殺你。

見自己有了一線生機，安思義如正在溺水掙扎的人見到了救生圈——當然要使出渾身解數把握住這個機會。

他忙不迭地說，將軍遠道而來，人馬疲憊，若倉促與強敵交手，恐怕是抵擋不住的。不如先進駐城內，做好防禦準備，沒有足夠的把握不要出擊。叛軍騎兵雖然精銳，但缺乏攻城的重武器，一旦不能獲勝，時間長了便會軍心離散，那時就有機可乘了。史思明目前在饒陽，距離此地不過二百里，昨晚我已經給他發了求援信，估計他的先鋒部隊明天早晨就會到了，將軍不可不防……

李光弼聞言大喜，立即給他鬆了綁：好，我知道自己該怎麼做了。

果然如安思義所言，第二天天還沒亮，叛軍前鋒就來了，史思明所率的主力則緊隨其後，黑壓壓一片，合計有兩萬多騎兵！

對此李光弼早有準備——他派了五千步兵在城外嚴陣以待。

見對方人數只有自己的幾分之一，又全是步兵，史思明不由得輕蔑地笑了——就這點兵力想擋住我兩萬鐵騎，豈不是螳臂擋車？

他一聲令下，叛軍立即如潮水般衝了上去。馬蹄錚錚，煙塵滾滾，來勢洶洶……

李光弼站在城頭，淡定地看著面前的一切。他的眼神中沒有一絲慌張，只有一絲不苟——是科學家對於實驗資料的那種一絲不苟。他關注的資料，是叛軍與自己的距離。

兩公里，他沒有動。

一公里，他沒有動。

五百公尺，他沒有動。

四百五十公尺，他還是沒有動。

四百四十公尺，他依然沒有動。

叛軍不到他預設的範圍內，他是不會動的。

四百三十九公尺，四百三十八點五公尺……

差不多了！

李光弼這才揮了下手臂。

五百名早已上好弦的弩兵隨即登上城牆。

五百支密集的箭瞬間向叛軍射了出去！

彷彿稻子遇到了收割機，衝在最前面的叛軍騎兵頓時倒下了一大片。

史思明見狀大驚，但他畢竟久經沙場，僅僅幾秒後，他就重新恢復了平靜。

他沒有做出任何改變，依然指揮後續部隊繼續往前衝。

因為他知道，雖然弩的威力很大——與一般弓箭相比，弩的射程更遠，準確度更高，殺傷力更大，但它的裝填時間卻比弓要長很多。

故此史思明判斷，從現在開始的一段時間裡，應該是安全的。

然而他錯了。

他的部隊遇到的，竟然是一陣緊接著一陣的箭雨！如滔滔江水連綿不絕！

又如黃河氾濫一發不可收拾！

原來，李光弼把弩手分成了四隊，一排弩手發射的時候，另外三排弩手則退後裝填箭矢，四個梯隊輪流發射，從而保證了攻擊的連續性！這種戰術，類似於近代歐洲火槍兵採用的排射戰術，但卻早了差不多一千年！

李光弼，不愧是不世出的戰術天才！

當然，那時的史思明並不知道這些。他想破腦袋也想不明白這是怎麼回事，便乾脆不想了。漁夫出海前並不知道魚在哪裡，但還是會出發。管他呢，幹就是了！他發瘋一樣地讓自己的部隊一次次地往上衝，卻只能眼睜睜地看著他們一次次地被擊退。丟下無數屍體後，史思明才清醒過來——再這樣下去，自己就成光杆司令了！他不得不下達了撤退令，指揮殘部退到了城外一條大道的北面。

李光弼沒有見好就收，而是命之前在城下列陣的五千步兵追了上去，在大道的南面布下長槍陣，與叛軍夾滹（ㄏㄨ）沱河對峙——時值冬季枯水期，滹沱河中並沒有水，只有裸露的河床。

見唐軍出來了，而且還是騎兵最不怵的長槍兵，不甘心失敗的史思明似乎又看到了復仇的機會，便指揮部隊捲土重來，再次向唐軍發起攻擊。

但出人意料的是，唐軍排在陣前的長槍兵只是幌子，陣中的主力竟然還是原來的「配方」——還是那些讓人望而生畏的弩兵！

等叛軍進入射程，長槍兵散開，又是如蝗的箭雨！

叛軍人仰馬翻，屍橫遍野，再一次遭到了重創。

史思明不敢再戰，只能無奈地撤出了戰場。

李光弼這次沒有追擊。他知道，剛才自己對付的，只是史思明的騎兵，接下來還有叛軍的步兵。他一邊率部休整，一邊讓人四處打探。果然沒過多久，就有人來報信，說有一支叛軍步兵已經到了九門（今河北槁城西北）以南，正在一個叫逢壁的地方休息。

李光弼立即派步騎四千，人銜枚，馬裹蹄，沿著滹沱河悄悄地摸到了逢壁。這支叛軍步兵一晝夜趕了一百七十里路，一路上連飯都顧不上吃，此時正在吃他們這一天來的第一頓飯。他們做夢都沒有想到，這也是他們人生的最後一頓飯！因為就在他們吃到一半的時候，唐軍殺到了！

叛軍又困又餓，早已疲憊不堪，加上又是猝不及防——手裡只有筷子，沒有刀子，怎麼可能打得過唐軍？

可以說，這根本不是一場廝殺，只是一場屠殺！

最終，叛軍全軍覆沒，一個活口都沒逃出去！

得知這個消息後，史思明更加驚慌，只能倉皇率部撤到了九門。

李光弼和史思明的第一次對決，就這樣以李光弼的完勝而告終。此戰之後，常山郡下轄的九個縣，有七個縣重新回到了唐軍手中。叛軍所能控制的，只剩下九門、稿城兩縣！本來因顏杲卿被擒殺而陷入低潮的河北局勢一下子發生了逆轉！

消息傳到長安，李隆基也大為振奮，當即下詔加封李光弼為河北節度使。

神奇的說客

與他同時接到任命的，還有一直在河北南部堅持抵抗的顏真卿——他被晉升為河北採訪使。這段時間，顏真卿過得很不容易。

常山陷落後，叛軍到處攻城掠地，咄咄逼人，他面臨的局勢也日益艱難。顏真卿急得飯吃不下，覺睡不著，連平時最拿手的字都寫不好，卻始終無法找到破敵的良策。

就在苦惱萬分的時候，他遇到了一個上門求見的年輕人。

此人名叫李萼，年僅二十多歲，來自清河（今河北清河）。

清河位於平原西南，兩地相距不遠，可謂唇齒相依，更重要的是，清河有一個朝廷設立的大型儲備倉庫，裡面儲存了大量從江淮、河南等地運來的錢糧布帛以及盔甲、兵器等軍需物資，被稱為「天下北庫」。

雖然此時清河仍忠於唐朝，但由於附近的魏郡（今河北大名）、巨鹿（今河北邢臺）等地都已被叛軍所控制，清河已經危在旦夕！

也正因為如此，清河的父老鄉親才派李萼來平原求援。

李蕚的口才不錯，講起話來滔滔不絕。

他先是恭維顏真卿：顏公首唱大義，河北諸郡都視顏公為長城。在書法家中您是最能打的，在軍事家中您是最能寫的。您文能提筆寫大字，武能胸口碎大石……

顏真卿：說重點！

李蕚又說：我算了一下，清河的財富是平原的三倍，武器裝備是平原的兩倍……

顏真卿：說重點！

李蕚這才道明了自己的來意：顏公您如果能撥出部分兵力，支援我們守住清河，然後以清河、平原二郡為根據地，則周邊各州郡肯定都會聽從您的號令！

李蕚的請求讓顏真卿感到非常為難。

他不是不清楚清河的重要性，可問題是他心有餘而力不足哇。

他只能把雙手一攤，面有難色地說：平原的軍隊都是剛招募的，還未來得及訓練，自保尚且不足，哪有餘力幫助你們？

過了一會兒，見李蕚的臉上寫滿了失望，顏真卿又感到有些過意不去，便有意轉換了一個話題：不過，如果我答應了你的請求，你會怎麼做呢？

沒想到李蕚這個人年紀不大，脾氣倒是很大：清河的父老讓我來找您，並非是實力不足，要靠您的軍隊去對付敵人，而是想看看您是不是深明大義。既然您連個准信都不給我，我怎麼可能把我的計畫向您和盤托出呢？

應該說，這話是很不中聽的。一般人肯定會感到很不舒服。

但顏真卿到底不是一般人，他的胸懷實在是太……

他非但沒有生氣，居然還被李萼言語中所表現出的氣概所折服，打算答應李萼的要求。

然而他麾下的諸將卻全都不同意——不能這麼做！分兵給那個年少輕狂的小子，只會削弱自己，到頭來一事無成！

眾意難犯，顏真卿只好拒絕了李萼。

李萼失望地回到了「飯店」，但他還是沒有放棄，又寫了封信給顏真卿：清河願意為您效力，還主動交出糧草布帛以及武器裝備，您不僅不接納還疑神疑鬼。您不幫我們，清河孤立無援，只能依附於別人。那樣一來，清河就成了你們西面的勁敵，到時您會不會後悔？

這封信的內容已經不能用言辭激烈來形容了，甚至可以說有些大逆不道——依附於別人，不就是投靠叛軍嗎？

但如果不上綱上線，而是理智地分析，李萼這番話其實還是很有道理的：清河既可以成為平原的盟友，也可能成為平原的敵人。不幫清河，後果會非常嚴重！

不過，就李萼這個措辭，倘若遇到別人，李萼可以說是死定了！被抓起來安一個「叛國投敵」的罪名斬首示眾都有可能！

好在李萼遇到的是為人寬厚、思維理性的顏真卿。

他不僅沒有被李萼的言語所激怒，反而一下子恍然大悟。

這個忙，他無論如何都得幫！

他立即趕到李萼的住處，當場答應借給李萼六千士兵，並一路送他到平原的邊界。

臨別時，顏真卿問道，兵我已經給你了，你現在可以告訴我你的計畫了吧？

李萼這才侃侃而談，我聽說朝廷已派大將程千里率十萬精兵自崞口（今山西壺關）東進，只是叛軍據守險要，他們無法前進。我打算先攻擊魏郡（今河北大名），然後再出兵拿下崞口，迎接程千里的官軍進入河北，官軍入關後，便可以討伐汲郡（今河南衛輝）、鄴郡（今河南安陽）以北那些尚未歸順朝廷的郡縣。然後我們率河北各郡的盟軍十萬人一起南下孟津（今河南孟津）渡口，再沿河西進，分兵把守要害，切斷叛軍的歸路。顏公可以上表朝廷，讓潼關守軍堅壁清野，不要出戰，相信只要過一兩個月的時間，叛軍就會人心離散，從內部崩潰！

聽了他的話，顏真卿不由得拍手叫絕：太棒了！

確實，儘管李萼掌握的資訊並不十分可靠（奉命支援河北的是李光弼，而不是程千里；走的是井陘口，而不是崞口），但從後來局勢的發展來看，他對戰局的判斷和預測卻是驚人的準確。

假如朝廷真的能確保潼關不失，那麼這場戰事的結局肯定會和他預料的那樣！

可惜，這一切只是假設。

而歷史是不能假設的。

還是先把視線轉回到顏真卿這裡吧。

按照李萼的規劃，顏真卿派部將李擇交等人率部與清河的民軍會合，兩軍合兵一處，一起南下，果然一舉攻克了河北名城魏郡，聲威大震。

受其影響，北海（今山東青州）太守賀蘭進明也宣布歸順朝廷。

隨後顏真卿又與賀蘭進明聯手，共同出兵收復了河北另一名城信都（今河北衡水冀州區）。

很快，河北南部的大部分地區又重新回到了唐朝的懷抱。

氣勢如虹

不過，局勢這東西有點像天氣——不同的地方在同一時間常常完全不一樣。就在顏真卿高歌猛進的時候，常山的李光弼卻發現自己逐漸陷入了困境。儘管在常山保衛戰中多次擊敗叛軍，但他深知自己的部隊多為步兵，野戰中難以與叛軍的騎兵匹敵，因此他並沒有主動出擊，而是一直駐守在常山城裡嚴陣以待。與此同時，史思明因見識過李光弼的厲害，也不敢再貿然發動進攻。

轉眼四十多天過去了。雙方誰都沒有採取任何行動。

腦補一下，那場面大概是這樣的：

李光弼：來打我呀！

史思明：不，我在你左邊，按照《大唐交通法》第五十一條第七款的讓右原則，應該你先過來！

李光弼：不，我是主人，你是客人！哪有主人比客人先動手的道理！還是你先過來吧！常山歡迎你！我家大門常打開，開放懷抱等你……

史思明：不，我是客人，你是主人！哪有客人鳩占鵲巢的道理！還是你先過來吧！城外歡迎你！天大地大都是朋友，請不要客氣……

最後還是史思明打破了這個僵局。

不愧是叛軍的頭號大將，他苦思冥想，終於想出了一個好辦法。他發揮騎兵機動性強的優勢，派兵襲擊唐軍的後勤運輸隊，並屢屢得手。日子一久，常山城內的糧草開始日漸匱乏，將士們根本吃不飽，每天肚子都在咕咕叫個不停，戰馬更慘，只能啃草墊、草席、草包……

無奈，李光弼只好遣使向老戰友郭子儀求援。

郭子儀深知李光弼的為人，他知道，水不到沸點溫度是不可能氣化的，李光弼不到山窮水盡是不可能求救的。因此，他沒有片刻耽擱，接報後馬上率麾下步騎十萬人出發了。

西元七五六年四月九日，郭子儀經井陘進抵常山，與李光弼會師。兩天後，唐軍在郭子儀、李光弼的指揮下，憑藉優勢兵力與叛軍史思明、蔡希德在九門城南展開了一場大戰。此役叛軍大敗，大將李立節被殺，史思明帶著殘部倉皇逃奔趙郡（今河北趙縣），蔡希德則逃往巨鹿（今河北邢臺）。

趙郡和巨鹿都在九門以南，顯然兩人的逃亡目標應該是南面的叛軍大本營洛陽。但跑到半路，史思明卻又改變了主意——不！我不能就這樣認輸！我還要再試一次！畢竟，夢想還是要有的，萬一唐軍大營裡今天晚上發生十級地震加十萬伏雷劈讓他們全部喪生了呢！

於是，他又掉頭北上，來到了博陵（今河北安平）。

當時博陵已經反正，但由於守軍不多，很快就被叛軍攻陷了。

叛軍入城後，史思明為了洩憤，竟然把全城的官員誅殺殆盡！

與史思明的暴虐相比，唐軍主帥郭子儀和李光弼的做法則完全不同。在九門擊敗叛軍後，唐軍又乘勝追擊，收復了趙郡。此役唐軍俘虜叛軍四千餘人，郭子儀下令只斬殺安祿山任命的太守一人，其餘全部當場釋放。

如果說郭子儀是寬以待人的代表，那麼李光弼則是嚴於律己的典範。當時有士兵入城後搶劫百姓財物，李光弼親自坐在城門口對士兵逐一脫褲檢查，只要查到就將其財物全部沒收，發還給百姓。

郭、李二人的行為讓他們獲得了百姓的普遍愛戴。唐軍所到之處，各地百姓無不爭相迎接。

之後，郭子儀、李光弼又領兵北上，攻打博陵。史思明頑強死守，唐軍連攻十多天始終無法得手。由於士卒疲累，加之糧草短缺，郭子儀決定撤軍回常山休整。

不得不說，史思明確實是個軍事天賦極高的人。

雖然沒讀過多少兵書，但他的用兵卻頗合兵法；雖然沒聽說過「敵進我退，敵駐我擾，敵疲我打，敵退我追」這樣的遊擊戰十六字方針，但他的做法卻與之極其神似。

見唐軍退兵，他立即憑藉「敵退我追」的直覺點起兵馬出城追擊。然而他的對手郭子儀也不是平庸之輩。郭子儀對此早有預料，他派出精銳騎兵輪番在隊尾斷後，叛軍根本奈何不了。一段時間後，史思明終於認清了現實——要想占郭子儀的便宜，簡直比摘天上的星星還難！

他知道自己沒戲了，只好領兵返回。開始的時候，他還有些防備，走了一段路後，他認為離唐軍已經很遠了，便逐步放鬆了警惕。沒想到就在此時，郭子儀卻突然率軍出現在了他的身後！

叛軍猝不及防，又再次被打得大敗，史思明狼狽逃回了博陵。

偷襲郭子儀不成，反而被郭子儀偷襲了，這就相當於騙子想要騙別人的錢，結果反而被別人騙了錢，可想而知，史思明的心裡有多麼難受！他憋了一肚子氣——小腸氣都要憋出來了，時刻想著要報仇雪恨。

當然，他也不是「擺攤賣個番茄，就企圖去紐交所（紐約證券交易所）上市」的那種不知天高地厚的人，他深知自己如今兵馬不多，不能輕舉妄動，只能等待機會。

好在沒過多久，他的援軍來了。來的，還是他的老搭檔蔡希德。

原來，蔡希德在九門兵敗後，一路南逃，又回到了洛陽。聽到河北的敗況，安祿山極其震驚——河北是他的大後方，絕對不能有失！他撥給蔡希德步騎兩萬，讓他馬上趕回河北，與史思明並肩作戰，同時又給留守范陽的牛廷玠下令，讓他調出萬餘兵馬，火速前往馳援史思明。南北兩路援軍到達後，史思明的麾下部隊已超過五萬人，其中還包含了不少最精銳的「曳落河」，實力大增。

接下來他要做的，當然是再次與郭子儀、李光弼一決雌雄，一雪前恥！

不打出你的屎來算你拉得乾淨！他咬著牙在心裡發誓。

得知郭子儀、李光弼正在博陵西北的恆陽（今河北曲陽），史思明立即全軍出動，對恆陽發起突襲。

見叛軍來勢洶洶，郭子儀沒有與他們正面硬扛，而是深溝高壘，嚴防死守。

幾天後，見叛軍因久攻不下而士氣有所鬆懈，他便趁機派兵在夜裡前去劫營，連續幾次下來，搞得叛軍晚上都不敢睡覺，白天哈欠連天，口氣重得可以當蚊香使，精神也萎靡不振，走路都是東倒西歪的。見時機差不多了，郭子儀、李光弼決定大舉反攻。

西元七五六年五月二十九日，兩軍在嘉山（今河北曲陽東）展開了一場決戰。

此時的叛軍困得眼睛都得用牙籤支著才能睜開，哪有多少戰鬥力？

最終叛軍再次大敗，被斬首四萬餘人。

史思明在混戰中墜馬，連頭盔、鞋子都丟了，只能披頭散髮、光著腳丫、拄著一把折斷的槍一瘸一拐地逃回了博陵。之後唐軍將博陵團團包圍。

史思明只能龜縮在城中，依靠堅城苟延殘喘。

隨著唐軍在河北的節節勝利，之前依附於叛軍的很多郡縣也紛紛宣布反正，重新投入唐朝的懷抱——我估計，那些地方官應該都是開燒烤店出身的，他們一會兒倒向唐朝，一會兒倒向叛軍，翻起面來比翻烤串還要得心應手。

至此，除了安祿山的老巢范陽以及史思明的據點博陵處，河北大部基本光復。

第十三章
急轉直下

張巡初露鋒芒

敗訊傳到洛陽，叛軍內部一下子人心惶惶。

他們的家屬大多在范陽，如今河北失陷，洛陽和范陽之間的交通已完全被切斷，他們再也無法知道家人的安危，這怎能不讓他們寢食難安？

而安祿山的心情也好不到哪兒去。

這段時間，從各個方向傳來的幾乎全是壞消息。

西面，是難於逾越的潼關——不久前，他又再次派次子安慶緒率大軍進攻潼關，但哥舒翰率軍據險堅守，最終安慶緒一無所獲，只能灰頭土臉地鎩羽而歸。

北面，他曾寄予厚望的大將高秀岩似乎就沒打過勝仗。

南面，他遣大將田承嗣、武令珣攻打南陽（今河南鄧州），但唐軍守將魯炅頑強抵抗，叛軍只能無功而返。

東北面就更不用說了，他的愛將史思明、蔡希德在河北被郭子儀、李光弼打得滿地找牙。

東南面，他的進展也很不順利。

在拿下洛陽後不久，安祿山就派大將李庭望、張通晤等人率軍往東南方向進軍，企圖奪取江淮這一唐朝的財稅重地。

本來，安祿山認為，唐朝軍力大多集中於西北、東北、西南等邊境，江淮一帶極為空虛，這一路應該是很輕鬆的——跟旅遊差不多。

他萬萬沒想到，這回居然又失算了。

在那裡，叛軍遇到了一個極為難纏的對手——張巡。

張巡是進士出身，無論是學問還是能力都非常不錯，家裡也不是沒有背景——其兄張曉曾任監察御史，但他的仕途發展卻很不順利。

他出仕後先是擔任太子通事舍人，後來被外放到清河（今河北清河）擔任縣令，任上他舉賢任能，政績優異，且經常扶危濟困，很得民心。

照理，有了這樣出色的業績，應該是完全可以升職的。

可惜世界上很多事情都是不照理的。

房子這麼多，房價照理不該這麼貴，可它就是這麼貴；張巡這麼能幹，照理不該不被提拔，可他就是沒有被提拔。

因為那時執掌朝政大權的是楊國忠。

楊國忠用人，向來只看此人與自己的關係好不好，從來不看此人的政績好不好。有人勸張巡去楊國忠那裡走動走動，送點金子銀子或者妙齡女子，以便為自己在朝中謀一個好的位子。

可張巡聽了這話，卻彷彿一個吃慣了山珍海味的人聽到別人勸他吃臭烘烘的死魚爛蝦，極其鄙夷地說：這個官我當不了！

這樣的人，在官場自然是吃不開的。

他理所當然地失去了留京或升官的機會，而是被調任為真源（今河南鹿邑）縣令。真源是河南有名的亂縣，治安很差，不少土豪劣紳在那裡憑藉家族勢力為所欲為欺壓百姓，其中最倡狂的，是一個叫華南金的人。

張巡一到任就雷厲風行地開展掃黑除惡——將華南金繩之以法，判處死刑。他的黨羽和其他土豪受此震懾，此後全都不敢再為非作歹。

張巡也因此得到了當地百姓的擁護。

安祿山造反後，河南各地大多望風而降，張巡的頂頭上司譙郡（今安徽亳州，當時真源歸譙郡管轄）太守楊萬石也不例外，要求張巡出城迎接叛軍。

張巡憤而不從，率領本縣義民千餘人揭竿而起，反抗叛軍。

從此，就像一個演員遇到了一個最適合他的劇本，張巡這個之前在官場上鬱鬱不得志的書生，開始在戰場上大顯身手，成為那段時間戰爭舞臺上最亮眼的主角之一！

幾乎就在張巡起兵的同時，單父（今山東單縣）縣尉賈賁也起兵攻下了叛軍占領的宋州州城睢陽（今河南商丘），叛軍大將張通晤兵敗被殺。

隨後張巡、賈賁結成聯盟，決定共同進退。

此時之前投敵的雍丘（今河南杞縣）縣令令狐潮到駐在陳留（今河南開封）的叛軍東線總指揮李庭望那裡述職，當地義民趁機反正，控制了城池，並邀請附近的張巡、賈賁兩人領兵前來協助守城。

不久，賈賁戰死，其餘眾由張巡統領。

西元七五六年三月，令狐潮會同叛軍大將李懷仙等人帶著四萬多大軍前來攻打雍丘。

其實那時張巡手下只有兩千多人，且大都是沒有經過正規訓練的民兵，叛軍出動這麼多軍力，相當於用散打世界冠軍去對付一個連站都站不穩的兩歲小孩——實在是太浪費了。

但令狐潮並不這麼認為。

他之所以要如此不計成本地興師動眾，主要是為了給家人報仇雪恨——當初張巡進入雍丘後，令狐潮留在城內的一家老小都被張巡斬首示眾，因此令狐潮對張巡恨之入骨。

他要以泰山壓頂之勢，將張巡及雍丘軍民壓成齏粉！

在他看來，只要能將張巡打到報廢，就無所謂浪費不浪費！

見叛軍來勢兇猛，城內軍民一片恐慌。

而張巡的眼中卻沒有絲毫慌張，只有那種初戀少年第一次與心上人約會一樣的興奮。

他激動地對眾人說，賊軍人多勢眾，又都是精銳，必然會小瞧我們，絕對不會想到我們會主動出擊。如果我們出其不意，對他們發動突襲，他們沒有防備，一定會潰敗。只有挫敵銳氣，城池才可能守得住！

隨後他留下一千人守城，自己親率其餘的一千人，分成數隊突然衝出城門，直撲叛軍大營。

張巡身先士卒，衝在最前面。

在他的帶動下，義軍全都奮勇無比，吶喊聲震耳欲聾。

叛軍也許會想到他們可能遇到風雨，也許會想到他們可能遇到狗屎，甚至會想到他們可能遇到雍丘城裡派出的舉著白旗前來投降的歡迎團，但他們萬萬沒想到會遇到張巡的襲擊，更沒有想到會遇到如此猛烈如此銳不可當的襲擊！

猝不及防之下，他們一下子就被斬殺了一大片。

其餘的部隊也驚魂未定，只能倉皇後撤。

不過，叛軍畢竟人多，第二天又捲土重來，將雍丘城團團圍住。

他們先是想不戰而屈人之兵：叫你們老闆出來！

城內回答：滾……

這下自然是談不下去了，只能兵戎相見。

叛軍調來多架重型裝備——投石機，把雍丘城的女牆（古代城池上的齒狀矮牆，相當於現在的欄杆）都砸爛了，然而張巡卻不慌不忙，馬上命人豎起早已準備好的木柵，以代替女牆。

見投石機效果不佳，李懷仙和令狐潮又改成強攻。

叛軍架上雲梯，一個接一個攀緣而上，張巡馬上讓人搬出早已準備好的茅草，在上面澆上油脂，點燃後往下投擲，叛軍被燒得外焦裡嫩，死傷慘重……

在接下來的時間裡，叛軍儘管將雍丘城圍得水泄不通，日夜攻打，然而除了丟下無數的屍體，他們什麼都沒得到。

而張巡還經常趁敵軍不備，出城發動偷襲，每次都大有斬獲。

李懷仙和令狐潮心急如焚，卻毫無辦法。

茶葉每泡一次，茶水的濃度就淡一分；日子每過一天，叛軍的信心就少一些。

六十多天後，叛軍終於徹底失去了信心──撼山易，撼雍丘城難！

要想戰勝張巡，除非山無陵，江水為竭，冬雷震震，夏雨雪，天地合。

無奈，李懷仙、令狐潮只得下令退兵。

初出茅廬的書生張巡就這樣創造了奇蹟──以區區兩千人打敗了四萬人的圍攻！

敗事聖手楊國忠

甲之蜜糖，乙之砒霜。

張巡的奇蹟，就是安祿山的奇恥大辱。

這段時間，安祿山心裡很不爽，極其不爽。

自從稱帝以來，他幾乎就沒打過什麼勝仗！

除了失敗還是失敗，除了損兵折將還是損兵折將！

一入帝門深似海，從此勝利是路人！

前途在哪裡？

他就是拿著高倍望遠鏡也看不到！

出路在哪裡？

他就是搜遍了各種導航都找不到！

再這樣下去，他的末日恐怕來得比他的生日還要快！

他甚至開始後悔，後悔自己不該造反。

他召來高尚和嚴莊，劈頭蓋臉就是一頓痛罵：都是你們兩個鼓動我起兵造反，還口口聲聲說萬無一失。現在大軍受阻於潼關，幾個月都進不了一步；北歸范陽的道路又被切斷了，我們所能控制的只有汴（今河南開封）、鄭（今河南鄭州）數州而已！你們說的萬無一失在哪裡？萬劫不復還差不多！你們以後不要來見我了！

高尚、嚴莊兩人嚇得面無人色，幾天都不敢露面。

幸虧從前線回來的叛軍大將田乾真為他們求情，安祿山才放過了他們。

不過，怒氣雖然平息了，安祿山的擔心卻沒有平息。

他依然憂心忡忡，甚至產生了放棄洛陽、逃回范陽的念頭。

他擔心，如果自己始終拿不下潼關，而郭子儀、李光弼在拿下河北後乘勝直搗范陽，他的部隊就會軍心瓦解，自己就全完了！

然而這一切並沒有發生。

因為就在此時，時局又發生了有利於他的大逆轉！

本來已經山重水複疑無路的安祿山，迎來了柳暗花明又一村！

不是因為他自己的努力，而是由於唐朝內部出了問題。

問題主要出在楊國忠和哥舒翰兩人身上。

哥舒翰早年曾浪跡江湖多年，是個江湖氣很重的人。

他講究義氣，快意恩仇，對自己的恩人或朋友他非常仗義——比如對王忠嗣，但對與他的仇人或者政敵，他下起手來也毫不留情——比如對安思順。

他和安思順當年曾一起在河西共過事，兩人的關係一直不睦，勢同水火。由於他們地位相當，又都立有戰功，因此誰也奈何不了誰。

可現在就不一樣了。

哥舒翰是唐軍事實上的最高統帥——兵馬副元帥（元帥空缺），不久前又被加封為尚書左僕射、同中書門下平章事，出將入相，手握重兵，是目前皇帝最倚重的將領——沒有之一；是目前地位最重要的大臣——沒有之一。

而安思順呢，他已經被解除了全部兵權，雖然掛了個吏部尚書的虛銜，實際上卻根本不管事，早已退居二線，賦閒在家。

總之，如今兩人無論是地位還是實權都相差極為懸殊，不可同日而語。

一個管著二十萬大軍；一個最多只能管家中的二十個奴僕；一個可以決定國家的前途命運，一個最多只能決定明天早飯吃大餅還是吃油條……

照理，安思順現在只是一個人畜無害的退休老人，對哥舒翰沒有任何威脅，哥舒翰根本沒必要對他怎麼樣。

但哥舒翰卻不這麼想。

他的頭腦中從來沒有「凡事留一線，日後好相見」這樣的詞語，有的只是「順我者昌，逆我者亡」這樣的信條！

在他看來，僅僅讓安思順這個他曾經的死對頭失去權力是遠遠不夠的，失去生命還差不多！

他要讓這個昔日的死對頭，變成真正的死對頭——死去的對頭！

為此，他專門讓人偽造了一封安祿山寫給安思順的信，對外宣稱這是在潼關門口從一個叛軍使者那裡繳獲的，並將信送給皇帝李隆基，同時又上表羅列了安思順的七條罪狀，請求李隆基將勾結叛賊的安思順誅殺。

李隆基也許並不清楚哥舒翰的指控是否屬實，可有一點他是清楚的——自己目前不能不依靠哥舒翰。

安思順的生命，對現在的他來說，輕於鴻毛。

哥舒翰的效忠，對現在的他來說，重於泰山。

孰輕孰重，他還是有數的。

安思順的命運就此註定。

很快，他和其弟太僕卿安元貞都被處死，兩人的家屬則被流放到嶺南。

毫無疑問，安思順是被冤枉的——假如他真的勾結叛賊，真的有反意，為何當初在朔方節度使任上有兵有權的時候不反，反而要在現在沒兵沒權的時候反？

實在是太不合常理了。

這一點，朝中不少人都是明白的。

只不過，在當時的氣氛下，沒有一個人敢提出來。直到後來安史之亂平定後，安思順的老部下郭子儀上〈請雪安思順表〉，安思順才得以平反昭雪。

應該說，哥舒翰這種公報私仇的做法，讓很多朝臣改變了對他的看法，甚至由粉轉黑。

楊國忠也是其中的一個。

他和哥舒翰的關係本來還不錯，兩人都與安祿山不合，還曾結成同盟一起對付安祿山，但現在他對哥舒翰卻很有意見。

這自然是有原因的。

原來，之前安思順在回京後可能預感到哥舒翰會對自己不利，便未雨綢繆地投靠了楊國忠，給楊國忠送了不少東西。

收人錢財，為人辦事，哥舒翰陷害安思順的事件發生後，楊國忠當然要出面相救，站出來為安思順說話，沒想到結果卻是對著香爐打噴嚏——碰了一鼻子灰！

這讓楊國忠大受打擊。

之前皇帝對他是言聽計從的，而現在卻變成了對哥舒翰言聽計從！

可見，如今在皇帝的心目中，哥舒翰的地位已經超過他楊國忠了！

更何況，哥舒翰的手還伸得那樣長，不僅管軍隊，還要管朝中的大臣！

這讓他怎麼能忍受！

而接下來發生的一件事，又讓楊國忠感到更加不安。

我們知道，楊國忠這個人是很不得人心的，當時朝野上下有不少人認為安祿山是被楊國忠逼反的，只要殺了楊國忠，安祿山就失去了造反的理由，自然就退兵了。

哥舒翰的心腹愛將王思禮就是這麼想的。

他對哥舒翰說，安祿山這次起兵是以清君側為名，要求朝廷誅殺楊國忠。如果您留三萬兵馬守潼關，自己親率精銳回軍攻滅楊國忠，則叛亂可以不戰而定，這是不世之功啊。當初漢朝漢景帝時期平定七國之亂就是這麼幹的……

哥舒翰沒有理他，只是給他使了個眼色——那意思是，幼稚！

不過，王思禮的情商太低了。

他完全沒有領會到上級的心思，居然又提議讓他帶三十名騎兵前往長安，把楊國忠劫持到潼關再殺掉。

見王思禮越說越離譜，哥舒翰忍不住發火了：不行！真要這麼做的話，那造反的就不是安祿山，而是我哥舒翰了！

這事不知怎麼傳到了耳目眾多的楊國忠的耳朵裡。

楊國忠大為震驚。

如果說之前他對哥舒翰還只是嫉妒，那麼現在就是害怕了。

萬一哥舒翰真的像王思禮說得那樣反戈一擊，那他豈不是死無葬身之地！

他不由得嚇出了一身冷汗。

怎麼辦？

思來想去，他覺得自己不該坐以待斃，而應早做準備。

於是，他連忙入宮找到了皇帝：潼關大軍雖然兵力強盛，卻沒有後繼之兵。萬一失利，長安就危險了。臣懇請從京師各部門中選拔三千人加以操練，以備不時之需。

李隆基同意了。

有了皇帝的許可，楊國忠馬上就雷厲風行地幹起來。

至於兵力，當然不可能是三千人。

那只是個幌子，算不得數。

事實上，楊國忠這次組建的新軍總兵力達到了一萬三千人，出任主帥的，是他的親信杜乾運。

他命杜乾運帶兵駐紮在灞上（今西安市東），名為禦敵，實為防備哥舒翰。

哥舒翰不傻，當然明白楊國忠的意圖。

長安到潼關之間又沒有一個敵人，你安置這麼多部隊幹什麼？不就是要對付我嗎？

對於楊國忠，他是非常瞭解的——這個人別的本事沒有，整人的本事可不小，不可不防。

為了防患於未然，他給皇帝上表，請求將杜乾運的新軍劃歸自己麾下，以便統一調度，一致對敵。

李隆基覺得哥舒翰講的似乎也挺有道理——兵馬大元帥當然要指揮所有可能參戰的部隊，因此他沒有多加考慮就答應了。

楊國忠心裡那個氣呀——我好不容易拉起來的隊伍，居然如此輕鬆地被哥舒翰吞併了！

沒過多久，更令他震驚的事發生了。

哥舒翰竟以議事為名把杜乾運召到潼關，隨便找了個理由殺了！

聽到這個消息，楊國忠本來就忐忑不安的心更慌了。

這個哥舒翰，下手實在是太狠了，他這麼幹，擺明著是成心和自己作對！

他無比肯定地相信，哥舒翰的下一個目標就是他楊國忠！

他無比肯定地相信，如果不先下手為強，後果將不堪設想！

數日後，一份情報被送到了李隆基的案頭。

情報上說，這段時間叛軍駐紮在潼關關外到陝郡（今河南三門峽）一帶的兵力只有叛軍將領崔乾祐統領的四千人，且大多是老弱殘兵，極易攻取，這是唐軍奪回失地的絕佳機會！

從後來發生的事來看，這是個假情報。

那麼，這份情報到底是怎麼來的？

是叛軍故意布下的陷阱，還是楊國忠為了陷害哥舒翰逼迫其出戰而蓄意捏造的，或者跟人投胎一樣純屬偶然？

由於史書的缺載，我們不得而知。

我只知道，就如一直手氣不順的賭徒突然抓到了一把久違的好牌，這個情報的出現讓李隆基頓時感覺眼前一亮。

本來沒有胃口的他現在吃飯特別香，一口氣能吃五個肉包子！

之所以如此興奮，是因為他實在是太渴望能早日奪回東都洛陽、平定叛亂了！

在哪裡跌倒就要在哪裡爬起，在他手上丟失的國土就要在他手上拿回來，在他手上丟掉的面子就要在他手上找回來！

只要洛陽一天沒收復，他受傷的心就一直不能恢復！

現在有了這樣的良機，他會無動於衷嗎？

當然不會。

他立即派使臣前往潼關，命哥舒翰馬上率部東征，進攻陝郡、洛陽。

哥舒翰大驚，連忙上書阻止。

他非常反對在此時與叛軍決戰，並列舉了四條理由。

首先，安祿山久經沙場，經驗十分豐富，不可能不做防備，這次他估計是故意用老弱來引誘我軍，假如我軍出戰，很可能正好落入他設下的圈套。

其次，叛軍遠道而來，利在速戰，我軍占據險關，利在堅守。

再次，叛軍殘暴，不得人心，目前他們的形勢日益不利，不久他們內部必然發生變亂，到時我們再乘機進攻，便可輕鬆獲勝。

最後，我軍各路兵馬尚有很多沒有集結完成，等全部到來後再與敵人決戰更有把握。

在表文的最後，他苦口婆心地勸諫皇帝說，心急吃不了熱豆腐，小不忍則亂大謀，千萬不能急於求成！

幾乎就在同一時間，河北前線的郭子儀、李光弼也向李隆基上表，提出了他們的下一步行動計畫：臣等請求出兵北上攻取范陽，端掉叛軍的巢穴，將叛黨的妻兒收為人質，然後以此招撫他們，這樣一來，叛黨必然喪失鬥志，不戰自亂。潼關大軍只要固守以疲弊敵軍就行了，絕不可輕易出戰。

正所謂名將所見略同，郭、李兩人和哥舒翰的意見可謂不謀而合。

他們都提出了類似的策略——堅守潼關，等待戰機。

但李隆基對此卻並不感冒。

不是他不想等，而是他等不及。

他已經七十多歲了，餘生已經沒有多少時間了，他不想把自己惹下的麻煩留給子孫後代，無論如何他都要在自己的有生之年解決安祿山的問題，否則他會死不瞑目的！

更何況，如今的形勢又是如此有利！

而楊國忠更是抓住一切機會在皇帝耳邊慫恿。

他的目的很明確——借刀殺人。

他想的，是借安祿山的刀除掉哥舒翰！

或者至少讓他們拼個兩敗俱傷！

至於如果哥舒翰敗了長安怎麼守的問題，他是不會考慮的。他想不了那麼長遠，這已經超出了他大腦的思考範圍。

楊國忠一遍又一遍地對李隆基說：陛下，時間不等人，戰機不等人！咱們不能再等下去了！如果等待真有用的話，蝸牛早就統治了地球！

在楊國忠的極力鼓動下，李隆基不停地派出使者前往潼關，逼迫哥舒翰率軍出擊。

哥舒翰本來還想繼續上表辯解，可李隆基根本不給他這個機會——使者一個接一個，常常是一個剛宣讀完詔令，另一個使者又到了，比我現在每天接到的騷擾電話還要頻繁。

騷擾電話我可以直接掛掉，但皇帝的聖旨——哥舒翰卻不可能置之不理。

他還能再說什麼呢？

君命難違，他就是再不願意，也不能再違抗皇帝的旨意了。

因為他知道，如果再抗命不出，等待他的肯定會是和高仙芝、封常清一樣的命運！

靈寶之戰

西元七五六年六月四日，躺在病床上的哥舒翰領著大軍離開潼關，踏上了東征之路。

三天後，唐軍來到了靈寶西原（今河南靈寶西北）。

這裡南依高山，北臨黃河，中間是一條長達七十里的曲折隘道，依山傍水，林幽谷深，懸崖如削，古木參天，太陽松間照，清泉石上流，風景十分秀麗，是一處不錯的旅遊景點。

不過，唐軍可不是來旅遊的，而是來打仗的。

從軍事的角度來看，這裡的地形對唐軍就非常不利了——他們人數雖多，但在狹窄的隘道裡卻根本無法展開，根本無法發揮出人數的優勢，如果崔乾祐在此設下埋伏，據險以待，居高臨下，唐軍躲都沒有地方躲，逃都沒有辦法逃，只能成為活靶子！

哥舒翰對此憂心忡忡。

他沒有貿然進軍，而是先與司馬田良丘等人坐船在黃河上觀察敵情。

果然不出他所料，他在山間發現了叛軍的蹤影！

儘管看起來敵軍的人數並不多，可哥舒翰還是感覺到了問題的嚴重性——如果再繼續向前，等著他的，必然會是一場惡戰！

然而他現在已經別無選擇。

他只能進，不能退，前進尚有一線生機，後退定是死路一條！

他只能明知山有虎，偏向虎山行！

即使付出再大的代價，他也必須殺出一條血路，衝出西原這個險地！

他命大將王思禮率五萬精銳為前鋒，在前面開道，部將龐忠等領兵十萬為後繼，自己則帶著其餘的三萬人渡過黃河，在北岸的一處高地上督戰，並為南岸的主力擂鼓助威。

之所以如此安排，哥舒翰是費了一番腦筋的。

將部隊一分為三，是為了相互呼應、相互支持，避免所有雞蛋都放到一個籃子裡；他自率三萬人到北岸，一方面是為了在南岸戰事膠著時可以充作預備隊投入戰鬥；另一方面也是考慮到萬一主力全軍覆沒，他可以帶著這支部隊迅速趕回潼關，繼續固守。

可見，他對此戰是做了最壞的打算的。

但形勢的發展卻比他設想的最壞的情況還要糟。

王思禮的前軍在進入隘道後，發現面前的叛軍非但數量比自己少得多——估計至多也只有萬把人，而且擺出的陣形比一千多天沒洗頭的流浪漢的髮型還要亂，三三兩兩、歪歪斜斜、鬆鬆垮垮、懶懶散散、東一坨西一坨的……

這樣的軍隊，要是能有戰鬥力，那癩蛤蟆都能飛上天了！

唐軍都忍不住笑了。

事實也證明了他們的判斷——唐軍剛一衝鋒，叛軍就一觸即潰，紛紛抱頭鼠竄。

見叛軍如此不禁打，唐軍自然要窮追不捨。

此時的他們，根本沒有想到叛軍主力早已埋伏在前面山上的各處險要，正居高臨下，嚴陣以待，等著唐軍的到來！

唐軍進入伏擊範圍後，在山頂指揮作戰的崔乾祐一聲令下，一個又一個滾木、一塊又一塊巨石從峭壁上被推了下來。

剎那間，無邊落木蕭蕭下，不盡巨石滾滾來……

眾多唐軍將士還沒來得及反應，瞬間就被砸成了肉餅，其餘人則在狹窄的隘道上擠成了一團，槍槊根本施展不開——一伸出來就戳到自己人……

王思禮見狀大驚。

不過，他畢竟是一名久經沙場的宿將，頭腦還是很清醒的。

他知道此時絕對不能停留，否則就是坐以待斃，必須不惜一切代價儘快衝出去！

於是他連忙按照哥舒翰之前的安排，命部下將氈車（所謂氈車，即頂上蒙有堅實牛皮的戰車，有很強的抗擊打能力，相當於古代的坦克）推到了前面，企圖憑藉氈車的掩護衝出一條血路，殺出重圍。

然而這依然是徒勞。

他的對手崔乾祐似乎早就摸準了氈車的命門——防空、防刀、防水卻不防火！

他讓部下用數十輛裝滿乾草的大車擋住了唐軍的氈車，隨後縱火焚燒。

當時正值中午，吹的又是東風，烈火帶著濃煙一下子如水庫洩洪一般猛烈地衝向西面的唐軍。

唐軍被煙薰得根本睜不開眼睛，完全看不到前面的情況。

狡猾的崔乾祐趁機命叛軍大聲鼓噪。

唐軍以為叛軍殺了過來，儘管什麼都看不見，但為了自保，他們也只能拿起刀槍四處亂揮，弓弩手則憑直覺向四周亂射……

是呀，既然打字可以盲打，打仗當然也可以盲打！

直到太陽西斜、濃煙散盡，視線變得清晰，眼前變得明朗，唐軍才發現他們的周圍根本就沒有一個敵軍！

整整一個下午的時間，他們一直在自相殘殺！

此時五萬唐軍前鋒已經折損大半！

那些僥倖倖存的唐軍殘兵也無比沮喪：搞了半天，他們殺死的竟然是自己的兄弟，自己的朋友！顯然，這是最讓人難受的。

一個人開車撞死路人，也許他還有可能保持住理智，可如果他開車撞死的是自己的家人，恐怕任何人都接受不了！

可以說，唐軍此時的感覺和撞死家人的司機是一樣一樣的。

他們的頭腦一片空白，眼前一片茫然，心中一片慌亂。

因為他們已經六神無主不知如何是好了。

驚魂未定之際，他們的身後又傳來了一陣陣吶喊聲。

原來，崔乾祐派一支同羅騎兵繞到了他們的西面，從後方對他們發起了攻擊！

彷彿早已不堪重負的駱駝被壓下了最後一根稻草，無論是體力還是意志力都已經瀕臨崩潰的唐軍這下徹底失去了鬥志，只能爭相逃命。

但前路被堵，後有敵軍，右邊是險峻的大山，左邊是洶湧的黃河，他們又沒有翅膀，能逃得到哪兒去？

除少數人躥入山谷僥倖逃脫外，其他人不是被擠入黃河淹死，就是被叛軍殺死，慘叫聲不絕於耳，隘道上屍橫遍野……

最終，王思禮的前軍基本全軍覆沒。

不過，雖然前軍慘敗，可龐忠等人所率的後軍所受的損失並不大，如果應對得當，還是有可能穩住陣腳甚至反敗為勝的。

這也是哥舒翰在戰前之所以要把部隊分成前後兩部的目的所在。

應該說，他這個設想是沒有問題的。

可問題在於，很多時候設想和現實之間的差距是很大的。

由於王思禮的前軍是唐軍中最精銳的，戰鬥力是最強的，後軍在得知他們慘敗後，竟然不戰而潰了！

這其實是可以理解的——就像一道題如果班裡最厲害的模範生都做不出來，其他吊車尾的通常都會直接放棄一樣。

基於同樣的原因，就連哥舒翰親自統領的北岸三萬人也全都一哄而散了！

眼看自己幾乎成了光桿司令，哥舒翰知道敗局已不可挽回，無奈只好長嘆一聲，由百餘名親隨護送著西逃，在首陽山（今山西永濟南）以西渡過黃河，退往潼關。

與他差不多同時抵達潼關附近的，還有不少唐軍殘部。

哥舒翰英雄末路

然而，考試的最後一道題往往是最難做的，接近目的地的最後一段路往往是最難走的。

就在潼關城外，唐軍又遭到了嚴重損失。

造成這一切的，竟然是他們自己挖的坑！

原來，之前哥舒翰為了阻擋叛軍進攻，在潼關周圍挖了三條寬兩丈、深一丈的壕溝，現在由於跑得太急，加上當時又是晚上，看不大清楚，唐軍連人帶馬紛紛掉了下去，竟然很快就將壕溝填平了，而後面的唐軍則全都把他們當成人肉浮橋，一個接一個地從他們的身上踩了過去！

最後，撤回潼關的哥舒翰清點殘兵，只剩下了八千餘人！

顯然，憑藉這已成驚弓之鳥的八千敗軍是不可能守住潼關的。

六月九日，也就是哥舒翰跑回潼關的第二天，崔乾祐統率的叛軍也追到了潼關關外，隨即發起猛攻。

不到一天時間，潼關就陷落了。

哥舒翰只能繼續向西撤退，一直退到了關西驛（今陝西華陰東）。

頑強的他還不肯服輸，又在那裡張貼告示，想要收集潰逃回來的散兵，整軍再戰，奪回潼關。

此時他的心情，就相當於一個患有某種隱疾的男人，明明知道自己那方面不行，但還是不肯放棄希望，依然無時無刻不在期盼著能再次雄起。

但旁觀者清。

到了這個地步，除了他本人，幾乎所有人都不相信他還能再翻盤了。

他的部將火拔歸仁也是其中的一個。

這天，哥舒翰正在驛站內苦思冥想，正想到第八十八個方案的時候，火拔歸仁突然推門進來了。

他心急火燎地對哥舒翰說，賊軍馬上就要到了，情況萬分緊急，請大帥快走！

哥舒翰大驚，慌忙起身，隨後艱難地上了馬——看來這段時間他的身體似乎恢復了些，雖然動作還不是很協調，走路一瘸一拐的，可至少能勉強騎馬了。

沒想到剛出驛站，他就被以火拔歸仁為首的百餘名部下攔住了去路。

火拔歸仁率眾跪在他的馬前，對他說，一戰就損失了二十萬大軍，大帥您還有何面目去見天子？難道您沒有看見高仙芝、封常清的下場嗎？請您跟我們一起東行！

哥舒翰嚴詞拒絕：我寧可像高仙芝一樣死，也絕不會降賊！

可惜，掉毛的鳳凰不如雞，光桿的司令不如兵。

他現在說的話就是再硬氣，在火拔歸仁的眼裡也不過是空氣。

火拔歸仁帶著幾個兵士一擁而上。

哥舒翰連忙大喊：啊！不要！不要！……

然而火拔歸仁非但根本不聽，反而像捆豬一樣硬是把哥舒翰的雙腳捆在了馬肚子上，隨後帶著他直奔潼關，投降了叛軍。

很快，哥舒翰被押送到了洛陽，帶到了安祿山面前。

安祿山揚揚得意地問他，你以前一直看不起我？現在感覺怎麼樣啊？

哥舒翰怒目圓睜，不屑一顧地說，雖然你現在很得意。但別忘了，老天要玩殘一個人，一般都會把他捧得高高的，因為這樣摔下來死得更慘！

安祿山惱羞成怒，下令將哥舒翰處死。

隨後哥舒翰壯烈犧牲。

…………

是不是很悲壯？

確實很悲壯——唯一的缺點是：它不是真的，而是我虛構的。

事實上，史書上記載的與之完全相反：

曾經叱吒風雲的大英雄哥舒翰在被俘後的表現令人大跌眼鏡，竟然一下子態度匹變。

他撲通一聲跪在了安祿山面前，叩頭如搗蒜：臣肉眼凡胎，不識聖人，罪該萬死。不過如今天下尚未太平，常山（今河北正定）的李光弼、東平（今山東東平）的李祗、南陽（今河南南陽）的魯炅都曾是我的部下，陛下如能留臣一命，讓臣寫信招降他們，不日就可平定天下。

安祿山大喜，當即封哥舒翰為司空、同平章事。

同時他又把火拔歸仁抓起來斬首：你不忠不義，我豈能容你！

但沒過多久，安祿山就變了臉。

因為事實證明，哥舒翰對他毫無用處——哥舒翰給李光弼等人寫的招降信，都無一例外地被退了回來！

不僅如此，李光弼等人還在回信中責罵哥舒翰貪生怕死，不能以死報國，辜負了朝廷的信任！

安祿山大失所望。

他並不是一個寬宏大量的人，在發現哥舒翰沒有任何利用價值後，還會再厚待這個當年的死對頭嗎？

會，就不是安祿山了。

很快，哥舒翰就被囚禁了起來。

他失去的不只是自由，還有他的一世英名！

這當然不是哥舒翰一人的悲劇。

潼關失守後，河東（今山西永濟）、華陰（今陝西渭南華州區）、馮翊（今陝西大荔）、上洛（今陝西商洛）等地的唐朝守將都紛紛棄城而逃，士兵們也都作鳥獸散。

大唐國都長安就此門戶洞開！

第十四章 馬嵬疑雲

揮一揮衣袖，不帶走一個多餘的人

顯然，長安的陷落已經只是時間問題了。

皇帝李隆基對此也心知肚明。

哥舒翰兵敗靈寶後，曾第一時間派人回京報告。

李隆基沒有召見。

因為他似乎已經猜到發生了什麼。

不過，此時的他對保住潼關還抱有一絲希望，還特意派楊國忠的親信、劍南將領李福德率三千人前往潼關馳援。

直到六月九日也就是潼關陷落那天的傍晚，他登上高臺，沒有看見從潼關方向傳來的平安火（唐朝制度規定，每隔三十里設立一個烽火臺，每天天一黑，各台相繼點燃，以示平安，故稱平安火），李隆基這才慌了神。

一夜無眠。

次日天剛亮，他就派人召楊國忠、韋見素兩位宰相前來商議：潼關已失，長安危急，如何是好？

楊國忠倒是胸有成竹，馬上就提出了他的應對策略。

他的提議只有兩個字：幸蜀——巡幸蜀地。

蜀地，也就是現在的四川，當時屬劍南道，那裡號稱天府之國，自古以來就是富庶之地，糧食、礦產等各種資源都十分豐富，地形也易守難攻，更重要的是，多年來楊國忠一直遙領劍南節度使，他把蜀地當成自己的自留地，在那裡安插了很多心腹。叛亂爆發後，他又讓劍南節度副使崔圓在成都（今四川成都）儲備了大量物資，做好了往劍南跑路的充分準備。

楊國忠覺得，養蜀千日，用蜀一時，此時不用，更待何時？

而到了這個時候，李隆基也想不出更好的辦法。

沉吟一會兒後，他表態道：就這樣吧。

但真要放棄長安，李隆基心中還是有些難捨的。

畢竟，他在這裡出生，在這裡成長，在這裡君臨天下，又在這裡步入輝煌，長安是他的都城，也是帝國的靈魂，他對這裡，有著無可替代的感情！

見李隆基還在猶豫，楊國忠萬分焦急。

他一邊讓韓國夫人、虢國夫人進宮勸說皇帝早點動身，一邊又趁這個時間將文武百官全部召到了朝堂上。

他擺出一副手足無措的樣子，流著眼淚問大臣們：各位，有何禦敵之策？

沒人回答。

大家全都眼觀鼻，鼻觀心，心中不停地質問楊國忠：都是你搞出來的事情！現在弄成這樣，誰還幫得了你？

當然，這些話他們是不會說出口的。

現場一片沉默。

這正是楊國忠需要的效果。

見大家都不作聲，他這才抹乾眼淚，說出了他早已準備好的一番話：安祿山會造反，早在十年前就有人說過了，可聖上偏偏不信。今日之事，非宰相之過！

原來楊國忠今天召開這個會議，目的竟然是推卸責任！

大臣們都驚呆了。

對楊國忠的臉皮厚度，他們無比佩服。

對大唐帝國的未來前景，他們難免看衰。

這也是可以理解的。

如果一艘船在遇到危險時，船長第一時間想的不是搶險，而是聲明險情和自己完全沒有關係，你還會安心坐在這艘船上嗎？

就在官員們人人自危的同時，李隆基也下定了離開長安的決心。

毫無疑問，皇帝要跑路這樣的事，知道的人肯定是越少越好，否則人心一亂，想跑也不一定跑得了。

為此，李隆基特意策劃了一齣戲。

六月十二日，他照常召開朝會。

可能是前一天楊國忠的發言大大打擊了大臣們的信心和忠誠度，這次上朝的官員很少。

儘管出席的大臣至多只有平時的五分之一，但李隆基的豪情卻比平時至少要高出五十倍。

他先是慷慨激昂地發表了與叛軍血戰到底的戰前演說，接著又宣布了一個重要決定：朕要御駕親征！

自從安祿山起兵以來，這已經是他第三次宣稱要親征了，也許前兩次多少還有人相信，但這次還信的更少了。

因為誰都知道，就算皇帝真有雄起的心，也沒有打仗的兵！

他們全都用一種看笑話的眼神看著皇帝，彷彿在看一個渾身酒氣的醉鬼說「我沒有喝酒」……

不過，李隆基對此似乎也無所謂。

他其實並不在乎別人信不信，他要做的只是個姿態而已——表明自己決心與叛軍戰鬥到底，是絕不會放棄長安的。

完成了出征的表態，接下來要做的當然是出逃的準備。

李隆基任命京兆尹魏方進為御史大夫兼置頓史（大約相當於流亡朝廷的後勤主管），京兆少尹崔光遠為新任京兆尹兼西京留守，宦官邊令誠掌管宮中事務，同時又命人快馬前往成都，以潁王李璬（李隆基第十三子）即將赴任劍南節度使為名，要求劍南道的相關機構做好接待事宜。

當天晚上，他又讓龍武大將軍陳玄禮將禁衛六軍集合起來，對他們大加賞賜，還從大內馬廄中挑選了九百多匹良馬，以備路上使用。

陳玄禮是李隆基最信任的禁軍將領，曾參與誅殺韋後的唐隆政變，跟隨他已有四十多年，向來以為人謹慎、忠誠可靠而著稱。

這次，李隆基把路上的保全工作全權交給陳玄禮來負責：我和貴妃的安全就靠你了！

陳玄禮恭恭敬敬地回答：臣一定盡力確保陛下的安全！

六月十三日凌晨，天還沒亮，李隆基帶著楊貴妃姐妹、太子李亨、皇子、公主、嬪妃、皇孫以及宰相楊國忠、韋見素、御史大夫魏方進、龍武大將軍陳玄禮等少數幾個大臣，加上部分親信宦官、宮女，在陳玄禮統領的禁軍精銳的護衛下，偷偷出了延秋門（宮城西門），隨後一路向西逃亡。

由於此行極為倉促，李隆基甚至沒有通知那些住在宮外的諸王、公主、皇孫等皇家貴冑，更不用說是一般的大臣了！

悄悄地他走了，正如他悄悄地想；他揮一揮衣袖，不帶走一個多餘的人！

在經過絹帛堆積如山的左藏庫（即國庫）時，楊國忠請求將其焚毀，以免落到叛軍手裡。

李隆基沒有同意：算了！還是別燒吧！賊人來了，要是搜不到東西，必定會對百姓大肆劫掠，不如把這些都留給他們吧，免得他們加害朕的子民……

出長安西門不遠，前面就是西渭橋。

西渭橋又稱便橋，是當時通往西域、巴蜀的交通要道。

隊伍過橋後，楊國忠立即命令士兵放火燒橋，以阻止敵人的追兵。

走在前面的李隆基回頭看到火光，連忙阻止：大家都要避亂逃生的，為何要斷掉別人的生路呢？

他當即命高力士帶人回去滅火，直到火被撲滅了才重新上路。

由此可見，與只為自己謀利益、從不考慮其他人的楊國忠不同，李隆基的心中還是有百姓的，只是因他不理朝政多年，又用人失察，才造成了這樣的嚴重後果！

過了西渭橋後，李隆基一行繼續往西進發。

此時天已經慢慢亮起來了。

新的一天到來了。

儘管長安城內已經人心惶惶，但太陽依然照常升起，上朝的鐘聲依然照常響起，一些官員依然還是照常來到宮門外，準備上朝。

宮城依然是那樣巍峨，衛兵依然是那樣嚴肅，樹上的鳥兒依然嘰嘰喳喳……

看起來，一切和往日似乎並沒有什麼不同。

然而等到宮門開啟後，人們卻發現一切都變了。

之前莊嚴肅穆的皇宮變得比車禍現場還要嘈雜紛亂，那些宦官和宮女一邊像無頭蒼蠅一樣到處亂竄，一邊失魂落魄地大聲驚呼：陛下不見了！陛下不見了！……

很快，這一驚人的消息就傳遍了長安城大唐帝國倒閉了！王八蛋老闆李隆基帶著他的小舅子跑了！

代表政府最高權威的皇帝不在了，長安城自然順理成章地進入了無政府狀態。

不少王公大臣、士紳富豪都紛紛出城逃命，那些地痞流氓則乘機趁火打劫，衝進原先他們可望而不可即的豪宅大院，大肆燒殺搶掠，秋毫必犯，童叟必欺……

有些膽大的甚至闖入皇宮，爭搶金銀珠寶，爭奪絕色宮女，搶完後為了避免追究，他們又放火焚燒了左藏和大盈（存放皇帝個人收藏的庫房）兩庫！

一時間，宮內火光沖天，哭聲震天，曾經的人間天堂幾乎變成了人間煉獄！

好在李隆基新任命的京兆尹崔光遠還是有一定能力的，面對亂局，他挺身而出，一面派人救火，一面又領兵格殺了十幾個暴民，總算暫時制止了暴亂。

當然，他也清楚地知道，長安肯定是守不住的——憑自己手下那點人，打幾個毛賊還可以，可要和叛軍主力對抗恐怕連塞對方的牙縫都不夠。

既然已是必然，何不主動一點？

更何況，皇帝可以來一個說走就走的逃亡，我為什麼不可以來一個說幹就幹的投降？

因此，在長安局勢穩定後，崔光遠第一時間就派兒子前往潼關，向叛軍遞上降書，表示願意獻出長安歸降。

邊令誠也不甘落後，也派人將其掌管的宮廷鑰匙悉數交給了叛軍。

不過，儘管長安已是唾手可得，但叛軍並沒有馬上入駐，而是在潼關整整逗留了十天之久。

據說這是安祿山下達的指示。

也許他是想給李隆基留下逃亡的時間吧。

畢竟老皇帝對他曾經恩重如山，他不想讓李隆基過於難堪。

宛轉蛾眉馬前死

正是安祿山的這個命令救了李隆基。

因為他逃亡的速度非常慢。

之所以會這樣，一方面是因為隊伍中有不少女眷和兒童，根本就跑不快；另一方面是由於當時正值盛夏，天氣炎熱，走路五分鐘，出汗兩小時，走一會兒就得歇一會兒。

除此以外，還有一個最重要的因素——這一路上，發生的事實在太多了。

出長安後，李隆基命宦官王洛卿先行，讓他提前告諭沿途郡縣準備接待。

這天中午，隊伍抵達了距離長安四十里的咸陽望賢宮（李隆基開元中期修建的一處行宮，位於今陝西咸陽東）。

按照李隆基的設想，長安縣令應該早已備下好酒好菜迎候在這裡了。

趕了大半天的路，他早已饑腸轆轆，早就盼著能大碗喝酒大嘴吃肉大快朵頤了！

到了那裡他才發現，望賢宮內外不僅空無一人，而且空無一物！

一打聽，才知道咸陽縣令和縣衙的官員們都已經逃走了，就連他派出的王洛卿也跑路了。

李隆基還不死心，又再次派宦官前去徵召他們。

可他坐在望賢宮門口的樹下等了很久，依然沒有任何人來見他。

見老皇帝餓得實在受不了，楊國忠只好親自到市場上買了幾個胡餅（也就是現在的芝麻餅）來給他充饑。

但其他人依然只有流口水的份兒——無論是傾國傾城的妃子，還是身分高貴的皇子。

就在他們饑餓難耐的時候，總算有當地百姓送飯來了。

儘管都是糙米飯，中間還夾雜著麥粒和豆子，無論是品相還是味道都不敢恭維，但饑餓是最好的開胃菜，那些平時吃慣山珍海味的皇子皇孫此時根本顧不上形象，一見來了飯就一擁而上，根本等不及拿筷子，全都直接用手抓著吃，轉眼就將所有食品掃蕩一空，吃完了還感覺意猶未盡，又把碗舔了個遍，直到舔得光可照人……

百姓的雪中送炭，讓李隆基也很感動——這是綠葉對根的情意，這是大唐子民對我的敬意！

他連忙命人拿錢酬謝百姓，還好言好語慰勞他們。

而百姓們看見平時像神一樣神聖的天子現在這麼狼狽——這哪像什麼皇帝呀，身上髒兮兮的，頭髮亂糟糟的，手上黑乎乎的，表情苦哈哈的，如果身前放個盆，就是乞丐！

他們都情不自禁地哭了起來。

李隆基也忍不住老淚縱橫。

有個叫郭從謹的老者直言不諱地對李隆基說，安祿山包藏禍心，已經很久了，之前也有人入宮揭發他的陰謀，可陛下不但不信，還常常誅殺舉報者，這才導致安祿山奸賊得逞，陛下也不得不離開長安。

當初先王之所以要延訪天下忠良、廣開言路，為的就是避免您這種情況啊。

臣記得當年宋璟當宰相時，經常直言進諫，天下安穩太平。

可是後來，朝中的大臣都不敢說真話了，只有阿諛奉承以取悅陛下，所有宮門之外的事，陛下都不得而知。即使我這種草野之民，都料到會有今天這種事發生。然而宮禁森嚴，區區之心根本無從上達……

不過話又說回來，要不是這樣，我怎麼可能有機會與陛下當面交談呢？

李隆基聽了羞愧難當，久久都抬不起頭來：這確實是朕的過錯，如今悔無所及！

這時尚食（負責宮廷膳食的官員）總算求得食材，做好御膳送了上來。

李隆基將膳食分賜給隨從官員，自己到最後才吃。

之後隊伍繼續上路，於半夜時分到達金城（今陝西興平）。

想不到這裡的情況比咸陽更糟，不僅縣令和官員都逃了，連百姓也跑得差不多了。

所幸驛站中還留有不少食材，鍋碗瓢盆也都不缺，士卒們自己動手，總算勉強填飽了肚子。

吃完晚餐，李隆基環顧左右，發現隨從人員比從長安出發時少了很多——僅僅一天時間，竟然逃走了一大半人，其中甚至包括深受他信任的內侍監（宦官總管）袁思藝！

然而他現在已經顧不上傷感了。

他太累了，需要休息了。

驛站內沒有燈，床位數也遠遠不夠，平時養尊處優的眾多官員和皇子皇孫只能和奴僕士卒一起席地而睡，一起隨地大小便，場面混亂不堪。

第二天天剛亮，李隆基一行又出發了。

中午時分，隊伍抵達馬嵬驛（今陝西興平西）。

這是當時極為普通的一個大唐驛站。

這也是現在知名度最高的一個大唐驛站。

當然，在這個驛站中將會發生什麼，李隆基那時並不知道。

他只知道，趕了半天的路很累，便帶著楊貴妃以及部分官員、皇子進驛站休息了。

由於驛站容量有限，禁軍將士只能待在外面。

時值盛夏，又是正午，天氣越來越熱，將士們的心情也越來越煩躁。

是呀，本來他們在長安過得好好的，現在卻被迫拋妻棄子、離鄉背井，連飯都吃不飽，連覺都睡不好，大熱天連個遮陰的地方都沒有！

站崗日當午，汗滴腳下土。誰知龍武軍，人人皆辛苦！

他們全都忍不住怨聲載道。

每個人的臉上都寫滿了不滿，每個人的眼中都充滿了憤怒！

如果把他們的怨恨情緒比作一個水庫，那麼此時水庫的水位早已大大地超過了警戒水位，洪水隨時都可能破堤而出，衝垮一切！

對此，經驗豐富的主帥陳玄禮非常擔心。

他知道，就像水庫水位過高時必須及時打開洩洪口洩洪一樣，他也必須及時為將士們的情緒找到一個宣洩的對象，否則後果將不堪設想！

這個對象，最合適的無疑是早已人神共憤的楊國忠！

於是，他慷慨激昂地對部下說，如今天下崩離，無數人肝腦塗地，若非楊國忠胡作非為、禍國殃民，國家何至於此！我等何至於此！不殺楊國忠，無法平民憤！不殺楊國忠，不能救國家！

他的話讓將士們一下子就沸騰了：我們早就盼望著這一天了！

隨後他們一起去找楊國忠算帳。

這時，隨同李隆基等人逃出長安的二十多個吐蕃使節正圍在楊國忠的馬前訴苦，說他們肚子餓，讓楊國忠幫忙解決。

楊國忠還沒來得及回答，就被士兵們發現了。

見他和胡人在一起，他們更火了。

有人大叫：楊國忠勾結胡虜謀反！

沒等楊國忠反應過來，一支箭已經射了過來，正中他的馬鞍。

楊國忠知道不妙，撒腿就跑。

可平素養尊處優的他怎麼可能跑得過那些士兵？

剛進驛站的西門，他就被士兵們追上，剁成了一堆餛飩餡兒。

士兵們還不解氣，又把他的腦袋割下來，用槍挑著掛在驛站大門外示眾。

緊接著殺紅了眼的士兵又一口氣殺了楊國忠的兒子——戶部侍郎楊暄，以及韓國夫人、秦國夫人。

御史大夫魏方進看到這一切很激動：哇，你們居然殺了宰相（楊國忠這傢伙，不是個東西，早就該殺了）！

可惜，括弧裡的話還沒來得及說出來，他就被士兵們砍死了。

另一名宰相韋見素聞亂而出，沒想到一出門就被士兵們打倒在地，頓時血流滿面。

幸運的是，他之前為官清正，名望還算不錯；更幸運的是，有人認出了他，大叫「不要傷害韋相公！他是個好人」；更幸運的是，這個人不僅動口，還動手相救！

韋見素這才僥倖逃過了一死。

此時正在驛站裡休息的李隆基也聽到了外面的喧嘩聲，忙問左右：什麼事？

左右告訴他是楊國忠造反，已被將士們殺了。

李隆基簡直不敢相信自己的耳朵：這怎麼可能？

說楊國忠造謠，他信；說楊國忠造假，他信；說楊國忠造緋聞，他也信；但要說楊國忠造反，他是萬萬不信的！

他慌忙拄著拐杖顫顫巍巍地來到了驛站的門口。

看到群情激奮的禁軍士兵，他一下子全都明白了——一定是發生了兵變！

不過，他並沒有指責士兵。

他畢竟久經風浪，知道目前的當務之急是要平息士兵們的怨氣，以免造成更嚴重的後果。

他只能強按下心中的怒火，只能硬擺出一副和藹可親的樣子，好言好語地安撫將士們：雖然你們中間很多人我之前並不認識，但我現在感覺和大家都很熟……為什麼呢？……因為天太熱了……哈哈……為什麼大家都不笑……是不是感覺這個笑話很冷……嗯，冷就對了，這麼熱的天，冷一點才舒服……好了，不多說了，大家都辛苦了，都回去吧！

在李隆基看來，這等於是默許了他們斬殺楊國忠的行為，應該可以滿足他們的要求了。

沒想到將士們依然全都一動不動地站在門口，表情依然嚴峻得像正在參加葬禮，手中的刀槍依然閃著刺眼的寒光。

李隆基很尷尬，也很不悅——居然把皇帝的指示當成放屁！不，屁都不如！聞到屁你們還會掩鼻呢，聽了我的話你們竟然什麼反應都沒有！

可是他又不能發作，只好讓高力士出面詢問他們到底想幹什麼。

陳玄禮代表麾下將士高聲回答：楊國忠謀反，貴妃是他的妹妹，不宜再侍奉在聖上身邊，希望陛下忍痛割愛，將其正法！

李隆基聞言大驚。

要親口下旨殺掉自己最心愛的女人，這是他之前做夢都沒想過的！

然而他也知道在這種情況下如果他不答應士兵們的要求，後果肯定是災難性的。

他只能喃喃地說，這件事朕自己來處理吧。

隨後便轉身回到了驛站內。

他倚著手杖，仰望蒼天，呆呆地站了很久。

他到底在想什麼，沒人知道。

但很多人都知道，再這樣拖下去是肯定不行的。

見李隆基遲遲下不了決心，韋見素之子——京兆司錄韋諤急了。

他鼓起勇氣衝到皇帝身邊，一邊不停地用力磕頭，磕得額頭出血；一邊大聲勸諫道，眾怒難犯，安危就在瞬息之間，請陛下速做決斷！

這個道理，李隆基怎麼會不懂？

可是要他就這樣放棄貴妃，他還是無比不舍，還是無比不甘。

這是可以理解的。

直到這時，他依然還是不願放棄保住楊貴妃的最後一絲希望，喃喃地說，貴妃常居於深宮之中，怎麼知道楊國忠謀反的事？

關鍵時刻，高力士站了出來。

他對皇帝說，貴妃確實無罪，不過將士們已經殺了楊國忠，他的妹妹卻依然侍候在陛下左右，他們豈能安心？將士們安心，陛下您才能安全啊。請陛下三思！

高力士的話一下子點醒了李隆基。

是呀，貴妃不死，軍心難安。

軍心不安，他和他的大唐朝廷就可能毀於一旦！

貴妃就算有一萬個不用死的理由，也不能不死！

李隆基最終還是下達了賜死楊貴妃的命令。

他命高力士把貴妃帶到佛堂，用白絹將其縊殺。

一代佳人就此香消玉殞，時年三十八歲。

也許楊貴妃在九泉之下一定會覺得自己很冤——她只是一個嚮往美、嚮往愛情、嚮往享受的一個正常的女人而已，幾乎從不插手朝廷政務，為什麼卻偏偏落得這樣的下場？為什麼那些男人犯的錯要由她這樣一個弱女子來承擔？

然而我記得有句話是這麼說的：天下興亡，匹夫有責。

任何一個人如果只沉醉於自己的生活，卻對天下事漠不關心，都是一種不負責任的表現——不管是古代，還是現代；不管是男人，還是女人。

因為很多時候，你不問世事，世事也會主動來追問你；你不關心政治，政治也會主動來關心你！更何況，楊貴妃並不是一個普通的女人，而是皇帝身邊「禮數實同皇后」的貴妃！有著這樣的身分，怎麼可以只在意自己過得好不好，不在意百姓吃得飽不飽呢？

當然，責任更大的無疑是李隆基。

但那些禁軍將士卻沒有怪罪皇上，而只是將楊國忠和楊貴妃作為替罪羊——誰讓他們姓楊呢？這可能就是時代的局限吧。

在那些士兵的眼裡，皇帝是天命所歸，是特殊材料做成的，本質上必然是好的——要不然怎麼會當上皇帝呢。

在那些士兵的眼裡，皇帝犯錯，通常只有兩種可能：一是受到奸臣（楊國忠）或狐狸精（楊貴妃）的蠱惑；二是你的眼瞎了……

扯遠了，接下來讓我們把視線拉回到現場。

楊貴妃死後，她的屍體被抬到了驛站的庭院中。

陳玄禮等人在驗明死者確實是貴妃無誤後，這才脫下盔甲，叩頭請罪。

李隆基自然要竭力撫慰，並讓他們出去告知軍士。

得知皇帝順應他們的要求處死了貴妃，將士們全都掌聲雷動，高呼萬歲。

這就是史上著名的「馬嵬驛之變」。

那麼，究竟誰才是此次事件的幕後主謀？

有人認為是太子李亨。

史書上明確記載，兵變之前，陳玄禮曾透過東宮宦官李輔國與太子聯繫過，雖然李亨當時沒有表態，卻也沒有阻止。

可見，他是默許的。

不過，要說是他策劃了這次事變，好像也並不太令人信服。

因為李亨儘管當了多年的太子，可長期以來一直都是被邊緣化的，根本沒有掌控禁軍的能力，與陳玄禮似乎也沒有任何私交——陳玄禮是李隆基的心腹，之後也一直跟著李隆基，並沒有追隨李亨，而李亨繼位後，也沒有對陳玄禮有任何特殊的封賞，反而還逼迫他提前退休。

真相到底如何，我們已經不知道了。

但毫無疑問，這次兵變對當時的政局是有著積極意義的。

正是因為誅殺了禍國殃民的楊國忠和作為皇帝替罪羊的楊貴妃，將士們腹中的怨氣才得到了充分的消解，李隆基和他的大唐朝廷才能夠得以保全！

唐代詩人杜甫在他的詩〈北征〉中甚至將陳玄禮視為保存大唐國脈的大功臣：

……桓桓陳將軍，仗鉞奮忠烈。微爾人盡非，於今國猶活……

第十五章 李亨靈武自立

別跑！

六月十五日，也就是馬嵬驛之變後的第二天清晨，李隆基一行離開馬嵬驛，再次向西出發了。

沒想到剛出發不久，又出現了新的麻煩——將士們對他們此行的目的地產生了異議。

他們不願再按原來的計畫去蜀地。

在他們看來，蜀地將吏都是楊國忠的死黨，而如今楊國忠被他們殺了，去那裡恐怕會有危險！

可如果不去蜀地，又該去哪裡呢？

將士們議論紛紛，莫衷一是。

有人說去河西（治所今甘肅武威）、隴右（治所今青海樂都）；有人說去靈武（今寧夏靈武，朔方節度使治所）；有人說去太原（今山西太原，河東節度使治所）；還有人說乾脆回長安……

李隆基心裡其實還是想去安逸富庶的蜀地，然而考慮到前一天發生的那些事，他只能什麼都不說。

最後還是剛被任命為御史中丞兼置頓史的韋諤為他解了圍。

韋諤提出的是一個折中方案：要想回長安，必須要有足夠抵抗叛軍的兵力，如今我們人馬太少，回長安無異於送死。而這裡離長安太近，恐怕也不安全。我認為不如先到扶風（今陝西鳳翔），再慢慢商量去哪裡。

扶風在當時的地位就相當於現在的鄭州——是個重要的交通樞紐，道路四通八達，從那裡既可以西進河隴，也能北上朔方或者南下巴蜀。

顯然，這個提議充分考慮到了各方的需要，是所有人都能接受的。

李隆基就此徵求大家的意見，大家也都表示贊成。

就這樣，隊伍繼續開拔。

不料還沒走多遠，他們就又不得不停了下來。

前面的路被堵住了——當地眾多百姓跪在路上，黑壓壓一片，攔住了李隆基一行的去路。

父老們聲淚俱下，苦苦哀求皇帝不要離開關中：長安宮闕，是陛下的家；歷代陵寢，是陛下的根。陛下如今捨棄關中，又能往哪裡去呢？

李隆基沉默不語。

他坐在馬上，握著韁繩想了很久，還是覺得留在關中太過危險，可是百姓們的話又十分在理，一時根本想不出什麼冠冕堂皇的理由去跟他們解釋——你總不能說自己逃離關中去蜀地是為了南下抗擊南詔吧？怎麼辦？

天子性非異也，善假於物也。

既然這個問題自己解決不了，那就找個擋箭牌吧。

他讓太子李亨留下安撫百姓，自己縱馬先走了：情況是這個樣子的……不過，我現在內急，必須到前面的公廁上個廁所，皇太子聰明賢慧，上知天文地理，下知雞毛蒜皮，就由他在這裡代表我，詳細跟你們說明吧……

見皇帝尿遁了，百姓只能又圍住了太子：皇上既然不肯留下，殿下您就留下來吧。我等願帶著子弟追隨殿下破賊，收復長安。如果殿下和皇上都走了，誰來為中原百姓做主呢？

他們越說越悲切，越說越激動，圍上來的人也越來越多，轉眼之間就達到了數千人！

李亨被裡八層外八層地包圍著，根本無法脫身。

他很想找個地縫鑽進去，可是沒有，只好找理由推託說，皇上年事已高，這次又冒著危險遠走避難，我作為兒子怎麼能不在他身邊盡孝？怎麼能忍心離開他？

但百姓根本不聽他的，還是不讓他走，還是在不停地高呼，殿下別走！殿下別走！……

無奈，李亨只能訕訕地回應道，我不走……只是，只是……我還沒向皇上當面辭行，請大家允許我先將此事告知皇上，再決定是去是留。

說完，他又擠出了幾滴眼淚，企圖以此博得百姓的同情——原諒我，我是不得已的。

隨後他翻身上馬，想要拍馬走人。

然而這次他依然沒有走成。

他的韁繩被建寧王李倓（ㄊㄢˊ）（李亨第三子）和宦官李輔國死死拉住了。

兩人對他分析說，逆胡作難，導致天下分崩離析，如果我們不順應民心，怎麼可能重振河山？殿下此次跟著皇上一起入蜀，如果賊軍燒毀棧道，我們就被困在蜀地了，這無異於將中原拱手讓給賊人。人心一旦離散，再要重新凝聚起來就難了，到時再想回到關中就不可能了！為今之計，只有召集西北的邊防軍，與河北的郭子儀、李光弼齊心協力，一起討滅賊軍，克復兩京（長安、洛陽），平定四海，使社稷轉危為安，再修復宮室迎回皇上，這才是大孝！何必執著於區區兒女之情，在意這短暫的分離？

廣平王李俶（李亨長子）也極力勸父親留下。

李亨是個明白人。

他知道，他現在面臨的這種情況其實有點像軟體使用前的授權許可——你根本就不可能不同意。

而且，這些百姓說的話也確實沒錯。

既然皇帝已經決定出逃了，他作為帝國的第二號人物就必須留下來！否則，中原百姓群龍無首，各地抵抗力量失去精神領袖，要想保住中原、保住大唐的江山社稷，就只能是癡心妄想！

更何況，他的內心其實早就盼望著能離開父親單飛了。

因為他這個太子當得實在太憋屈了。

當太子這些年來，他一直受到父親的猜疑和壓制，從來沒真正掌握過任何一丁點實權。

當太子這些年來，在父親的默許下，他一直受到李林甫、楊國忠等人的迫害和打壓，除了受氣還是受氣，受了氣還得給別人賠笑臉。

當太子這些年來，他別的本領沒有學會，憋氣的能力倒是練到了世界頂級——他雖然不會游泳，但只要腿上綁個沙袋，五百公尺寬的渭河他可以在水底徒步橫渡五個來回，不需要換一次氣！

正如窮人往往並不甘心做一輩子窮人，總是時時渴望著發家致富一樣，他這個受氣包也並不甘心當一輩子受氣包，總是時刻都渴望著有朝一日能自由自在地盡情馳騁！

現在有這樣一個獨當一面的機會，他怎能不把它抓住？

因此，他決定答應百姓的請求，並慷慨激昂地表示：我不走了！願意留下來跟你們一起平叛！

那一瞬間，他感覺自己的形象似乎一下子提升了不少。

接著，李亨讓李俶前去向皇帝稟報此事。

李隆基其實並沒有走遠，一直在前面不遠處等待太子歸隊。

他左等右等沒等到太子的人影，卻意外地等到了太子打算跟他分手的消息。

儘管毫無準備，但李隆基也只能無奈地接受這個現實：這真是天意呀！

是呀，現在的他雖然依然還是皇帝，但早已威信掃地，在人們心目中的地位和安祿山叛亂前已經不可同日而語了。

那時的他完全是說一不二，而現在的他卻只能是說說而已；那時的他就算隨便說句屁話別人都當是真理，而現在他就算說的是真理別人也只當是句屁話！

想到這裡，他只能長嘆一聲，隨後從護駕的禁軍中分出兩千人馬，讓他們前去護衛太子，臨行前還叮囑說，太子仁孝，足以繼承大業，你們要好好輔佐他！

禁軍走後，他還覺得不放心，又命人前去轉告太子：你努力去做，千萬不要掛念我。西北各族，我待他們不薄，相信他們必會為你所用。

同時他又把太子的眷屬也都交給了李亨，還讓人轉達了傳位之意。

李亨當然堅辭不受。

就這樣，父子兩人從此分道揚鑣。

一個繼續前往蜀地，一個則留在了關中。

對李亨來說，這是他命運的轉捩點。

有人認為，此次百姓挽留他的事件很可能是李亨自己策劃的。

這也許並不是空穴來風。

因為《舊唐書．李輔國》傳中明確記載：（馬嵬驛之變後）輔國獻計太子，請分玄宗麾下兵，北趨朔方，以圖興復……

可見，李亨與父親分開行動是早有計劃的。

但留下來的路並不好走。

與父親分手後已是黃昏時分，李亨一行面臨的首要問題是：該往何處去？

北上靈武

其實這個問題，李亨心中早就有了答案：去朔方（治所今寧夏靈武）。

對此，他是經過深思熟慮的。

前面說過，李隆基把國內的主要兵力都設置在了十大方鎮，現在這十大方鎮中的范陽（治所今北京）、平盧（治所今遼寧朝陽）兩地已經為安祿山所控制；劍南（治所今四川成都）、嶺南（治所今廣東廣州）、安西（治所今新疆庫車）、北庭（治所今新疆吉木薩爾）又都太遠，遠水難解近渴；河東（治所今山西太原）離安祿山的根據地洛陽和河北又太近，太危險；而河西（治所今甘肅武威）、隴右（治所今青海樂都）的主力大部分跟著哥舒翰一起東征，潼關戰敗後餘眾很多都投降了叛軍，剩下的軍隊已經不多了，且他們的兄弟朋友不少都身在叛軍之中，難保不產生異心。

相比之下，朔方軍的實力沒有受到過任何損失，所處的地理位置也十分有利，進可攻，退可守。

因此，在李亨看來，朔方不僅是他最優的選擇，也是唯一的選擇！

不過，作為一個城府很深的人，他並沒有直接表態，而是授意他的兩個兒子唱雙簧曲。

負責發問的，是廣平王李俶：天色已晚，此地不可久留，各位覺得我們該去哪兒比較合適？

眾人都面面相覷，李亨也一言不發。

見沒人吭聲，建寧王李倓便代父親說出了他想說的話：殿下多年前曾遙領過朔方節度使，將領們逢年過節總要來信問候殿下，對這些將領的名號，連我都略知一二，何況是殿下！更重要的是，朔方距離我們這裡最近，且兵馬強盛。眼下叛軍剛進入長安，暫時無暇攻城掠地，我們應利用這個機會火速前往朔方，再圖謀大計，這是上策！

大家對此都沒有異議。

方向已定，李亨下令連夜出發。

一路上他的心情既緊張又興奮——緊張是因為怕叛軍會追上來，興奮是因為這是他有生以來第一次擺脫了父親的控制，有著如鳥兒出樊籠一般的自由！

他帶著他的家人和部下徹夜狂奔，即使粒米未進，他也根本不覺得餓；即使分秒未眠，他也絲毫不覺得累；即使四周一片漆黑，他的心中也是一片光明……

他們一路疾馳，一夜跑了三百多里，於第二天清晨抵達新平（今陝西彬州），這才停下來喘了口氣。

李亨清點部下，發現他身邊竟然只剩下了幾百人——其餘的都在半路走散了或者逃亡了！

接下來他又馬不停蹄繼續上路。

一路上見到的都是一片混亂，各地的地方官大多望風而逃。

為了殺雞儆猴，他甚至連著殺了兩個逃命的太守。

這也讓李亨本來高漲的情緒低落了下來：難道大唐的人心就這麼散了嗎？難道局勢已經不可收拾了嗎？

走到烏氏驛（今甘肅涇川北）的時候，他遇到了帶著糧食、衣服前來迎接的彭原（今甘肅寧縣）太守李遵。

終於見到了第一個迎接他的地方大員，李亨比第一次入洞房的新郎還要激動。

他跟著李遵來到彭原，在城裡招募了幾百人以補充兵員。

隨後他又繼續西行，來到平涼（今甘肅平涼）。

平涼地當關中通往西北的要衝，位置十分重要，當地還有一個大型的牧馬場，裡面有戰馬數萬匹——戰馬在冷兵器時代是極為寶貴的戰略資源。

李亨便在此停駐下來，繼續招兵買馬，又招到了五百人。

之後的幾天，他一直沒有出平涼一步。

平涼距離朔方軍的駐地靈武已經很近了，為什麼之前一直心急火燎趕路的他現在反而不著急了呢？

難道李亨改主意，不想去靈武啦？

當然不是。

李亨之所以在平涼逗留不進，其實是有他的考慮的。

當時的局勢極為複雜，他並不清楚朔方軍將的立場，萬一將領們有異心，他這樣過去不就等於是自投羅網？

更何況，就算他們依然忠於唐朝，他作為國家的儲君，如果像喪家犬一樣尋尋覓覓冷冷清清淒淒慘慘戚戚地前去投靠，豈不是非常沒有面子？

因此，他只能留在平涼，忐忑不安地等著朔方將領前來接駕。

他們會來嗎？

如果來了，是真心迎接他的，還是會將他出賣給叛軍？

…………

對此，他並沒有太大的把握。

他唯一能做的，就是等。

此時他的心情，就彷彿是初戀少女等情人——既怕對方不來，又怕對方亂來……

好在，他並沒有等待太久。

當時節度使郭子儀還在河北前線，主持朔方全面工作的是留後杜鴻漸。

聽說太子已經到了平涼，杜鴻漸馬上召集六城水陸運使魏少遊、節度判官崔漪、鹽池判官李涵等人商議。

杜鴻漸對他們說，平涼雖然位置頗為重要，但不是屯兵之所，而靈武卻兵精糧足，如果我們把太子迎到這裡，然後再北收各城兵馬，西發河隴勁騎，南下剪除叛賊，收復中原，這是我們建功立業的大好時機！

幾個人對此都表示贊同。

隨後他們推選出身於李唐宗室的李涵擔任使者，讓他帶著邀請函以及記載有朔方士兵、馬匹、兵器、糧草、布帛等各種軍需物資儲備情況的帳簿前往平涼，盛情邀請太子移駕靈武。

李涵的到來，讓李亨喜出望外。

但矜持的他卻並沒有馬上答應：容我再考慮考慮哈。

這是他一直以來的口頭禪——在夾縫中當了多年太子，他早已習慣了不隨便表態。

此時原河西司馬裴冕被調任御史中丞，在赴任途中正好路過平涼。

見到李亨後，他也鼓動如簧之舌，極力勸太子到靈武去：靈武是個好地方，有兵有糧又有槍。將士都身經百戰，堪比最硬的合金鋼……

李亨這才勉強應承下來。

之後他打點行裝，與李涵等人一起前往靈武。

得知李亨到來，杜鴻漸早已在平涼北境迎候。

見到李亨後，他又慷慨激昂地進言道，如今各郡縣大多在堅守拒敵，等待復興。朔方乃天下勁兵所在，殿下若從靈武起兵，揮師長驅，再傳檄四方，收攬忠義，討平逆賊指日可待！

李亨連連點頭稱是。

他心裡由衷地覺得，看來這次選擇來靈武是無比正確的！

自立為帝

七月九日，在杜鴻漸等人的扈從下，李亨一行抵達靈武。

負責後勤的魏少遊恭恭敬敬地將他迎進了早已修葺一新的行宮。見裡面的裝飾、器物、帷帳等全都仿造皇宮，極盡奢華，李亨面露不悅，馬上命人將其一一撤除，只留下基本的生活用具。

因為他知道，現在國家正處於危難之際，自己的地位也還遠沒有穩固下來，這個時候他必須做出與將士同甘共苦的姿態，絕不能沉迷於享受，否則必然會失去人心！

本想拍馬屁的杜鴻漸這一記拍在了馬腳上，感覺有些尷尬——人家一心想減肥，你卻偏偏給他送大魚大肉，這不是搞反了嘛。

不過，雖然首拍不利，可杜鴻漸並沒有灰心。

在他看來，拍馬屁就和打仗一樣，勝敗乃兵家常事，無所謂的。

一記不成，那就再生一記。

很快，他又準備了一記更大的馬屁——勸進。

他與裴冕等人聯名上表，請求李亨登基稱帝，理由是李隆基在馬嵬和李亨分手時曾要傳位給李亨。

這正是李亨此時所需要的。

從個人角度看，他現在已經四十六歲了，在太子的位子上也已坐了整整十八年，這十八年中他過得極其壓抑，時刻都戰戰兢兢，時刻都小心翼翼，不敢多說一句話，不敢多走一步路，每次想放屁的時候都只能硬憋回去，這樣的罪他早受夠了，做夢都想著有朝一日能登上皇位揚眉吐氣！

而從當時的局勢來看，他也必須這麼做。

只有當了皇帝，他才能有足夠的資格號令四方，才能領導各地將領打贏這場大唐立國以來從未有過的平叛戰爭！

然而，想是這麼想，但按照中國歷史上一直以來的慣例，他是不能一下子就同意的。

因此，他理所當然地拒絕了。

同樣按照中國歷史上一直以來的慣例，裴冕等人也理所當然地不會就此罷手。

他們再次當面進言說，現在皇上厭倦政治，去了蜀地避難，可是國家總得有人來領導，這是天意，不能違抗。如果殿下一味猶豫退讓，恐怕會失去人心，大唐未來的前景就不好說了。這麼明白的事，連我們都看得清清楚楚，何況是賢明的殿下！

李亨當然還是不答應：平定叛逆，然後奉迎皇上回京，我作為太子侍奉在皇上左右，這豈不是一件美事！你們說得太過了！

裴冕、杜鴻漸也繼續進諫：殿下擔任太子多年，早已是眾望所歸，如今國難當頭，應該不計得失，挺身而出，站出來領導這個國家。更何況，將士們之所以冒著千辛萬苦追隨殿下，就是為了博取功名。殿下所處的地位越高，手中的權力越大，將士們才感覺越有奔頭！這就好比，如果殿下您手裡只有一百塊，就算給我百分之百，我也只有一百塊；可如果殿下您手裡有一百億，就算只給我萬分之一，我也可以拿到一百萬！一百萬收入的人當然比一百塊收入的人幹勁更大！

李亨依然不置可否。

之後，裴冕等人又連續五次上表勸進——通常情況下三次就已經夠了，可我們知道李亨這個人做事一向都不爽快，一向都喜歡扭扭捏捏的，所以要五次。

李亨這才勉為其難地點頭表示同意。

西元七五六年七月十二日，也就是抵達靈武僅三天後，李亨在靈武城的南樓正式登上了帝位，改元「至德」，是為唐肅宗。

他任命裴冕為中書侍郎、同平章事，杜鴻漸、崔漪為中書舍人，其他將吏也各有任命。

儘管這個新成立的朝廷文武官員加起來只有不到三十人——看起來如同一個草台班子；儘管朝廷的制度還很不完善——官員們對他的態度還像澡堂裡的拖鞋一樣沒大沒小；儘管整個即位儀式非常寒酸簡陋——普通中產階級的婚禮儀式都比它隆重，但感情很少外露的李亨還是激動得熱淚盈眶。

是呀，他怎麼能不激動呢？

他終於第一次擺脫了父親的陰影，他終於第一次擁有了自己的班子，他終於第一次可以不用再看別人的臉色，他終於第一次可以不用再說那些言不由衷的話，他終於第一次可以堂堂正正地發號施令！

對兒子李亨稱帝、自己已被尊為太上皇的消息，李隆基一無所知。

他那時還在前往成都的旅途中。

他這一路走來也非常不容易。

與李亨分手後，李隆基繼續西行，兩天後抵達岐山（今陝西岐山），剛想停下來休息會兒，卻又聽到了叛軍前鋒已經逼近的傳言，沒辦法只能拖著疲憊的身體再次動身，一口氣跑到了扶風（今陝西鳳翔）。

由於之前曾說過到扶風後再決定去往何處，因此到了這裡，士兵們就再也不肯往前走了。

李隆基打算去劍南的意圖也不得不公開了。

這讓本來就牢騷滿腹的士兵們更加怨氣沖天。

他們不想去劍南這個楊國忠的老巢，也不想這樣顛沛流離擔驚受怕忍饑挨餓，他們只想回自己的家，只想老婆孩子熱炕頭，只想吃老媽做的窩窩頭！

不少人偷偷地溜走了。

沒走的，也大多三心二意，做好了跑路的準備。

與此同時，各種流言也以比流感還快的傳播速度在軍中迅速蔓延開來，有些傳言甚至出言不遜，將矛頭直接指向了皇帝。

一時間，軍中一片混亂，就連主帥陳玄禮也控制不住了。

這一切，李隆基看在眼裡，愁在心裡。

再這樣下去，很可能發生又一場兵變！

怎麼辦？

就在他焦急萬分的時候，成都上貢朝廷的十多萬匹蜀錦恰好運到了扶風。

李隆基一下子就有了主意。

他命人將這些蜀錦全部陳列在庭院裡，然後召集所有將士，發表了一番情真意切的演講。

他流著眼淚對將士們說，朕年紀大了，用了不該用的人，造成了這場叛亂，不得不遠出避難。你們都是倉促跟朕離開長安的，連父母妻子都來不及告別，一路跋涉到這裡，非常辛苦，朕心中對此深感愧疚。這裡到蜀地還有很遠，而且那裡郡縣狹小，恐怕也供養不了這麼多的人馬，朕現在允許你們各自回家，朕與兒孫們有這些宦官陪同入蜀也就夠了。

接著他用手指了指院中擺放的蜀錦：今天就要和諸位分別了，這些錦帛就算是朕給你們的盤纏，你們回去後見到父母和家鄉父老，請代朕轉達朕對他們的問候，大家各自珍重吧！

說完這些，他已是泣不成聲。

老皇帝充滿真情的講話讓士兵們頗為感動，院子裡色彩繽紛的蜀錦更讓他們極為心動——錦是由彩色絲線織出的帶有精美圖案花紋的絲織品，蜀錦更是錦中的上品，價值極高，絕非尋常絲織品可比！

精神上得到了極大的撫慰、物質上又有了巨大的收穫，物質和精神的雙豐收如颱風吹霧霾般，把將士們的不滿情緒一下子就全都驅散得無影無蹤，他們激動萬分，異口同聲地表態：臣等無論生死都願意跟從陛下，絕無二心！

一起潛在的動亂就這樣被李隆基扼殺在了萌芽之中。

之後李隆基一行繼續上路，經陳倉（今陝西寶雞陳倉區），過散關（即大散關，位於今陝西寶雞南郊秦嶺北麓，號稱川陜咽喉），往成都進發。

六月二十四日，隊伍抵達河池（今陜西鳳縣），在那裡遇到了帶兵前來迎駕的劍南節度副使崔圓。

李隆基大喜，當即加封崔圓為中書侍郎、同平章事。

崔圓是劍南實際上的最高長官，有了他的護送，接下來自然什麼都不用再擔心了。

在行至普安（今四川劍閣）的時候，李隆基又見到了一個意想不到的人——刑部侍郎房琯。

房琯是從長安追來的。

這讓李隆基非常驚訝。

事實上，在剛離開長安不久，他就曾問過高力士：朕這次出走，群臣大多不知情。你說在得知朕的去向後，朝臣中有沒有人會追過來？

高力士回答：張均、張垍（兩人都是名相張說之子，張垍還是李隆基的女婿）兄弟！他們受陛下的恩最多，且張垍還是您的女婿，因此他們必來！很多人都說房琯有宰相之才，而陛下沒用他，且傳聞安祿山對他頗為賞識，因此他肯定不會來！

誰能想到，平時看人一向很準的高力士這回的預測居然全是錯的！

最應該來的沒來，最不應該來的卻來了！

一般來說，期望值越低，驚喜指數越高。

房琯這樣一個之前被冷落的人居然會如此忠誠，這是李隆基無論如何都沒有想到的！

他非常感動。

他當即加封房琯為吏部尚書、同平章事。

跑了上千里路，得到了一個宰相的職位，應該說房琯這一趟跑得非常值！

有了崔圓、房琯兩個新任宰相的輔佐，加之成都已經近在眼前，脫離危險的李隆基也重新恢復了信心，又開始重新謀劃起平叛事宜來。

七月十五日，也就是李亨在靈武繼位三天後，尚不知道自己已經「被退位」的李隆基又以皇帝的名義下了一道詔書，任命太子李亨為天下兵馬元帥，兼朔方、河東、河北、平盧節度使；永王李璘（李隆基第十六子）為江陵（今湖北江陵）大都督，兼山南東道（治所今湖北襄陽）、嶺南（治所今廣東廣州）、黔中（治所今重慶彭水）、江南西道（治所今江西南昌）節度使；盛王李琦（李隆基第二十一子）為廣陵（今江蘇揚州）大都督，兼江南東路（治所今江蘇蘇州）、淮南（治所今江蘇揚州）、河南（治所今河南開封）節度使；豐王李珙（李隆基第二十六子）為武威都督，兼河西、隴右、安西、北庭節度使……

顯然，在經歷了安祿山的叛亂後，李隆基的心態發生了很大的變化——他不再信任任何一個外人，只信任自己的兒子！

之前是親王不得干政，現在是親王必須干政！

侍御史高適站出來表示反對。

高適原本在哥舒翰麾下擔任掌書記，潼關兵敗後他一路西馳，追上了李隆基一行，向皇帝詳細彙報了潼關的戰況，被加封為侍御史。

高適直言不諱地說，陛下您這是任人唯親！

李隆基反駁道，不任人唯親，難道要我任人唯疏？

高適接著又說，這樣做容易導致同室操戈——西晉八王之亂就是明證。

但李隆基還是不接受：同室操戈？你怎麼知道不是同仇敵愾呢？

在李隆基的設想中，四個兒子將各據一方，再從四面齊頭並進，共同平定叛亂。

可這一切並沒有變成現實。

除了做事果決的永王李璘馬上就趕赴江陵外，盛王李琦、豐王李珙都沒有前去赴任。

不是他們不想去，而是他們不能去。

不是他們動作不快，而是這世界變化更快。

因為等他們想要出發的時候，對他們的任命已經不具有合法性了，發布這道詔書的李隆基已經主動退位了。

李隆基見到了李亨派來的使者，這一天，是八月十二日——也就是在他抵達成都十四天後。

得知太子已於一個月前在靈武稱帝，李隆基一下子就呆住了。

這是他做夢也沒想到的事！

不過，儘管這個消息來得比晴天霹靂還要突然，儘管李亨這種先上車後補票的做法讓他感覺極其不爽極其窩火，但李隆基還是以大局為重，第一時間就接受了這個現實。

他知道，在這個大唐帝國面臨生死存亡的關鍵時刻，需要的是一個堅強的、統一的領導核心，絕不能政出多門。

因此，雖然他當時嘴都氣歪了，可對人說的卻是：我嘴都要笑歪了！我兒應天順人，我還有什麼好擔心的！

接著他馬上發布詔書，宣布自己退位為太上皇，一切軍國大事，都由皇帝李亨決定，事後再向他奏報就可以了，一旦收復長安，他就不再干預任何政事。

八月十八日，李隆基又命宰相韋見素、房琯等人帶著傳國玉璽和傳位詔書前往靈武，正式傳位給李亨。

在短短的幾天之內，李隆基就把手中的權力全部交給了李亨。

第十六章
長路漫漫

沒有錢是萬萬不能的

李亨就這樣成了大唐帝國名正言順的最高領導人。

不過，他身上的擔子也是非常沉重的。

因為此時的大唐帝國早已今非昔比。

李亨的靈武朝廷就如黃昏時的落日般偏居西北一隅，而叛軍卻如日中天，占領了包括長安、洛陽兩京在內的中原大部分地區！

叛軍是在六月底進駐長安的。

負責接收長安的，是安祿山的心腹大將孫孝哲和中書令張通儒。

孫孝哲是因其母與安祿山私通而得到重用的，他生性殘暴，視人命如草芥，視殺戮如遊戲，那些跟隨李隆基逃亡的官員家屬，凡是留在長安的全都被他下令捕殺——就連嬰兒也無法倖免。

而文武百官以及宮女、宦官則都被押送到了洛陽。

朝廷官員中，有不少人都投降了叛軍。

其中最有名的，是前宰相陳希烈、駙馬太常卿張垍以及張垍的哥哥大理卿張均。

自從楊國忠專權後，陳希烈就徹底失寵了，此後他一直對李隆基充滿了怨恨——這當然是可以理解的——如果一個人多年來年薪一直都是兩萬，也許他的心態會很平和，但如果他之前年薪是兩百萬，現在一下子降到了年薪兩萬，他一定會極其失落！

而張垍則是另一種情況——他曾得到李隆基的口頭承諾，說要讓他當宰相，卻始終沒有兌現，故而他也對自己的丈人牢騷滿腹。

因此叛軍在進入長安後，陳希烈以及張垍兄弟馬上就投降了叛軍。

對這些人，安祿山當然是歡迎的——就像現在某些產品需要名氣大的明星來做自己的代言人一樣，安祿山也需要陳希烈、張垍這種曾經在唐朝朝廷身居高位的明星人物來作為他新建的大燕朝的代言人。

他馬上任命陳希烈、張垍為宰相，以表彰他們的「棄暗投明」。

其他一些有一定聲望的朝臣，安祿山也分別給他們授予了相應的官職。

其中就包括著名詩人王維——王維原本在唐朝任給事中，安祿山素來知道他的才名，對他很是看重，繼續讓他擔任給事中一職。

但對另外一些人，安祿山就沒有那麼客氣了。

他指示孫孝哲，將包括霍國長公主（李隆基的妹妹）在內的眾多沒跟隨皇帝逃走的皇族殘忍殺害，並全都剖腹挖心，以祭奠他死在長安的長子安慶宗。

你殺我一個親人，我就殺你幾十個親人！

此外，楊國忠、高力士等人的黨羽親友以及安祿山平素所憎惡的朝臣共計八十三人也都被孫孝哲下今當街用鐵棒打死，鮮血橫流，慘不忍睹。

普通百姓的日子當然也不會好過。

由於聽說李隆基逃走後長安百姓趁亂哄搶了很多財物，安祿山命孫孝哲等人在占領長安後四處搶掠，掘地三尺，就連一條短褲都不放過，百姓的私有財產幾乎全被搜刮殆盡——本來的楊百萬變成了楊白勞；本來的中產階級變成了無產階級；本來小康的變成了吃糠的……

與之相反的是叛軍。

他們紛紛從本來吃糠的變成了小康的；從本來的無產階級變成了中產階級；從本來的楊白勞變成了楊百萬……

叛軍中無論是將領還是士兵原本大多是素質不高的胡人，一夜暴富，當然把持不住。

他們熱衷於吃喝玩樂，每天不是聯歡會，就是夜總會……

這樣的生活讓他們無比沉迷，如果這是個夢，他們希望永遠不會醒；如果這是場戲，他們希望永遠不會完……

過著這種天堂般的日子，誰還願意冒著生命危險去打仗呢？

過著這種神仙般的日子，誰還管他將來會發生什麼呢？

活在當下就夠了。

就這樣，叛軍在接下來一段時間內，一直都沒有乘勝西進。這讓李亨得以在靈武從容地站穩了腳跟。

由此可見，不管是安祿山本人還是他麾下的這些將領，大都只是「今朝有酒今朝醉」的貨色，沒有長遠的戰略眼光，缺乏成大事的基本素質。

明眼人都看得出，這樣的政權是不可能長久的。

事實也的確是這樣。

也許安祿山以為占領長安是他新的起點，但實際上，這卻成了他走下坡路的轉捩點！

關中百姓恨透了安祿山的暴政，無比懷念曾經給他們帶來安定和繁榮的大唐王朝。

自從聽說太子李亨北上靈武後，他們就天天翹首以盼——盼著唐軍能早日歸來，還時不時地製造傳言說太子帶著十萬大軍回來了，搞得叛軍人心惶惶，只要看見北方有煙塵，就嚇得魂飛魄散。

有些膽大的百姓還自發拿起了武器，組成了一支支地下遊擊隊，經常找機會偷襲小股叛軍，有時甚至還暗殺安祿山任命的官員。

儘管孫孝哲也多次派兵「清剿」，但這些人卻和野草一樣「野火燒不盡，春風吹又生」——剛誅殺了一個又一下子冒出來十個，反而越「剿」越多，令孫孝哲頭疼不已。

由於內部不穩——三天一小亂，五天一大亂，十天一騷亂，二十天一暴亂，叛軍被攪得方寸大亂，不僅沒有餘力繼續擴張，還不得不收縮防線，其控制範圍只能局限於長安周邊地區——南不出武關（今陝西丹鳳），北不過雲陽（今陝西涇陽），西不到武功（今陝西武功）。

也正因為叛軍被牽制在了長安一帶，來自江淮地區的財賦才得以透過關中西部的扶風（今陝西鳳翔）輾轉運達李亨所在的靈武，大大緩解了靈武朝廷的財政緊張局勢。

開闢這條路線的是第五琦。

第五琦原本在北海太守賀蘭進明手下擔任錄事參軍，受賀蘭進明委派入蜀奏事，自告奮勇地表示有辦法解決平叛所需的資金問題。

李隆基當即破格提拔他為監察御史、江淮租庸使，並讓他去靈武見李亨。

此時李亨每天都在為錢發愁。

他實在是太缺錢了。

唐朝一百多年來存於兩京（長安、洛陽）的積蓄，已經悉數落於敵手，如今他窮得叮噹響，連發軍餉的錢都湊不齊，而打仗其實打的就是錢，沒有足夠的經濟實力，怎麼可能剪滅叛亂？

怎麼辦？

他絞盡腦汁，卻依然想不出任何可行的辦法。

就在他胡思亂想的時候，第五琦來了。

一見第五琦，李亨就猴急地問：第五兄……你這姓氏可真怪，聽上去像我五哥一樣……算了，畢竟這也不是你的責任……愛卿有何良策？

第五琦侃侃而談：如今天下最富庶的地方莫過於江淮，只要把江淮的財賦運過來，就不用擔心沒錢了……

沒等他講完，李亨就迫不及待地打斷了他：怎麼運呢？之前都是透過運河、黃河運抵洛陽、長安的，現在再這麼做就是資敵了！

第五琦不慌不忙地說，東方不亮西方亮，辦法總比困難多。我覺得可以把江淮徵收的賦稅先兌換成絲帛等輕貨，隨後經長江、漢水運到洋川（今陝西西鄉），再改走陸路經扶風（今陝西鳳翔）抵達靈武。

李亨聞言大喜：太好了！

隨後他加封第五琦為山南、江南、淮南等五道度支使，讓他全權負責江淮財賦。

第五琦也不負所望，不僅透過他新開闢的路線從江淮運來了大量財貨，還制定了榷鹽法——也就是食鹽專賣制度，透過政府對鹽的壟斷獲取了高額的收入，為平定叛亂奠定了經濟基礎。

不過，平叛所需要的，不只是錢，還有人。

當時李亨麾下只有留守的部分朔方軍，顯然，就憑這點兵力要想去挑戰安祿山的大軍，類似於一隻兔子去挑戰一群狼——實在是有點太不自量力了！

好在此時郭子儀、李光弼帶著五萬朔方軍的主力從河北回到了靈武。

潼關失守的時候，郭子儀和李光弼正在博陵（今河北安平）圍攻叛軍大將史思明。眼看史思明已成甕中之鱉、勝利已成囊中之物、河北即將全面光復，沒想到突然從後方傳來了哥舒翰兵敗的噩耗，為了回援京師，他們不得不忍痛解除了對博陵的包圍，從井陘口撤回河東，後得知李亨在靈武繼位，兩人又領兵來到了靈武。

他們的到來，讓原本兵少將寡的靈武朝廷一下子實力大增。

李亨當即加封郭子儀為兵部尚書、靈武長史，李光弼為戶部尚書、北都（太原）留守，兩人都兼任同平章事，加入了宰相的行列。

之後李光弼帶五千人馬奔赴太原，以防史思明西出井陘，攻打太原。

不久，安西節度副使李嗣業也帶著五千安西精銳趕到了靈武。

至此，李亨的靈武朝廷終於擺脫了建立初期幾乎一無所有的窘境，有了錢，有了兵，也有了一套較為完整的領導班子——文有房琯、裴冕、崔渙、韋見素、第五琦……武有郭子儀、李光弼、李嗣業、王思禮（潼關失敗後他逃了回來，幾經輾轉投奔了李亨）……

然而李亨最信任的，卻不是這些文武大臣，而是一個沒有任何職務的人。

此人名叫李泌。

白衣山人李泌

李泌出身名門，是南北朝末年西魏八柱國之一李弼的六世孫（李弼的事蹟，可以參見我的舊作《彪悍南北朝之鐵血雙雄會》），他自幼聰穎過人，有神童之稱。

七歲那年，李隆基就慕名召他入宮。

李泌進去的時候，李隆基正和宰相張說下棋，便示意張說考驗他的才智。

張說是當時著名的才子，學富五車，出口成章。

他看了一下眼前的圍棋，隨口說道：方若棋局，圓若棋子，動若棋生，靜若棋死。

沒想到李泌不假思索就對上了：方若行義，圓若用智，動若騁材，靜若得意。

此言一出，滿座皆驚。

李泌的回答不僅對得極為工整，而且其寓意甚至比張說所言更加深刻！

太厲害了！

李隆基也大感意外。

他原本以為，一個七歲小孩若能說出「方若魚豆腐，圓若魚丸，動若活魚，靜若死魚」就已經是萬里挑一的奇才了，萬萬沒想到李泌竟然能說出這樣一個「只能被模仿，無法被超越」的幾乎完美的答案！

一時間，他驚得連話都說不利索了：這孩子的才華真是遠遠高於他的年齡！

此後，他隔三岔五便邀請李泌入宮，讓那時還是忠王的李亨等皇子與他一起交遊，還諄諄教誨他們說，近朱者赤，近墨者黑。住在茅房旁邊，家裡多少會沾上點茅房的臭氣；待在李泌身邊，你們多少會沾上點李泌的才氣！

之後，李亨便經常和李泌一起上學，一起上街，一起上廁所，結下了很深的友情。

長大成人後，李泌更是博學多才。

照理說，他幼年成名，與皇室又有著很深的淵源，完全可以入仕當個大官，但李泌這個人卻只仰慕神仙，根本無意功名，成天神龍見首不見尾，雲遊於華山、嵩山、終南山等名山之間，醉心於修道成仙。

不過，他畢竟生活在人間，也不可能完全脫離現實。

也許是看到的民間疾苦比較多，李泌覺得有必要向皇帝反映，便給李隆基上書，對當時的朝政提出了不少中肯的意見。

這讓李隆基再次想起了這個當年的神童，當即下詔召李泌入朝，並封他為待詔翰林，讓他輔佐太子李亨。

李亨對李泌極為敬重，常稱其為先生。

然而當時正是楊國忠專權，對太子的防範意識很多，自然不能容忍太子身邊有這樣一個能人。

於是他經常找機會在李隆基面前說李泌的壞話。

那個時候，楊國忠在李隆基心中的地位是不可動搖的，故而李泌很快就被逐出了京城。

從此，他遠離政治，一直隱居在嵩山一帶。

這次李亨在馬嵬與父親分手後，第一時間就想到了李泌。

既是老朋友，又是超高手。有他做自己的參謀，成功把握一定大大的有！

想到這裡，他根本按捺不住激動的心情，根本等不及趕到靈武，馬上就派人前往嵩山尋訪，希望李泌能出山輔佐他。

而李泌這些年雖然隱居在深山之中，對時局卻一直非常關注。

安祿山叛亂後，他更是時時刻刻都在心中謀劃平叛方略，隨時準備出山。

因為他的人生理念是：盛世獨善其身，亂世兼濟天下！

在這個國難當頭之際，就算李亨不主動來找他，他也會主動去找李亨！

故而在接到邀請後，他沒有絲毫的猶豫，馬上就日夜兼程趕到了靈武。

從此，李泌就留在了李亨的身邊，成為他最倚重的謀主。

兩人幾乎形影不離，休息時並床而睡，出巡時並馬而行朝中的大小事宜，無論是將相的任免，還是文書的處理，李亨都要認真聽取他的建議。

對李泌的任何意見，李亨都不僅是聽從，而且是盲從；對李泌的任何想法，李亨都不僅是同意，而且是滿意……

據說李亨曾想任命李泌為自己的首席宰相。

可李泌聽說李亨要讓他當官，馬上把頭搖得像撥浪鼓似的。

他用不容置疑的口氣說，不可以，絕對不可以。陛下待我像朋友一樣，我感覺比宰相還要尊貴，何必一定要勉強我當官，違背我的志向呢？

見他說得極其堅決，李亨只好作罷。

但在他心中，卻始終覺得有些過意不去。

後來，他終於找到了一個機會。

當時兩人一起外出，士兵們看著他們的背影竊竊私語：穿黃衣服的那個是聖人（天子），穿白衣服的那個是山人（山裡的村夫）……

李亨聽了覺得很不舒服。

這自然是可以理解的——說皇帝和官員在一起議事，大家都會覺得很正常，但要說皇帝和山人在一起議事，大家一定覺得這皇帝像是山寨的不正宗！

李亨下定決心，無論如何都要提升李泌的身分。

於是，他誠懇地對李泌說，我並不想強迫你當官，可是現在是非常時期，所以還是請先生穿上紫袍（三品以上官服）吧，免得別人說三道四。

盛情難卻，李泌只好披上了紫袍。

沒想到他剛穿好，李亨就笑了：官服都穿了，怎能沒有名分呢？

隨後他馬上從懷中掏出早已準備好的詔令，宣布封李泌為侍謀軍國、元帥府行軍長史——「侍謀軍國」這個職務之前從未存在過，似乎是李亨為李泌量身定做的，大概相當於現在的總參謀長吧。

然而李泌還是執意不肯：騎白馬的不一定是王子，也可能是唐僧；開豪車的不一定是富人，也可能是負翁。為什麼我穿了紫袍，陛下就非要讓我當官呢？

李亨只好耐心解釋說，朕只是為了暫時應對現在這種困難局面才不得不這樣做的，等叛亂一平定，就讓你遠走高飛……

直到他說得口乾舌燥，李泌這才勉強答應。

有了李泌的幫助，李亨的決策就科學多了。

剛到靈武不久，李泌就糾正了李亨差點犯下的一個大錯。

建寧王李倓（李亨第三子）性情果斷，精於騎射，李亨北上靈武的時候，正逢兵荒馬亂、盜寇橫行，李倓一直領兵扈從在李亨左右，多次擊退盜賊的襲擊，確保了父親的安全。

李亨覺得李倓應該是個優秀的軍事統帥，便打算任命他為天下兵馬元帥。

李泌勸諫說，建寧王確實有元帥之才，但廣平王畢竟是長兄，如果建寧王立下了大功，那將把廣平王置於何地呢？

李亨還是不以為然：廣平王是未來的儲君，何必一定要當元帥呢？

見李亨心無靈犀點不通，李泌只好直接把話挑明：可是廣平王尚未被冊立為太子！如今局勢艱難，元帥一職是最受人矚目的。一旦建寧王大功已成，就算陛下不以他為儲君，追隨他立功的人恐怕也不會答應。太宗皇帝（李世民）和太上皇（李隆基）就是這樣的例子！

李泌的話讓李亨一下子想起了在大唐歷史上曾經發生過的骨肉相殘的血腥歷史，這才恍然大悟。他當即改封廣平王李俶為兵馬元帥，諸將都由他節制；同時又讓李泌擔任元帥府司馬，輔佐李俶。深明大義的建寧王李倓在聽說此事後，也並沒有怪罪李泌，反而非常感激。

而李俶在出任元帥後，對李泌也極為倚重。當時軍務繁忙，各地呈上的奏報沒有間斷的時候，李俶統統都讓李泌先看並提出處理意見，軍中的兵符、宮門的鑰匙也都由兩人共同保管。

如果把此時的靈武朝廷比作一台電腦，那麼李亨似乎只是一個螢幕而已，李泌才是真正控制電腦運行的 CPU。

實際上，李亨做出的很多決策都源自李泌。

比如朝廷的南遷。

西元七五六年九月，李泌認為反攻叛軍的時機已經成熟，勸李亨離開靈武南下，以便就近指揮軍隊作戰，同時也可以在世人面前表現出積極進取的姿態，以進一步鼓舞人心。

李亨深以為然，遂帶著文武百官從靈武出發，進駐彭原（今甘肅寧縣）。

此時的他，可謂躊躇滿志，豪情滿懷。

在他看來，掃平叛亂，收回兩京，重整大唐河山，恢復大唐榮耀，已是指日可待！

但事實證明，他想得還是太樂觀了。

天不可能一直晴空萬里，他也不可能一直事事順遂。

沒過多久，他就遭到了當頭一棒——他登上帝位後對叛軍的首戰竟然就告負了！

此戰的指揮者是宰相房琯。

悲陳陶

房琯本是李隆基任命的宰相，在被派到李亨那裡後，也依然很受重用。

早在當太子的時候，李亨就曾聽說過房琯的大名，看到房琯後，見他口若懸河，排比句一段接著一段，名言警句一串接著一串，書生意氣，揮斥方遒，指點江山，激揚文字，糞土當年萬戶侯……

李亨一下子就被他的風度和口才折服了，對他很是賞識。

憑藉李亨對他的信任，一時間，房琯紅得發紫，儼然成了百官之首。

房琯上位後，提拔了一大批和他一樣有風度、有長相、有口才、有門第的名士，將他們視為自己的左右手。

而那些只會實幹不會吹噓、只有才幹不會務虛的大臣則都被他視為俗人，全都遭到他的排擠和打壓。

原北海（今山東青州）太守賀蘭進明就是其中的一個。

那時他正好入朝覲見，鑒於其在河北抗戰有功，李亨便讓房琯起草詔令，打算加封他為御史大夫、嶺南節度使。

沒想到房琯根本看不起賀蘭進明，直接在御史大夫的頭銜上加了一個字——「攝」（意為代理）——賀蘭進明拿到的委任狀嚴重縮水，只有一個攝御史大夫。

賀蘭進明不服，直接找到皇帝，狠狠地參了房琯一本。

他把房琯比作導致西晉滅亡的禍首之一王衍（王衍的事蹟可參見筆者之前的作品《彪悍南北朝之十六國風雲》），說他雖然看起來像個高富帥，其實只是個傻白甜，華而不實，只會說大話，口若蓮花，心若呆瓜，吹起牛來無人能敵，做起事來無能為力，這樣的人掌權，恐怕不是國家的福分啊……

對賀蘭進明的諫言，李亨有沒有接受，我不知道。

我只知道兩件事：

1、賀蘭進明這次告狀還是有收益的——他被皇帝重新任命為御史大夫，並出任河南節度使。

2、賀蘭進明對房琯的評價，在不久之後就得到了應驗。

西元七五六年十月，房琯主動請纓，請求親自領兵前去收復兩京。

此時的李亨對他幾乎言聽計從，當然不可能不同意。

他當即任命房琯為總指揮，讓他統率五萬兵馬，前去攻打長安。

房琯任命御史中丞鄧景山為副總指揮，戶部侍郎李揖為司馬，給事中劉秩為參謀。

這三人和房琯一樣，都是從未上過戰場的書呆子，但房琯卻將他們倚為長城，所有的軍事決策都要和他們商量，所有的軍事決策都只和他們商量。

他對劉秩尤為看重，經常對人說，賊軍中就算有再多的「曳落河」（叛軍中最精銳的勇士），也比不上我手下的一個劉秩！

應該承認，書呆子作戰，確實和常人不同。

有人打仗靠的是武力，有人打仗靠的是智力，有人打仗靠的是體力，而房琯他們就不一樣了——他們打仗靠的是想像力。

準確地說，是異想天開。

他們從古籍中看到一千多年前東周時期的車戰，自認為找到了克敵制勝的祕訣，便從民間徵用了兩千頭耕牛和大車——由於沒有足夠的戰馬，只能用耕牛來代替馬拉車，組建了一支兩千輛戰車的隊伍，企圖用這種江湖上失傳已久的古老打法來打垮叛軍。

十月二十一日，唐軍進抵陳濤斜（今陝西咸陽東），在那裡遭遇了叛軍大將安守忠所率的大批敵軍。

房琯臉上不僅毫無懼色，反而有一種菜鳥作家第一次看到自己新作首發的那種興奮，他自負滿滿地下令：是騾子是馬……不，是騾子是牛，拉出去遛遛！

隨著他的一聲令下，兩千輛牛車慢慢吞吞歪歪扭扭晃晃悠悠吱吱嘎嘎地出動了，步兵和騎兵則夾雜在牛車中間……

看著眼前的這一幕，安守忠簡直不敢相信自己的眼睛。

都什麼年代了，還有人用這種過時了上千年的把戲？

這實在是太可笑了！

安守忠忍不住樂得前仰後合。

當然，玩歸玩，笑歸笑，他也不會拿打仗開玩笑。

他下令部隊先不要出擊，而是嚴陣以待，等距離差不多了，他才命全軍擂起戰鼓，吹起號角，大聲鼓噪。

與此同時，見己方是順風，他又讓人在陣地前放了一把火。

時值深秋，地上全是枯黃的乾草。

很快，大火就借著風勢向唐軍的牛車撲了過來。

見前面又是沖天的烈火，又是嗆鼻的濃煙，又是震耳的雜訊，那些耕牛全都嚇壞了，全都不敢再往前邁步了——再往前就變成烤牛排了！還是外焦裡熟的那種！為了自己的牛生安全，還是快逃吧！

剎那間，它們全都掉轉牛頭，鼓足了牛勁奪路狂奔。

它們的牛角亂頂，牛蹄亂踏，把後面的唐軍撞得七零八落，東倒西歪，被踩死撞死的士兵不計其數。

安守忠趁機命叛軍發起猛攻。

此時唐軍早已亂成一團，哪裡還有什麼抵抗能力？

最終唐軍大敗，傷亡四萬餘人，只有數千殘兵生還。

這一戰在當時影響很大，詩人杜甫聞訊後感慨萬分，揮筆寫下了這首著名的〈悲陳陶〉：

孟冬十郡良家子，血作陳陶澤中水。
野曠天清無戰聲，四萬義軍同日死。
群胡歸來血洗箭，仍唱胡歌飲都市。
都人回面向北啼，日夜更望官軍至。

在得知被寄予厚望的房琯敗得如此之慘後，李亨大為震怒，甚至想將其處死，後來因李泌說情，才勉強放過了他。

此戰的失利，對李亨的打擊無疑是十分沉重的。

而這還不是全部。

沒過幾天，他又聽到了另一個壞消息——河北全線淪陷了！

郭子儀、李光弼帶著唐軍主力西撤後，史思明就像失去天敵壓制的害蟲一樣再次肆虐起來，開始瘋狂反撲。

一時間，河北各地到處人心惶惶。

關鍵時刻，一直在平原（今山東德州）堅持抗戰的顏真卿站了出來。

得知李亨在靈武繼位，顏真卿馬上寫了一道奏表，將其封藏在蠟丸中派人送到了靈武。

李亨為顏真卿的忠貞所打動，不僅加封他為工部尚書兼御史大夫，還給他寫了一封詔書，勉勵他繼續為國盡忠。

接到詔書後，顏真卿立即命人將其傳諭附近的河北諸郡以及河南、江淮等地。

這些地區的人這才知道年富力強的太子李亨已經成了新皇帝，人心又重新振作起來。

但人心畢竟代替不了實力。

在史思明的猛烈進攻下，以地方武裝為主的河北唐軍在抵擋了一段時間後開始逐漸頂不住了——九門（今河北槁城西北）、槁城（今河北槁城）、趙郡（今河北趙縣）、常山（今河北正定）等河北中北部各郡縣紛紛陷落。

隨後史思明又領兵南下，與另一名叛軍將領尹子奇合兵，進圍河間（今河北河間）。

唐河間守將李奐一面率部死守，一面向周圍各州郡求援。

顏真卿派部將和琳帶兵一萬兩千人前往救援，卻在半路中了叛軍的埋伏，全軍覆沒。

最終河間城在堅守了四十多天後被叛軍攻陷，李奐也被俘殺。

之後叛軍又乘勝攻克景城（今河北滄州），進逼顏真卿所在的平原。

由於麾下主力已在援救河間時損失殆盡，顏真卿沒有再做無謂的抵抗，而是含著眼淚撤出了他堅守了整整一年的平原。

他已經盡力了。

他也已經力盡了。

他先是渡過黃河南下，之後又經荊州、襄陽等地輾轉北上，於次年四月抵達關中，見到了皇帝李亨，被任命為刑部尚書。

失去了顏真卿這個精神領袖，河北南部各郡縣群龍無首，很快就被史思明各個擊破。

整個河北，就這樣全部落入了史思明的囊中！

剪不斷，理還亂

一個接一個的噩耗讓李亨的心情無比低落。

之前他有多樂觀，現在就有多悲觀！

之前他抱有的希望有多大，現在的失望就有多大！

之前他說起慷慨激昂的大話來一套又一套，現在卻恨不能找根繩子往脖子上一套！

他憂心忡忡地問李泌，唉，敵軍如此強大，不知何時才能平定？

沒想到李泌的回答卻非常樂觀：不出兩年，天下就太平了。

李亨很不解，先生為什麼這麼說？

李泌解釋道，我聽說叛賊將他們所劫掠的錢財全部都運到了老巢范陽，這說明賊人根本就沒有雄踞四海之志！立場決定下場，格局決定結局，像安祿山這種鼠目寸光的人，怎麼可能長久！

接著他又進一步分析說，叛軍中的驍將，只有史思明、安守忠、田乾真、張忠志、阿史那承慶等幾個人。如果陛下命李光弼從太原進入河北，郭子儀從馮翊（今陝西大荔）進入河東（今山西西南部），那麼史思明、張忠志必然不敢離開范陽，安守忠、田乾真不敢離開長安，如此一來，安祿山身邊能打的，就只剩下一個阿史那承慶。

陛下親自坐鎮扶風（今陝西鳳翔），與郭子儀、李光弼輪流出擊，叛軍救頭部我們就攻擊其尾部，叛軍救尾我們就攻擊其頭部，讓他們在千里長的戰線上來回奔命，我軍則以逸待勞，敵來就走，敵走就追，不攻城，不阻路，不到一年，敵軍必然會疲憊不堪。然後陛下再命建寧王為范陽節度使，讓他從塞北出擊，與李光弼南北並進，直搗范陽。賊軍被斷掉了退路，必然軍心大亂，到時我軍再從四面合圍洛陽，安祿山等賊首只能束手就擒！

聽了李泌的這番話，李亨心頭的陰影頓時消失得無影無蹤。

他忍不住大聲叫好：先生真乃神人也！

不過，儘管李亨對李泌極為看重，但有一個人對李泌卻很是不爽。

此人是李亨的寵妃張氏。

說起來，張氏和李亨還是親戚——她的祖母是李隆基生母竇氏的親妹妹，她也因這層關係而被選入東宮，封為良娣——良娣是太子姬妾的封號，僅次於太子妃。

由於當時太子妃韋氏已被廢黜，張良娣是太子眾多姬妾中地位最高的一個，加上她性情乖巧，善解人意，因此深受李亨寵愛，無論到哪裡，李亨都將她當成居家旅行必備，時刻帶在身邊。

從馬嵬分兵北上靈武的時候，張良娣已經懷有七八個月的身孕，行動很不方便，但每晚睡覺的時候，她都要睡在外側，讓李亨睡在裡面。

李亨很奇怪：你這是為什麼呢？

張良娣回答，現在形勢這麼亂，殿下的衛兵又不多，萬一發生不測，緊急情況下臣妾可以幫您抵擋一下——我這個大肚子能擋住的陰影部分面積還是很大的，這樣您就可以爭取到更多的時間從後面撤離。

李亨聽了非常感動——這個女人為了我寧可獻出自己的生命，我還有什麼理由不對她好！

抵達靈武不久，張良娣就生產了。

產後僅僅三天，她就強撐著虛弱的身體，搖搖晃晃地為前線將士縫製衣服。

李亨勸她不要這麼辛苦。

可她不僅堅持不肯，還說這是我應該做的……

李亨又一次被她的話深深地打動了。

她真的既貼身又貼心，既溫暖又溫柔，而且關鍵時刻還能保護我！

但後來發生的事卻證明，張良娣的這些舉動，很大程度上是在作秀。

這一點從下面這件事上就可以看出來。

當時太上皇李隆基派人送給張良娣一個鑲滿了名貴珠玉的馬鞍，李泌對皇帝李亨說，如今正是國家危難之際，大家都在過緊日子，良娣還是不要用這樣奢侈的東西為好。不如把上面的珠玉拆下來，將來賞賜給有戰功的將士。

按照張良娣之前表現出來的那種深明大義、大公無私的行為，李亨本以為她對此應該會是極力贊成的。

不料這回張良娣的反應卻令人大跌眼鏡。

她陰陽怪氣地對李泌說：大家鄉里鄉親的，何必這樣呢！——她和李泌都是京兆（今陝西西安）人，算得上是老鄉。

這次李亨還是聽從了李泌的勸告，耐心地做張良娣的工作：先生這是為了國家好……

最後張良娣只能無奈地同意。

從此，她和李泌就結下了解不開的樑子。

她在心中默默發誓：滴水之仇，必將湧泉相報！

不過，這點小事並沒有影響皇帝李亨對她的感情。

李亨對她依然還是很不錯的，甚至還曾一度打算把她立為皇后。

沒想到這事竟然又被李泌搞黃了。

那次，李亨對李泌說，良娣的祖母是昭成太后（李隆基生母）的妹妹，太上皇非常懷念她。為了告慰太上皇之心，朕打算立良娣為皇后，你覺得怎麼樣？

李泌馬上就表示反對：陛下在靈武是為了國家才不得不繼位的。我覺得像冊立皇后這樣的家事，還是等太上皇回來後再決定吧。

李亨覺得有道理，便再次聽從了李泌的意見。

平心而論，李泌這麼做並不是針對張良娣，而完全是出於公心。

畢竟，李亨是非正常繼位的，過早地冊立皇后會給天下人留下不好的印象——當皇帝那是形勢所迫為了挽救國家危亡而不得不從權，立皇后可沒必要這麼猴急！

可張良娣卻不會這麼想。

在她看來，李泌就是在成心跟她作對！

此後，她對李泌更是恨之入骨。

李泌是個聰明人，當然不會不知道張良娣的心思。

然而他對此似乎毫不在意，依然是該吃就吃，該喝就喝，該睡就睡，該剪指甲就剪指甲……

疾惡如仇的建寧王李倓卻看不過去了。

他私下對李泌說，先生凡事都為我著想，我無以回報，想為先生除掉一害。

李泌很奇怪：四害有蒼蠅、蚊子、老鼠、蟑螂？不知你要除的是哪一害？

李倓咬牙切齒地回答：張良娣！

李泌連忙阻止：建寧王千萬不要衝動。這不是你該說的話，今後也不要再提了。

實際上，李倓之所以如此痛恨張良娣，除了李泌，還有一個更重要的原因——他早就看出張良娣這個人用心險惡居心叵測，有廢掉皇嗣廣平王李俶、立她所生兒子李佋為太子的企圖！

為此，年輕氣盛的他經常在父親李亨面前直言不諱地揭發張良娣的狼子野心。

李亨當然不會相信。

在他眼裡，張良娣只會撒嬌，從不撒潑，有才有貌，德藝雙馨，政治意識強。無論哪個方面都是完美的，都是絕對不能被質疑的——就和物理學中的牛頓三大定律絕對不能被置疑一樣。

因此，李倓的話非但沒起什麼作用，還產生了嚴重的副作用——他的父親李亨對他越來越反感，張良娣對他越來越惱火。

最終，張良娣下決心要除掉李倓這個惹是生非的傢伙。

這對她來說，並不是一件難事。

因為她並不是一個人在戰鬥。

她有一個強大的盟友——李亨的心腹宦官李輔國。

李輔國這個人其實之前已經出過場了，他跟隨李亨多年——早在李亨當太子時他就是李亨的貼身侍從，在馬嵬驛之變和北上靈武自立等一系列改變李亨命運的事件中，李輔國都起了很大的作用。

李亨繼位後，李輔國更是深得信任，掌握了宮禁大權。

見張良娣極其得寵，隨時有可能登上皇后寶座，李輔國便主動向她靠攏，兩人結成了同盟。

雙劍合璧，對付區區一個李倓，自然是不在話下。

一個在伺候李亨睡覺時吹枕邊風，一個在伺候李亨如廁時吹廁邊風，抓住一切機會在李亨面前攻擊李倓，說李倓對自己沒當上元帥懷恨在心，企圖謀害哥哥廣平王李俶，覬覦太子之位。

一邊是自己的兒子，一邊是自己的寵妃和心腹宦官，該站在哪一邊呢？

對很多人來說，這是個問題。

但對李亨來說，這根本不是個問題。

他勃然大怒，根本沒給李倓任何申訴的機會，馬上下詔將李倓賜死。

我個人覺得，李亨之所以會這麼做，除了張良娣的誣告，也許還因為他本人對李倓也抱有戒心——李倓這個人能力太強，鋒芒又太外露，很不安分，他擔心會在將來惹出麻煩，甚至造成動亂。

李白和高適：友誼的小船說翻就翻

在李亨心目中，不安分的人除了李倓，還有另一個宗室——他的弟弟永王李璘。

前面說過，李隆基在逃亡路上曾封李璘為江陵（今湖北江陵）大都督、山南東道等四道節度使，受封後，李璘動作極快，馬上就趕赴江陵上任。

當時江淮的財賦大多透過江陵中轉，那裡的府庫存有大量錢糧，有錢好辦事，李璘到任後立即拿出一大筆錢財，招募了數萬兵馬。

有錢，有兵，有武器，還有號召力（李璘是正宗皇子），在這樣的亂世，有如此優越的條件卻不幹點大事，就好比一個長得國色天香又有滿腹才華的名校海歸美女博士在菜場裡每天給顧客刮魚鱗——實在是有些暴殄天物。

李璘手下的一些野心家趁機勸他割據江南，甚至逐鹿天下。

李璘有沒有同意？

這個我不知道，我只知道在李亨下旨要求李璘返回蜀地的時候，李璘不僅拒不奉詔，還浩浩蕩蕩地率大軍沿江東下，大有奪取江東之勢。

李亨聞訊大驚，連忙封侍御史高適為淮南（治所今江蘇揚州）節度使、南陽太守來瑱為淮西（治所今河南汝南）節度使，命他們與江東（治所今江蘇蘇州）節度使韋陟一起聯手對付李璘——淮南節度使、淮西節度使都是首次設立，可見安史之亂前只在邊疆設立的節度使此時已在內地遍地開花。

李璘軍雖然聲勢很大，可畢竟大多數人馬都是新招募的烏合之眾，而且在這時候搞分裂也很不得人心，因此在政府軍強大的宣傳攻勢和軍事攻勢面前很快就土崩瓦解了，李璘本人也在逃亡的路上被擒殺。

李璘死後，他的黨羽大多被抓捕問罪，其中就有一個大名鼎鼎的人物——著名詩人李白。

李白那段時間本來隱居在廬山，永王李璘盛情邀請他擔任自己帳下的幕僚，為自己出謀劃策。一直心懷建功立業夢想的李白當即欣然受命，隨永王一起東下，途中還寫下了十一首熱情洋溢的組詩〈永王東巡歌〉，歌頌永王的功績，抒發自己的抱負。

其中有一首是這麼寫的：

三川北虜亂如麻，四海南奔似永嘉。但用東山謝安石，為君談笑靜胡沙。

詩中他把自己比作在淝水之戰中擊敗前秦的東晉名相謝安，談笑間就可以讓強虜灰飛煙滅。由此可見他的志向有多麼遠大！

不過，在這個世界上，志向遠大的人很多，但沒實現志向的人更多。很不幸，李白就是其中的一個。

他不僅沒能成就「談笑靜胡沙」的佳話，反而成了個笑話。

因為他上的是賊船——永王被定性成了反賊！

李璘兵敗後，李白也被下獄。

在獄中，李白想到了自己多年前的好友高適。

西元七四四年，時年四十四歲的李白從翰林待詔的職位上被李隆基賜金放還，在洛陽結識了三十三歲的杜甫，之後李、杜結伴而行，途中又遇到了四十一歲的高適，三個當時都懷才不遇的大詩人同游梁宋（今河南開封、商丘一帶），詩酒唱和，為中國文學史留下了一段傳奇。

杜甫晚年在〈遣懷〉詩裡深情回憶了三人同遊的場面……憶與高李輩，論交入酒壚。兩公壯藻思，得我色敷腴……

可見那時三人的友誼是非常深的。

然而十幾年後，他們的境遇卻大不相同。

高適因曾勸阻李隆基不要分封諸王到各地而得到了當今皇帝李亨的賞識，現在已是坐鎮淮南的平叛主帥，而李白卻成了參與反叛的階下囚。

為了保命，李白發揮自己的特長寫了首詩〈送張秀才謁高中丞〉，托人送給高適。

詩中李白不僅對高適大加讚頌「高公鎮淮海，談笑卻妖氛」（幾個月前他還在詩中吹捧永王李璘是賢王，現在卻把李璘稱作妖氛，可見李白不僅詩寫得快，臉變得也夠快），還委婉地表達了求救之意：但灑一行淚，臨歧竟何云──在這個時候我也不知道說什麼好，也許一行眼淚就說明了一切！

這話看起來似乎什麼也沒說，但其實什麼都說了。

他相信高適會懂的。

可惜他錯了。

高適似乎根本沒懂，或者假裝根本沒懂。

總之，他沒有任何的反應。

友誼的小船說翻就翻，李白大受打擊。

我把你看得如此重要，你卻把我當成了長江裡的一泡尿——有沒有都無所謂！太傷自尊了！

好在天無絕人之路，後來有個比高適更重量級的人物——郭子儀為他說情，李白最終免於一死——只是被流放到了夜郎（今貴州桐梓）。

而幾乎就在李白倒楣的同時，與他和高適曾經一起同游的杜甫也遭遇到了厄運。

杜甫：「三吏」、「三別」

杜甫出身名門，祖父是著名詩人杜審言，父親也曾在各地擔任地方官，作為官三代，他從小家境不錯，受到了良好的教育。

和很多年輕人一樣，杜甫也有著凌雲的壯志，這從他那時的詩句可以看出來：會當凌絕頂，一覽眾山小！

可他雖然博學多才，運氣卻相當不好，連續數次參加科舉都沒有中第——其中西元七四七年的那一次尤為可惜，當時身為宰相的李林甫為了營造野無遺賢的假像，竟然一個都沒錄取！

那時他的父親已經去世，杜甫客居長安，迫於生計不得不擔任右衛率府兵曹參軍（低階官職，負責看守兵器甲仗和管理門禁鎖鑰）之類自己之前看不上的不入流的小官，然而憑藉那點微薄的薪水，要養活一家人依然十分吃力，有一次他從長安回到奉先縣（今陝西蒲城，杜甫把家安在那裡）家中的時候，竟然發現他的小兒子被活活餓死了！

年少時的理想是要拯救世界，現在卻連自己的兒子都拯救不了！可以想像，此時的杜甫該有多麼悲憤，多麼無奈！

他奮筆疾書，一氣呵成地寫下了他人生中的第一首長詩〈自京赴奉先縣詠懷五百字〉，深刻地反映了安史之亂前隱藏在盛世光環下的尖銳的社會矛盾，其中「朱門酒肉臭，路有凍死骨」這一千古名句更形象地揭示了那時貧富極為懸殊的殘酷現實！

安祿山叛亂後，杜甫陷於長安，後冒著生命危險逃出，投奔剛稱帝不久的唐肅宗李亨。李亨覺得他忠心可鑒，便封他為左拾遺（皇帝身邊的諫官）。

左拾遺雖然級別不高——僅僅是從八品，但由於屬皇帝近臣，如果做得好，前途還是很光明的！估計那時的杜甫也以為這會是他走向巔峰的起點，萬萬沒想到這竟然會是他一生仕途的頂點！

事實上，他在左拾遺這個職位上只做了一個多月的時間。

那時宰相房琯因兵敗陳濤斜等原因而被李亨下詔免去宰相職務，其他人倒沒說什麼，杜甫卻跳了出來為房琯鳴冤，惹得李亨大怒：你誰啊！真是浴缸裡跳水——不知深淺！

李亨覺得，杜甫不適合左拾遺這個崗位，因為他實在太不合時宜了！

——提醒一下，這裡有個諧音梗。

就這樣，杜甫被貶出了朝廷——被貶為華州（今陝西渭南華州區）司功參軍。

在此期間，他曾離開華州赴洛陽等地探親，途中因見到戰亂帶給百姓的災難而寫下了著名的「三吏」（〈新安吏〉、〈石壕吏〉、〈潼關吏〉）和「三別」（〈新婚別〉、〈垂老別〉、〈無家別〉）。

從杜甫這一時期的詩中，可以看出當時的百姓有多麼苦難！

第十七章 峰迴路轉

安祿山之死

毫無疑問，造成這一切的罪魁禍首就是安祿山！

也許是做的壞事太多，安祿山也沒得意多長時間。

范陽起兵後不久，安祿山的眼睛就逐漸看不清東西了，後來越來越嚴重，幾乎成了瞎子；更讓他難受的是，他身上還長了很多毒瘡，經常潰瘍，搞得他苦不堪言——現代有專家根據史書上的這些記載判斷，安祿山的症狀似乎有點像糖尿病的併發症，他很可能是得了嚴重的糖尿病，不過那時候的人根本不知道什麼糖尿病，故而安祿山請了很多醫生都對他的病束手無策。

身體上的痛苦，讓安祿山的性情變得十分暴躁，稍有不如意就大發雷霆，對部屬動不動就大肆鞭打，甚至還隨意殺人。

那些陪侍在他身邊的人，上自宰相大臣，下至宦官侍從，全都遭到過他的毒打，每次見到安祿山都心驚膽戰。

誰都不知道，安祿山什麼時候會發脾氣；誰都不知道，自己什麼時候會人頭落地。

那個時候，他們這些人甚至連買芒果都不敢買顏色青的，因為誰也無法保證，等到芒果成熟時自己是不是還活著！

宰相嚴莊不願過這種朝不保夕的日子。

他決定做掉安祿山。

這樣的大事，當然不是嚴莊一個人能幹得了的。

為此，他找了一個強大的盟友安祿山的次子安慶緒。

安慶緒精於騎射，作戰驍勇，深得安祿山的喜愛，加上他的長兄安慶宗早在安祿山剛起兵的時候就被殺了，安慶緒一直認為自己肯定會是父親順理成章的繼承人，沒想到安祿山由於寵愛小妾段氏，竟然打算立段氏所生的幼子安慶恩為皇儲！

安慶緒對此完全不能接受，心裡很不平衡。

這當然是可以理解的——如果一個人好不容易抽到了五百萬大獎，所有人也都認為他獲得了大獎，然而就在他準備領獎的時候，卻突然發現頒獎機構透過暗箱操作把大獎頒給了別人，你說他怎麼可能不怨氣沖天呢？怎麼可能不想為自己討個公道呢？

因此，當嚴莊找到他並許諾事成後立他為主的時候，他毫不猶豫就答應了。

接下來還缺一個具體執行的人。

這個人，嚴莊選擇的是安祿山的貼身宦官李豬兒。

李豬兒是契丹人，從十幾歲開始就跟隨安祿山，安祿山的肚子太大，行動很不方便，每次穿、脫衣服都要好幾個人協助，其中李豬兒的作用最為關鍵——他是專門負責用頭把安祿山像小山一樣的肚子頂起來的，不然安祿山根本無法穿衣褲、繫腰帶。

由於跟安祿山接觸得最多，李豬兒挨的打也是最多的。他對安祿山早已懷恨在心，所以他也願意配合嚴莊。

一切準備就緒，嚴莊開始行動了。

西元七五七年正月初五深夜，安祿山睡得正酣，鼾聲如海浪般此起彼伏，一浪高過一浪。

三人悄悄摸進了安祿山的寢宮。

進去後，嚴莊和安慶緒拿著兵器守在寢帳外，李豬兒則手持大刀進入了帳內，隨即掀開被子，揮刀向安祿山的肚子一陣猛砍。

安祿山發出一聲聲淒厲的慘叫，不過他並沒有馬上斷氣，還在掙扎——由於眼睛看不見，他只能伸手去摸自己常年放在枕頭邊的佩刀，然而倉促之間卻沒有摸到，只摸到了一根帳竿。

他只能一邊徒勞地搖著帳竿，一邊用盡最後的力氣大喊大叫：這一定……是……家賊幹的！

恭喜你，答對了。

可答對了又能怎樣？

說完這句話，他就什麼也說不出來了。

五十五歲的安祿山就這樣死了，死得很慘——床上、地上到處都是散落的人體碎片……

李豬兒要是去剁餃子餡，肯定是一把好手！

習慣於背叛的安祿山最終死於家人的背叛。

也許，這就是報應吧。

可惜這報應來得還是太晚了。

很多人都說，歷史人物是複雜的，要一分為二地看待他們，每個人都有正面的因素，也有負面的因素，然而要從安祿山身上找到正面的因素，其難度卻不亞於從豆腐裡找到骨頭。

因為安祿山為了一己之利掀起的這場叛亂，給人們帶來的傷害實在是太大了！

按照唐人杜佑所著的《通典．卷七．歷代盛衰戶口》記載，安史之亂前的西元七五五年，唐朝的總人口有五千二百多萬人，而到了西元七六〇年，總人口卻只剩下了不足一千七百萬，也就是說在短短五年的時間裡，唐朝的人口減少了三分之二還多！

雖然這個資料可能會有隱瞞戶口等因素不完全準確，但毫無疑問，在這場劫難中喪生的百姓數量是極其巨大的！

如果把安史之亂前的大唐帝國比作一個精美的瓷器，那麼安史之亂後就只剩下了一地碎片，而那個率先動手打破瓷器的人，就是安祿山！

他是毀了大唐帝國和無數百姓生活的最主要的責任者！

他不僅是史上最胖的破壞者，也可能是史上最大的破壞者！

這樣的人，當然只能被釘在歷史的恥辱柱上。

扯遠了，還是回到現場吧。

安祿山被殺的時候，寢宮內雖然有幾個宦官和宮女，可他們早就被嚇得魂飛魄散，沒人敢動——其實也沒人想動——安祿山早已失去了人心，誰也不願再為安祿山賣命。

嚴莊囑咐他們這些人不得對外洩露任何消息，否則全部格殺，隨即又命他們動手給他們之前的主子挖坑——在床下掘了個超大號的深坑，將安祿山的屍體用毛氈包裹就地掩埋。

次日清晨，嚴莊在朝堂上宣布安祿山病危，傳位給次子安慶緒。

安慶緒隨即繼位，尊安祿山為太上皇。

數日後，安慶緒才對外公布了安祿山的死訊。

安祿山建立的大燕政權，就此進入了安慶緒時代。

而安慶緒這個人雖然四肢發達，頭腦卻極其簡單，外表長得人五人六，說起話來卻顛三倒四，即使讓他唸一段別人擬定好的詔書，他也念得吞吞吐吐，雲裡霧裡，別說別人了，連他自己也不知道在說什麼。

嚴莊覺得他這個樣子難以服眾，便乾脆讓他待在深宮，不要隨便出來——老弟呀，我看你以後還是儘量少拋頭露面了，你那不是露面，是露餡兒！

安慶緒也樂得如此，他乾脆加封嚴莊為御史大夫、馮翊郡王，把軍國大事全都交給嚴莊處理，自己則躲在深宮，日夜飲酒泡妞，過起了沒羞沒臊的幸福生活……

相比之下，他的對手唐肅宗李亨的責任心則要強得多。

安祿山的死，對正處於內憂外患中的李亨來說，無疑是天大的好消息。

他對平叛又重新充滿了勝利的信心。

西元七五七年二月，他帶領文武百官進駐鳳翔（今陝西鳳翔），將這裡作為自己的前敵指揮部，開始部署對叛軍的全面反擊。

太原保衛戰

首先出手的是李亨最倚重的大將郭子儀。

郭子儀率朔方軍從洛交（今陝西富縣）出發，悄悄渡過黃河，於深夜神不知鬼不覺地進抵河東（今山西永濟）城下。

由於郭子儀已在城內聯繫好了內應，城門已打開，唐軍沒費多大力氣就占領了城池。

駐守河東的，是曾在靈寶一戰中擊敗哥舒翰的叛軍大將崔乾祐，因事發突然，崔乾祐根本來不及組織防守，只能狗急跳牆縋城而逃，接著馬上組織駐紮在附近的叛軍發起反撲。

然而勝利似乎總是偏愛有準備的人，倉促出擊的崔乾祐不敵早已在城頭嚴陣以待的郭子儀，被打得大敗，只好帶著殘兵狼狽地逃往安邑（今山西運城）。

沒想到當地軍民已經反正，等叛軍進去了一半他們突然關閉城門，隨後關門打狗，將入城的叛軍全部殲滅。

崔乾祐走在隊伍後面，一看情況不對，慌忙掉頭就跑，總算逃回了洛陽。

河東就此光復。

幾乎就在郭子儀奪取河東的同時，他的老搭檔李光弼也在太原取得了一場來之不易的勝利。

李光弼這次的對手，是老冤家史思明。

自從掃平河北後，史思明就把自己的下一個進攻目標放在了太原。

這一點他是經過深思熟慮的。

一方面，太原的地理位置極其關鍵，唐軍只要占有太原，就隨時都可能東下威脅河北這個叛軍的老巢，這令史思明始終感到如芒刺在背，連睡覺都睡不安穩；另一個更重要的原因是，他聽說李光弼麾下只有不滿萬人，且大都是地方上的團練兵，其戰鬥力和史思明手中這支百戰精兵相比，就如同「跳樓大拍賣，最後三天，樣樣十元」的鄉下街頭小店和巴黎香榭麗舍大道上的老佛爺百貨相比——差了不曉得多少個檔次！

這樣一個捏軟柿子的良機，他當然不會白白錯過。

西元七五七年正月，史思明與另三名叛軍大將蔡希德、高秀岩、牛廷玠分別從博陵（今河北安平）、太行、大同（今山西大同）、范陽（今北京）四地同時出兵，合計約十萬人，氣勢洶洶直撲太原。

得知十倍於己的叛軍大舉來攻，太原城內的唐軍諸將全都大驚失色。

他們紛紛提議將城牆加高加厚，以便於防守。

但李光弼卻力排眾議：叛軍馬上就要到了，而太原城的周長足有四十里，現在修城根本就來不及，更何況，還沒見到敵人就把自己搞得疲憊不堪，怎麼能應戰呢？

將領們雖然心中有些不解，也有些不服，可卻沒一個人敢提出異議。

因為李光弼的那股狠勁，他們是親身領教過的。

之前李光弼赴太原上任前，皇帝李亨因對原太原尹王承業的表現不滿意，先派侍御史崔眾收了王承業的兵權，然後再命他轉交給李光弼。

崔眾性情驕橫，不僅在李光弼到任時沒有及時交出兵權，而且對李光弼的態度也很不禮貌。

李光弼勃然大怒，當場下令將崔眾拿下拘押。

正好這時皇帝派使者帶著詔書來到太原，讓崔眾接旨，說要晉升他為御史中丞。

李光弼對使者說：崔眾有罪，已經被拘押了。

使者大驚，慌忙拿出詔書給李光弼看。

沒想到李光弼不僅不依照詔書放人，還甩出了這樣一句狠話：今只斬侍御史；若宣制命，即斬中丞；若拜宰相，亦斬宰相！

那意思是說，皇帝封崔眾哪個官職，我就按照哪個官職殺他，哪怕封他為當朝宰相，也照殺不誤！

李光弼說到做到，次日就將崔眾梟首示眾。

連皇帝的面子都不給，誰還敢再惹他！

從此，將領們都對李光弼無比敬畏。

按照史書的說法是「（李光弼）每申號令，諸將不敢仰視」。

就算李光弼讓他們上刀山、下火海、被人使勁撓癢癢而不准笑，他們也沒人敢不照做！

當然，李光弼在軍中的威望靠的不僅僅是他說一不二的嚴厲，更是他無與倫比的戰績。

在戰場上，他智計百出，各種出人意料的點子如當今商家的促銷手法一樣層出不窮。

這次也是這樣。

在得知叛軍即將到來的消息後，李光弼沒有採取常規的方案修繕加固城牆，而是親率士卒與百姓在城外掘了很多壕溝，並用挖出的泥土製作了數十萬塊土磚。

大家都莫名其妙，不知道主帥葫蘆裡究竟賣的是什麼藥。

等到叛軍開始攻城的時候，唐軍將士才發現了這些土磚的妙用——一旦城牆有任何破損之處，李光弼就第一時間讓人用這些土磚把缺口補上，隨壞隨補。

如此一來，太原的城牆雖未經事先修繕，可用這種更省時更省力的方式，也達到了類似的效果。而且瞬間就可補好的城牆，還大大挫敗了敵方的士氣！

是呀，費了九牛二虎之力付出無數生命代價才好不容易打開的缺口，對手卻不費吹灰之力就修好了，你說這氣人不氣人！

見戰事遠不如想像中的那樣順利，史思明也急了。

他下令從河北調來了一批攻城器械，由三千蕃兵護送，沒想到李光弼事先探知了消息，在叛軍必經之路的廣陽（今山西平定）設下埋伏，全殲了三千蕃兵，所有的攻城器械也都被付之一炬。

就這樣，史思明帶著十萬大軍在太原城下猛攻了一個多月，卻始終一無所獲。

大軍兵於堅城之下乃兵家大忌，史思明當然也知道這個道理。

他決定改變策略，不再一味硬來。

他從軍中挑選出了一批最精銳的士兵，組建了一支機動部隊，叮囑他們說：我如果從北面發起攻擊，你們就悄悄迂回到南面；我如果打東面，你們就從西面包抄。只要發現哪裡防守薄弱、哪裡有破綻，你們就立即從那裡攻進去！

然而他這次又錯了。

要想從李光弼布置的防線中找到破綻，簡直比從菜場上賣的河蚌中找到珍珠還難！

李光弼治軍極嚴，即使沒有發現敵軍，守城士兵也都從不懈怠，從不開小差；即使是在深更半夜，巡邏隊也到處巡邏，從不間斷，叛軍的機動部隊根本找不到任何下手的機會，一段時間後只能作罷。

一計不成又生一計，史思明又派人天天到城下叫罵，罵得極其難聽，企圖以此激怒李光弼，逼他出城決戰。

有一次，那個叛軍士兵正仰著頭罵得起勁，眨眼間竟然消失了。

就彷彿鹽消失於開水中，彩虹消失於天空中，少年時的理想消失於一地雞毛的生活中，他的人影消失在了茫茫的大地中。

這到底怎麼回事？

難道李光弼會變法術？

當然不是。

事實是這樣的：

李光弼特別注重選拔人才，不管什麼人只要有一技之長，他都會量才錄用，做到人盡其才。

唐軍中有三個士兵曾在鑄錢廠裡面幹過採礦工作，善於挖掘地道，李光弼便讓他們挖了條地道，一直通到叛軍叫罵的人所在的地方，一下子將其拽了下來，隨後押到城頭斬首。

這樣的事之後又連續發生了好幾次。

叛軍全都嚇壞了。

從此他們走路都不敢抬頭，眼睛一直死死地盯著腳下，就怕有什麼異樣。

這個李光弼實在是太神出鬼沒了。

儘管屢遭挫折，頑強的史思明依然不肯放棄。

因為他知道，除了變老，世界上沒有一件事是隨隨便便就能成功的。

他命人製作了一批飛樓（攻城用的一種樓車）、雲梯，同時還堆起了好幾座土山，企圖憑藉這些工具讓叛軍士兵強行登城，沒想到依然還是徒勞——他的飛樓、雲梯、土山到哪裡，李光弼就把地道挖到哪裡，這些飛樓、雲梯、土山往往瞬間垮塌，上面的叛軍則不是被摔死就是被活埋……

此時的史思明已經打瘋了。

他不顧傷亡，依然指揮部下不顧一切地拼命猛攻。

戰鬥異常慘烈，叛軍前仆後繼，潮水般一波接著一波往上衝。

李光弼卻依然不慌不忙。

他對此早有預料，早就準備好了一種對付密集衝鋒最有效的重型武器——巨型拋石機。

這種拋石機經過專門的設計，每次使用要兩百人才能啟動，威力極其巨大——一發石彈往往能砸死幾十人！

見身邊的戰友一個個被砸成肉餅，叛軍徹底崩潰了。儘管史思明還在不斷地下命令「不往前就是死！」，可他們就是死也不往前——而是全都爭先恐後地往後逃。

見戰勢不利且難以挽回，史思明也只能長嘆一聲，下令讓部隊退到拋石機的射程外安營紮寨。

但退並不代表認輸。

至少史思明是這麼想的。

見和李光弼直接交手難有勝算，他決定利用自己的兵多優勢，改用常圍久困之法。

他下令全軍將太原城團團圍住，卻始終圍而不攻——只等城內糧草耗盡，他自然就不戰而勝了。

沒過幾天，這一方法就顯現出了效果。

李光弼撐不住了，派人出城請降。

史思明大喜。

到了約定的日期，數千名唐軍果然打開城門，低著頭舉著白旗前往叛軍營地投降。

叛軍上下都興高采烈地出營圍觀這一難得的盛況。

一時間，叛軍的營門前裡三層外三層站滿了人，黑壓壓的一片，密集得連一隻蒼蠅都穿不過去。

此時突然霹靂一聲震天響，他們站的地面大面積塌陷，千餘名叛軍頓時被活埋！

原來，李光弼早就透過地道將叛軍營門前地下一大塊地方都挖空了，只暫時用木柱撐著，現在見時機已到，便命人將木柱引燃燒掉，地面自然瞬間垮塌！

遭此變故，叛軍頓時亂作一團。

李光弼乘機率軍出擊。

此時叛軍每個人的腿肚子都是軟的——我站的這塊地方，該不會也是空心的吧？

站都站不穩，怎麼可能打得過如猛虎下山一般的唐軍？

此役叛軍一敗塗地，被斬殺了萬餘人。

一次接一次的失敗讓史思明終於失去了信心。

他之前引以為豪的是自己意志堅強、頭腦靈活、點子多，而現在和李光弼相比，顯然李光弼意志更堅強，頭腦更靈活，點子更多！

要想戰勝李光弼，實在是太難了！

怎麼辦？

他苦思冥想，卻始終感覺無法可想。

他千方百計，卻始終感覺無計可施。

除了三十六計的最後一計。

可是，雄赳赳地來，灰溜溜地走，這不是太沒有面子了嗎？

他現在最需要的，是一個合適的藉口。

藉口就和屁一樣——總是說來就來。

沒過多久，剛登基的新皇帝安慶緒給他發來了一紙調令。

原來，因安祿山的死訊已經傳開，安慶緒生怕老巢范陽有變，急忙加封史思明為媯川郡王，同時命他立即率軍回防范陽。

史思明如蒙大赦，一刻也沒有耽擱就馬上帶領所部撤回了范陽。

史思明走後，蔡希德等人當然更不可能是李光弼的對手了。

由於久攻不下，屢戰屢敗，加上得知安祿山死了，叛軍軍心動搖，士氣低落。

見戰機已到，李光弼親自率敢死隊出城突擊，最終大獲全勝，斬殺七萬多人——必須說明的是，這個數量是史書的記載，實際上應該是有很大水分的。

不過，叛軍損失慘重應該是毫無疑問的——因為此戰過後蔡希德就狼狽退軍了。

李光弼就這樣取得了太原保衛戰的勝利，又一次創造了奇蹟！

捷報傳到鳳翔，李亨也大為振奮，當即加封李光弼為司空兼兵部尚書，並晉爵魏國公。

第十八章
收復兩京

世上無難事，只要肯付出

人在順利的時候，好事往往就和江南梅雨季節的雨一樣——一旦開始就停不下來。

李亨現在就是這樣。

太原大捷後沒過幾天，隴右、河西、安西以及西域的大批援兵也相繼抵達鳳翔，與此同時，從江淮經長江、漢水又運來了無數的財貨……

一時間，唐軍實力大增，人馬多得城內外都待不下，糧草多得倉庫裡都放不下……

財大了，氣就粗。

李亨也越來越躊躇滿志，越來越舍我其誰，越來越說一不二——當然，他也不是不聽別人的意見，如果你說的東西和他的想法一樣的時候，他還是很樂於聽取的。

李泌建議按照之前擬定的策略，派安西及西域的軍隊繞道塞北，從媯州（治所今河北懷來）、檀州（治所今北京密雲）南下，直取叛軍老巢范陽。

沒想到李亨卻堅持不同意：現在大軍已集，應該乘勢直搗長安、洛陽，您卻偏偏繞道東北數千里先取范陽，這不是捨近求遠嗎？這不是吃飽了撐的嗎？

李泌很納悶：咱們前段時間不是說得好好的嘛，堂堂一國之君，怎麼變起心來比渣男還要快？

無奈，他只能耐著性子再次苦苦勸諫：范陽才是叛軍的根本，先打兩京等於是送敵歸巢，叛軍肯定還會再次強大起來，從長遠來看這不是良策呀……

然而李亨還是不答應。

李泌又詳細分析說，我們軍隊的主力，大多是來自西北各鎮的守軍以及西域各國的胡兵，他們不怕冷，卻怕熱，若憑藉他們新來的銳氣，攻打叛軍久戰疲憊之師，取勝肯定是不在話下的，可是現在兩京已是春暖花開，天氣一天比一天熱，若叛軍糾集餘眾，退回老巢范陽，而我軍將士則因耐不住中原的暑熱，人心思歸，難以久留，到時候叛軍必然捲土重來，這樣一來，這場戰事的結束就變得遙遙無期了。因此，我認為我們應先集中兵力端掉叛軍的老巢范陽，這樣才能一舉平息叛亂，一勞永逸！

李亨沉默了，半晌才說，你講的也不是沒有道理。但朕急於收復兩京，迎接太上皇回來，不能照你說的做。

這也許才是他執意要先打兩京的真正原因。

是呀，他畢竟不是正常繼位的，帝位的合法性始終是他的一塊心病，只有收復了長安，接太上皇回京，隨後讓太上皇親手將帝位傳給他，履行好所有該履行的手續。他這個皇帝才能當得安心！

在他看來，這才是壓倒一切的大事，其他的，都只是小事。

在他看來，這才是他的生命線，其他的，都只是風景線。

要讓他不去先收復兩京，就相當於要讓海水停止湧動——完全是不可能的！

這是他的執念。

這也是歷史的悲哀。

因為，後來發生的事果然被李泌說中了。

長安、洛陽雖然順利收復，但直到李亨去世，唐軍都未能光復河北，本可以很快結束的戰事整整拖了八年，本可以很快取得的完勝，最後的結果卻大打折扣——在此後的一百多年裡，河北諸鎮都長期脫離中央，處於事實上的割據狀態……

當然，此時的李亨並不知道這些。

他只知道不停地催促郭子儀等唐軍將帥儘快採取行動，爭取早日拿下長安。

西元七五七年二月底，郭子儀派其子郭旰（ㄍㄢˋ）、兵馬使李韶光、大將王祚等人率部從河東渡過黃河，一舉攻克了潼關。可叛軍隨即調集大軍發動反撲，很快又奪回了潼關，唐軍傷亡慘重，李韶光、王祚陣亡。

首次行動的失利並沒有改變李亨的決心。

當年四月，他又加封郭子儀為司空、天下兵馬副元帥，命他領兵趕赴鳳翔，隨後與關內節度使王思禮在西渭橋（今陝西咸陽西南）會合，一起從西面進攻長安。

叛軍大將安守忠、李歸仁早已率軍在長安西郊嚴陣以待。

兩軍在對峙了七天後，安守忠故意佯裝後撤，唐軍不疑有詐全線追擊，沒想到叛軍以九千精銳騎兵組成了長蛇陣，等唐軍一到，首尾立即變成兩翼，夾擊唐軍，最終唐軍大敗，不得不退回了武功（今陝西咸陽市）。

連續兩次出擊都以失敗告終，郭子儀很煩惱。怎麼辦？

他想到了大唐的友好鄰邦——回紇人。

對於回紇人的戰鬥力，他之前是領教過的。

回紇本是鐵勒諸部的一支，早期曾遊牧於娑陵水（今蒙古色楞格河）一帶，西元七四四年，回紇首領骨力裴羅趁後突厥發生內亂，聯合周邊各少數民族，在唐軍的大力支持下攻滅了後突厥，隨後自立為可汗，建立了回紇汗國。

此時回紇汗國控制的地域，東至室韋（今內蒙古東北額爾古納河一帶），西達金山（今阿爾泰山），南跨大漠，盡有原突厥故地，是繼突厥之後新的草原霸主。

一直以來，回紇與唐朝的關係都是相當不錯的，算得上是唐朝人民的老朋友。

李隆基曾冊封骨力裴羅為懷仁可汗，承認其在漠北的統治地位；骨力裴羅也多次遣使朝覲，對唐朝朝廷很是恭敬。

骨力裴羅死後，其子磨延啜繼任，號葛勒可汗。

葛勒可汗延續了其父的對唐友好政策，李亨在靈武繼位後，葛勒可汗還主動派使節前往靈武，表示願意出兵幫助唐軍平叛。

對李亨來說，回紇的這個表態來得正是時候。

因為那時李亨正好遇到了嚴重的危機。

有個叫阿史那從禮的叛軍將領帶著五千同羅騎兵從長安逃到了河曲（今內蒙古鄂爾多斯）一帶，煽動那裡的胡人發動叛亂，居然一下子就糾集了四五萬兵馬，聲勢很大，嚴重威脅初生不久又距離不遠的李亨政權。

李亨命郭子儀帶朔方軍前去平叛，雖然也取得了一些戰果，然而由於阿史那從禮的叛軍人多勢眾，又大都是騎兵，機動性極強，唐軍始終無法徹底消滅他們。

思來想去，李亨決定尋求回紇人的幫助。

他命宗室燉煌王李承寀（ㄘㄞˇ）與朔方軍大將僕固懷恩一起前往回紇求援。

對這兩個出使的人選，李亨是經過仔細斟酌的。

李承寀是唐高宗李治和武則天所生的次子章懷太子李賢的孫子，與李亨所代表的皇室正統關係不算遠，也不算近，或者說增之一分則太遠，減之一分則太近——正是恰到好處，非常合適。

而僕固懷恩則是出自鐵勒僕骨部，與同出於鐵勒諸部的回紇人有著天然的親近關係。

更重要的是，僕固懷恩這個人一向以忠勇著稱。

也許有人會覺得奇怪，僕固懷恩在後來的《新唐書》中被列入了叛臣傳，怎麼能說他忠呢？

其實這並不奇怪。

僕固懷恩也曾經是一個非常忠心的將領。

儘管身為胡人，但自從其曾祖父歸順唐朝以來，他的家族已經在唐朝生活了一百多年，早已把唐朝當成了自己的祖國，他本人則先後在王忠嗣、安思順、郭子儀三任朔方節度使麾下效力，建了不少戰功。

阿史那從禮叛亂後，郭子儀奉命前去討伐，時任朔方軍左武鋒使的僕固懷恩也在其中。

在一次戰鬥中，僕固懷恩的長子僕固玢被叛軍俘獲，不得已暫時投降了叛軍，不久後他又找了個機會，歷經千難萬險冒著生命危險逃了回來。

沒想到迎接他的卻不是想像中的鮮花與掌聲，而是他父親口中的一頓怒斥和手中一把閃著寒光的大刀——僕固懷恩為了表示自己與這個降賊的兒子一刀兩斷，竟然一刀把兒子劈成了兩段！

從現在的角度看，僕固懷恩的這種做法無疑是很不人道的，而在那時的人看來，他的大義滅親卻是忠義的典範。

李亨當然也是這麼看的，所以這次才會對他委以重任——派他擔任出使回紇的使臣。

僕固懷恩沒有讓李亨失望。

他和李承寀來到回紇後，很快就獲得了葛勒可汗的信任。葛勒可汗不僅極其爽快地答應了李亨出兵的要求，還把自己的女兒嫁給了李承寀。

李亨也投桃報李，加封其女為毗伽公主。

之後回紇人與郭子儀並肩作戰，很快就掃平了阿史那從禮的叛亂。

也正是在這一戰中，那些回紇兵的勇悍給郭子儀留下了很深的印象——無論跟誰作戰，只要回紇人一出現，每次都是無堅不摧，無往不克，如入無人之境！

因此，在這次進攻長安受挫後，他又想到了戰力超群的回紇人，向皇帝提議去回紇借兵。

李亨也早有此意。

不過，回紇人已經幫過自己一次了，這次他們還會答應嗎？

李亨心裡並沒有底。

好在他一直以來都信奉一句話：世上無難事，只要肯付出。

於是，他把心一橫，在求援書中對葛勒可汗做出了這樣的許諾：克城之日，土地、士庶歸唐，金帛、子女皆歸回紇——攻克京城之日，土地、男子歸唐朝所有，財富和女人都統統給回紇！

可見，為了確保能取得回紇人的幫助，他是不惜代價的。

而淪為代價的，是兩京的無數百姓！

代價是沉重的，可李亨卻似乎並不十分在意。

失去家產和妻女的是普通百姓，他和他的大唐朝廷並沒有失去什麼。

是的，他和他的大唐朝廷並沒有失去什麼——除了最重要的人心。

然而現在李亨已經根本顧不上這些了。

他的眼裡只有收復兩京這個目標。

為了這個目標，他什麼都願意做他可以拒絕李泌的正確建議，他可以出賣百姓的身家性命。

令李亨欣慰的是，他的瘋狂付出得到了積極的回應。

面對如此誘人的條件，葛勒可汗當然不可能拒絕。

他當即派出太子葉護、將軍帝德率領四千餘回紇精兵前往鳳翔。

李亨大喜過望，不僅親自接見葉護並大加賞賜，還讓廣平王李俶與葉護結成了兄弟。

在李亨看來，回紇人的到來，等於是在已經九十度的熱水基礎上又加了大大的一把猛火——火候差不多了。

香積寺之戰

西元七五七年九月十二日，唐軍正式開始行動了。

包括朔方、安西、河西、隴右等各鎮唐軍以及西域、回紇等部兵馬共計十五萬人，號稱二十萬大軍，在天下兵馬元帥廣平王李俶、副帥郭子儀等人的率領下，從鳳翔出發，浩浩蕩蕩地向長安進軍。

二十七日，唐軍抵達長安西郊的香積寺，在那裡遇到了安守忠、李歸仁率領的十萬叛軍。

一場大戰就此爆發。

唐軍以李嗣業領前軍、郭子儀統中軍、王思禮領後軍，叛軍則由悍將李歸仁率先出陣挑戰，將唐軍引至陣前，隨後全軍出動，向唐軍猛打猛衝。

不得不說，安祿山當初精心選拔的「曳落河」的叛軍騎兵的衝擊力是極為驚人的，唐軍一時抵擋不住，陣腳大亂。

危急時刻，猛將李嗣業站了出來⋯今天如果不拼死抵抗，我們就全都完蛋了！

他一把脫去身上的鎧甲，赤膊站在陣前，一邊大聲呼喊一邊揮舞陌刀左劈右砍，將衝上來的叛軍連人帶馬砍得血肉橫飛（史書的原話是：當其刀者，人馬俱碎），瞬間就砍死了數十人！

李嗣業的神勇表現大大震懾了叛軍，也大大鼓舞了他麾下的唐軍。

之前被叛軍打亂的士兵們又重新找到了自己的位置，陣形也再次整齊起來了。

隨後李嗣業率領他從安西帶回來的兩千陌刀軍，各自手拿陌刀列隊如牆而進，所到之處人擋殺人，佛擋殺佛，如坦克碾雞蛋般勢不可當。

他本人則始終一馬當先，衝在最前。

除了李嗣業，大將王難得的表現也十分突出。

他在混戰中被叛軍一箭射中眉頭，由於當時正殺得興起，王難得不假思索就伸手把箭拔掉了，不料因用力太猛，傷口上面的一大塊皮竟然被連帶著扯得耷拉下來，擋住了眼睛，於是他乾脆又一使勁把這塊皮也拉掉了——命都不要了，還要什麼臉皮！

鮮血一下子噴湧而出，他頓時血流滿面，但他卻依然不下火線，依然在拼殺不已。

榜樣的力量是無窮的。

很多時候，人的表現怎麼樣要看他和誰待在一起。

繩子和白菜綁在一起只能賣白菜的價錢，而同樣的繩子和大閘蟹綁在一起卻能賣大閘蟹的價錢；這些士兵們和懦夫待在一起只會同樣怯懦，而同樣的士兵和李嗣業、王難得這樣的勇將待在一起就會同樣勇猛。

這一戰，像李嗣業、王難得一樣把生死置之度外的唐軍將士還有很多。

在他們不要命的拼殺下，叛軍逐漸陷入了被動局面。

不過，面對這樣的不利局面，叛軍主帥安守忠並不十分驚慌，因為他還留有後手——在戰場的東側埋伏了一支精銳騎兵。

按照安守忠戰前的安排，他們會在戰鬥最激烈的時候伺機繞到唐軍陣後發起突襲，殺唐軍一個措手不及！

可安守忠萬萬沒有想到，還沒來得及等他動手，唐軍偵察兵就發現了叛軍伏兵。

隨後郭子儀命僕固懷恩帶著回紇騎兵殺到此處，僅用了不到一支煙的工夫就將埋伏的叛軍悉數殲滅。

這支伏兵是叛軍精銳中的精銳，每個士兵都是百裡挑一優中選優選拔出來的，可是在如神兵天降般的回紇人面前，他們卻成了幾乎不設防的豆腐渣工程！

本來他們人人都能以一打十，而現在面對回紇人卻以十打一都不夠；本來他們能輕而易舉地打得別人毫無還手之力，現在他們卻被別人輕而易舉地打得毫無還手之力！

由此可見回紇騎兵的戰鬥力有多麼銳不可當！

看到回紇打他們最精銳的騎兵像碾死一群螞蟻一樣容易，其餘的叛軍也都被嚇破了膽，一下子失去了鬥志。

李嗣業乘機帶著陌刀隊和回紇騎兵一起迂回到叛軍後方，與郭子儀、王思禮等人統率的唐軍大部隊對叛軍形成了前後夾擊之勢。

這下叛軍再也支援不住了，很快就兵敗如山倒。

最終叛軍大敗——被殺六萬多人，屍體堆滿了山野溝壑，安守忠等人帶著少數殘兵倉皇逃回了長安。

戰鬥結束後，僕固懷恩還意猶未盡，又對主帥廣平王李俶說，叛賊遭此大敗，必定會棄城而走，我請求率騎兵追擊，活捉安守忠、李歸仁、田乾真、張通儒！

老成持重的李俶卻不同意：將軍已經很疲勞了，還是先休息，等天亮後再說吧。

僕固懷恩再三懇求：安守忠等人都是賊人中的驍將，現在是抓獲他們的天賜良機，豈能放虎歸山？如果讓他們恢復元氣，將來必然還會成為我們的心腹大患！更何況，兵貴神速，何必等到明天！

可李俶卻始終不肯鬆口。

第二天一早，探馬來報，說安守忠、李歸仁、田乾真、張通儒已經放棄長安，逃之夭夭了。

僕固懷恩只能扼腕嘆息。

不過，雖然略有遺憾，但收復長安的既定目標是圓滿完成了。

然而李俶的心情卻非常沉重。

因為他知道，按照之前父親李亨與回紇人的約定，現在是該兌現承諾的時候了。

難道真的任由回紇人在長安肆意劫掠？

不。

他實在不忍心看到這一幕。

可是，怎樣才能做到呢？

李俶不由得陷入了沉思。

功夫不負有心人，很快他就有了主意。

就在他和回紇太子葉護一起向長安城行進的時候，他突然翻身下馬，跪在了葉護的馬前，懇求說，現在我們剛剛收復了西京長安，如果放任士兵在這裡搶劫，東京洛陽的百姓知道後肯定會徹底倒向叛軍，死守到底，這樣一來，我們要想拿下洛陽就難了。還是等攻下洛陽後再履行約定吧。

見大唐未來的繼承人竟然對自己施以這樣的大禮，葉護非常感動，加上他覺得李俶的話也有道理，便立即下馬回拜，一邊捧著李俶的臭腳（注意，這不是我腦補的，而是史書明確記載的），一邊忙不迭地說：殿下放心，小弟一定儘快為您拿下東京！

為避免手下騷擾長安百姓，他和僕固懷恩一起帶著回紇人從南面繞過了長安，在滻水（今滻河，位於今陝西西安東）以東紮營。

長安人就這樣躲過了一場可怕的災難。

九月二十八日，唐軍在廣平王李俶等人的帶領下威風凜凜地開進長安城內。受夠了叛軍之苦的百姓夾道歡迎官軍入城，不少人都流下了激動的淚水：廣平王真我們之主也！

勢如破竹

在長安僅僅休整了三天，李俶就馬不停蹄地帶領大軍繼續乘勝東進，很快又攻克了潼關以及華陰（今陝西渭南華州區）、弘農（今河南靈寶）等地，進逼陝郡（今河南三門峽）。

陝郡是洛陽西面的門戶，安慶緒在這裡布下了重兵——自從長安失守後，他就調集了洛陽附近幾乎全部兵力，由自己的心腹嚴莊率領前往陝郡，與敗逃回來的張通儒等人合兵一處，共有步騎十五萬人。

十月十五日，郭子儀率領的唐軍在陜郡以西的新店與叛軍相遇，兩軍隨即展開激戰。

由於叛軍依山布陣，占據了有利地形，唐軍的進攻很不順利，只能且戰且退。

見形勢一片大好，叛軍爭先恐後地從山上衝了下來，準備對唐軍發起致命的一擊。

沒想到就在這千鈞一髮之際，他們身後突然捲起了漫天黃塵，飛來了如蝗的箭雨，同時還伴隨著一陣陣杠鈴般的笑聲！

叛軍大驚，紛紛回頭。

如果說回頭之前他們人人都像打了興奮劑一般亢奮，那麼回頭之後他們卻人人都像霜打了的茄子一般萎靡！

如果說回頭之前他們人人都覺得渾身充滿了控制不住的鬥志，那麼回頭之後他們卻人人都感覺褲襠裡充滿了控制不住的尿意！

因為他們發現，他們身後出現的，是可怕的回紇人！

原來，剛遇到叛軍的時候，郭子儀就料定這必然是一場惡戰，因此他一面指揮部隊與叛軍接戰，一面派回紇人從山的南面繞到了叛軍的側後，從後方夾攻叛軍。

由於之前在香積寺一戰中叛軍曾見識過回紇人令人生畏的攻擊力，此刻見到這些殺神又來了，一下子激情全無，唯一的想法就是趕緊溜之大吉！

叛軍紛紛四散奔逃。

郭子儀乘機率部反攻。

在唐軍與回紇人的前後夾擊下，叛軍再次被打得落花流水，傷亡無數，嚴莊、張通儒等人僥倖逃脫，狼狽地跑回了洛陽。

見好不容易拼湊起來的十五萬大軍已經所剩無幾，安慶緒知道自己大勢已去，只好放棄洛陽往河北逃竄。

臨行前，安慶緒下令將之前俘獲的哥舒翰等三十餘名唐朝將領全部殺死。

可惜哥舒翰一代名將，死得竟如此窩囊！

他屈身降賊，一世英名盡毀，得到的卻只是多活了一年的時間！

不過，雖然死非其所，但唐朝朝廷並沒有忘記他之前捍衛邊疆的功勞，後來還追贈他為太尉，謚武愍。

本人覺得清代詩人吳鎮在〈題哥舒翰紀功碑〉中對哥舒翰的描述頗為公允：

李唐重防秋，哥舒節隴右。浩氣扶西傾，英名壯北斗。帶刀夜夜行，牧馬潛遁走。至今西陲人，歌詠遍童叟。漁陽烽火來，關門竟不守。惜哉百戰雄，奸相坐掣肘。平生視祿山，下值一雞狗。伏地呼聖人，茲顏一何厚。毋乃賊妄傳，藉以威其醜。不然效李陵，屈身為圖後。英雄值老悖，天道遘陽九。終焉死偃師，曾作司空否？轟轟大道碑，湛湛邊城酒。長劍倚崆峒，永與乾坤久！

在這首詩中，吳鎮似乎對哥舒翰充滿了惋惜，在他看來，哥舒翰投降安祿山的說法，也許可能是叛軍故意編造以抹黑哥舒翰的，也許可能是哥舒翰假意投降屈身事賊以找機會圖謀叛軍的……

真的有這種可能嗎？

我不知道。

我只知道用這首詩的最後一句話來形容曾經的哥舒翰是十分貼切的：

長劍倚崆峒，永與乾坤久！

扯遠了，還是把視線轉到安慶緒身上吧。

在離開洛陽後，安慶緒帶著高尚、張通儒、崔乾祐、安守忠等心腹以及部分殘兵逃到了鄴郡（今河南安陽），一路上士兵紛紛逃亡，到鄴郡時只剩下了步騎一千三百多人。好在叛軍大將蔡希德、田承嗣、武令珣分別從上黨（今山西長治）、潁川（今河南禹州）、南陽（今河南南陽）帶著本部兵馬前來會合，他這才勉強穩住了陣腳。

細心的人也許會發現，隨同安慶緒逃到鄴郡的名單中少了一個人——他的狗頭軍師嚴莊。

嚴莊去哪兒了呢？

他投降了唐朝，不僅毫髮無傷，還在一個月後被任命為司農卿，從叛軍高層搖身一變成了唐朝的高級官員！

從嚴莊的選擇也可以看出，與叛軍相比，此時的唐朝已經占據了明顯的上風！

西元七五七年十月十八日，唐軍正式進駐東都洛陽。

上次回紇人因廣平王李俶求情沒有劫掠長安百姓，早就憋壞了，這次他們當然不會再客氣，一進城就連搶了三天，搞得百姓苦不堪言，李俶根本制止不了。後來當地父老湊了一萬匹羅錦（印花的絲織品）送到了回紇人手中，回紇人這才收手。

之後，郭子儀又分兵攻取了河陽（今河南孟州）、河內（今河南沁陽），陳留（今河南開封）等地的百姓也紛紛殺死叛軍守將重新歸附唐朝……

隨著唐軍的節節勝利、叛軍的江河日下，當時幾乎所有人都認為，叛軍已經是秋後的螞蚱——蹦躂不了多長時間了。

功未成而身退

李亨自然也是這樣想的。

當收復長安的捷報傳到他所在的鳳翔時，一向喜怒不形於色的他也忍不住百感交集，淚流滿面。他按捺不住心中的興奮，當天就遣使入蜀，向太上皇李隆基報告這一喜訊，還附了一篇奏表，恭請李隆基回京重登帝位，並表示自己願意回到東宮，繼續當太子。

表文送出後，他將此事告訴了李泌。

沒想到李泌聽完臉色大變：奏表還追得回來嗎？

李亨搖了搖頭：來不及了。使者已經走遠了。

李泌無奈地嘆了口氣：看來太上皇不會回來了。

李亨大驚，忙問原因。

李泌：不光屁股在大街上展示沒人把你當太監，不假惺惺故作姿態也沒人把你當山寨皇帝，何苦這樣多此一舉呢？

當然，這話他是在心裡說的。

實際上他回答得很含糊：這都是情理中的事。

這其實很容易理解。

我們知道，李亨不是正常繼位的，說得好聽點叫自立為帝，說得不好聽點也可以叫搶班奪權，李隆基心中對此肯定是有些芥蒂的。

現在李亨聲稱要把皇位還給父親，但誰都看得出這話根本當不得真。

因為這完全是不可能的——李亨已經稱帝一年多，早已坐穩了皇位，現在又剛剛收復了長安，聲望如日中天，就算他真有這種想法，他手下的功臣們也絕不會同意！

李亨這麼做，給人的感覺似乎是以退為進，以戰功相要脅，逼李隆基再次確認他帝位的合法性！

如果再想多一點，甚至也可以表明李亨對父親並不放心，擔心他會復辟！

如此一來，李隆基當然會覺得不舒服，當然不願自取其辱，當然不肯回來。

被李泌這麼一點，李亨也意識到了自己的草率，連忙又問：那我現在該怎麼辦？

李泌對此早已成竹在胸：馬上請群臣聯名再寫一封賀表，詳細講述馬嵬請留、靈武勸進以及如今克復長安的種種情狀，說陛下時刻都渴望能早晚在太上皇膝下問安，請太上皇早日返回京城，以成全陛下的一番孝心……

李亨大喜，連忙照辦。

當天晚上，李亨留李泌一起喝酒，晚上則同榻而眠。

臨睡前，李泌突然向皇帝提出了辭職請求：臣已經報答了陛下的恩德，應該重新歸隱山林了。

李亨當然不答應：朕與先生共患難多年，現在好不容易到了一起享福的時候，你怎麼又急著要走了呢？

然而李泌卻依然執意要離開。

之前他和李亨曾經有過約定，一旦長安光復，他就要回歸山野，現在他覺得是該走的時候了。

不，不是該走，而是必須要走。

這就和吃大閘蟹必須要蘸薑醋汁一樣——是沒有任何商量的餘地的。

這一年多來，為了李唐的社稷，為了國家的利益，他身不由己地捲入了權力鬥爭的旋渦，已經把李亨最寵倖的張良娣和李輔國都深深地得罪了，再不及時抽身，很可能會凶多吉少！

因此，面對李亨的再三挽留，他絲毫都沒有讓步：臣有五條不能留的理由，請陛下一定要准許我離開，讓臣免於一死。

李亨很好奇：哪五條？

李泌振振有詞地回答：臣與陛下相遇太早，陛下任臣太重，寵臣太深，臣的功勞太高，事蹟太奇，所以臣萬萬不可再留在朝中。

見李泌的態度如此堅決，李亨知道，要讓李泌打消這個念頭的難度堪比讓胖子減掉肚子上的贅肉——絕不是短時間內所能實現的。

於是他不再跟李泌糾纏，而是採用緩兵之計：太晚了，還是先睡覺吧，這事改日再說。

可李泌卻不肯——時間不能攢到明年再用，這事也不能等到以後再說。

他還是不依不饒：陛下今天跟臣同床而眠的時候都不肯答應臣，以後坐在御案前做報告的時候就更不可能了。陛下不讓臣走，就是殺臣！

李亨不由得苦笑起來，擺出一副「別人不理解我，你還不理解我」的樣子對李泌說：想不到你對朕竟然這麼不放心！朕怎麼可能殺你？難道你真把朕當勾踐了？

李泌連忙解釋：不是陛下要殺臣，要殺臣的是臣剛才說的五條理由。陛下之前對臣如此厚待，臣有時遇事還不敢盡言，何況現在天下已經安定了，臣哪裡還敢多嘴！

李亨見他話裡似有所指，忍不住陷入了沉思。

半晌之後，他才試探著說，是不是因為朕沒有採納你提出的北伐范陽的建議呢？

李泌搖了搖頭：不是。臣不敢說的是建寧王（李倓）。

李亨連忙辯解：建寧王是朕的愛子，英勇果敢，艱難時立有大功，這些朕都是知道的。但他後來受小人挑撥，覬覦儲君之位，企圖謀害他的哥哥廣平王，朕為了江山社稷，才不得不忍痛割愛，除掉了他……

李泌對此卻並不認同：如果真是這樣，廣平王應該怨恨他呀。可事實上，廣平王每次和我說到建寧王的冤情都要潸然淚下。要不是臣今天準備要走了，臣是絕不敢講這件事的。

但李亨還是執迷不悟，還是堅持自己的看法：聽說建寧王曾經在夜裡去過廣平王府中，意圖加害……

李泌反駁說，這些都是無中生有的誣陷！當初陛下想用建寧王當元帥，是臣建議改用廣平王的。如果建寧王真有奪嫡之心，一定會恨透了我。可他卻認為臣是出自忠心，與臣更加親近。僅憑這件事，就能知道他是什麼樣的人……

經過李泌一番苦口婆心的解釋，李亨終於意識到自己當初賜死李倓實在是太草率了，終於意識到李倓可能是冤死的，不由得動了感情，眼角有了淚痕：先生說得對，不過事情已經發生了，人死不能復生，過去的事就讓它過去吧，朕不想再聽這件事了……

可李泌卻不願讓這件事就這樣過去。

他擔心李亨再次重蹈覆轍——受張良娣和李輔國兩個小人的蠱惑而加害廣平王李俶，因此不得不繼續勸諫：臣之所以要說這些，並不是為了追究過去的責任，而是為了警戒將來……

接下來，李泌又講了一個故事：當初天后武則天生有四個兒子，長子是太子李弘，武后想要臨朝稱制，擔心李弘這個人太聰明，妨礙自己專權，就將他鴆殺，隨後立次子雍王李賢為太子。李賢憂懼不安，時刻擔心自己會步哥哥後塵，便寫了首〈黃台瓜辭〉獻給武后，希望武后能有所感悟，然而武后不為所動，最終李賢還是難逃一死。

隨後他聲情並茂地吟誦了一遍〈黃台瓜辭〉：

種瓜黃台下，瓜熟子離離。一摘使瓜好，再摘使瓜稀，三摘猶為可，四摘抱蔓歸。

念完後，他直截了當地對李亨說：陛下已經摘過一次了，千萬不要再摘了！

李亨聽了也很動容：怎麼可能有這樣的事！朕要將這首詩寫在腰帶上，以便隨時提醒自己！

李泌擺擺手阻止了他：陛下只要將它記在心中就可以了，不必形之於外。

顯然，李泌之所以要冒著惹惱皇帝的風險說出這樣一番逆耳忠言，是為了保護未來的儲君——廣平王李俶。

他知道，李亨寵倖的張良娣是個野心勃勃且不擇手段的女人，儘管此時她生的兩個兒子李佋、李侗年紀尚小，但她卻一心想把李佋推上太子之位，而要達此目的，就必須先扳倒廣平王李俶！

這段時間，張良娣一直小動作不斷，到處散布各種對李俶不利的流言。

可以想像，將來李泌離開後，李俶的命運肯定會更加兇險！

正因為如此，李泌這次才特意跟皇帝做了這麼一次長談，希望李亨能保持清醒的頭腦，不要重蹈誤殺李倓的覆轍。

當然，這番話對李亨究竟有沒有效果，有怎樣的效果，李泌心中也沒有底。

可是他所能做到的，也只有這些了。

因為他早已下定決心，無論如何都要離開這個是非之地！

李亨還是極力想留住李泌，可是不管他開出什麼樣的條件，給出什麼樣的官職，都彷彿是用陳年的茅臺去勾引一個滴酒不沾的人——完全起不到任何作用。

這下李亨終於徹底明白了李泌的心意，但他卻依然磨磨嘰嘰，不肯立即答應，就跟現在某些人繳卡費一樣——能多拖一天是一天。

轉眼二十多天過去了。

李亨派去成都的前後兩批使者都回來了。

一切都不出李泌所料。

第一批使者彙報說，太上皇李隆基在接到皇帝請他回京復位的表文後，一直彷徨不安，心神不定，走路經常撞到樹上，喝水經常灑到身上，小便經常尿到褲衩上……後來，他考慮再三後回覆說：最近又是腰酸又是腿疼，哪兒都走不了了，我就不去長安了，就在劍南這個天府之國養老了……

而第二批使者則彙報說，太上皇在收到了第二封由李泌策劃、群臣聯名簽署的奏表後，馬上轉憂為喜，腰也不酸了，腿也不疼了，不僅欣然答應願意回長安，還歸心似箭，迅速定下了動身的日期……

得知太上皇同意回京，李亨非常開心，馬上召見李泌對他表示感謝：這都是先生你的功勞！

李泌趁機再次請求歸隱。

李亨見實在拗不過他，這才戀戀不捨地同意讓他歸山。

此後的幾年裡，李泌一直隱居在衡山——李亨在位期間，他始終都沒有再踏入朝廷半步。

不過，雖然失去了李泌的輔佐，但由於剛取得了收復兩京的重大勝利，李亨的心情還是不錯的。

十月二十二日，李亨帶著文武百官回到了闊別一年多的舊都長安。

長安百姓自發出城二十里前往迎接，一路上人們絡繹不絕，每個人的臉上都洋溢著幸福的笑容，每個人的嘴裡都不停地在山呼萬歲。

李亨也心潮澎湃，無比激動。

在他四十七年的人生旅程中，今天是最令人振奮的時刻！

天是那麼藍，雲是那麼白，空氣是那麼清新，晚秋的楓葉是那麼鮮豔，就連不經意間看見的路邊的那隻癩蛤蟆似乎都是那麼婀娜多姿，那麼柔情似水！

十月二十五日，以前宰相陳希烈為首的三百多名接受過偽職的變節官員被從洛陽押回了長安，隨即被關入獄中，等候處理。

十一月初，天下兵馬元帥廣平王李俶、副元帥郭子儀也返回了長安。李亨對郭子儀大加讚賞：吾之家國，由卿再造！

對在收復兩京的戰役中立下奇功的回紇人，李亨當然也不會虧待。他不僅封回紇太子葉護為司空、忠義王，還大筆一揮，承諾從今往後每年都向回紇贈（進）送（貢）兩萬匹絹。

第十九章
父子合演一場戲

史思明降唐

當然，李亨也知道，儘管兩京已經光復，可平叛尚未取得最終的勝利，叛軍依然還占據著河北的廣大地區，依然還有可能死灰復燃。

此時的叛軍內部已經分化成了鄴郡的安慶緒和范陽的史思明兩大集團。

雖然安慶緒是所謂的大燕皇帝，但從實力上來說，史思明卻是更勝一籌。

由於叛軍之前在長安、洛陽等地大肆擄掠的財物大多運往了老巢范陽，因此史思明手中的錢糧極為充足，如果要評當時的全國首富，他肯定是最有力的競爭者之一。

更重要的是，他不光有錢，還有著極為雄厚的兵力。

史思明麾下有步騎八萬，其中有不少是最精銳的「曳落河」——之前安慶緒東逃的時候，叛軍大將李歸仁帶著以「曳落河」、六州胡人（唐朝滅突厥後安置在河曲一帶六個州的胡人）等為主的數萬精兵逃到了范陽，這些人大多被史思明吞併，從此史思明更是如虎添翼，氣勢更盛。

儘管從名義上來說，史思明是以安慶緒為皇帝的大燕政權的一名將領，應該算是安慶緒的下屬，但實際上，他根本就沒有把安慶緒放在眼裡。

安祿山是他的大哥，這個他認。但安慶緒是什麼東西，這個既沒有資歷也沒有能力，既不會講話也不會謀劃的人，他憑什麼做自己的領導？憑他鼻孔大嗎？

而安慶緒對史思明也很不放心。

對他是否會聽命於自己，安慶緒並沒有把握。

怎麼辦？

他用自己含水量比西瓜還要高的小腦袋冥思苦想，終於想出了一個辦法。

隨後他召來心腹大將阿史那承慶和安守忠，配給他們五千精兵，命兩人前往范陽徵調史思明的軍隊。

臨行前，安慶緒對他們面授機宜：史思明如果肯聽命，那是最好；倘若不肯交出自己手下的人馬，你們就設法幹掉他！

阿史那承慶、安守忠不由得面面相覷。

史思明向來以狡黠著稱，鬼點子像自來水一樣想來就來，要想暗算他，實在是太難了！

應該說，他們的擔心並不是多餘的。

史思明此時確實已有了異心。

得知安慶緒丟失洛陽的消息後，他的部下們便紛紛勸他背叛安慶緒，歸附唐朝：唐室復興已成定局，安慶緒現在就如同樹葉上的露水，根本不可能長久。將軍何必為他陪葬呢？當今之計，唯有歸順朝廷，方能轉禍為福……

史思明點頭表示同意。

是呀，安慶緒看來是大勢已去了，不如暫且歸唐，再等待機會吧。

幾天後，阿史那承慶和安守忠帶著五千精騎來到了范陽城外。

史思明親自帶著數萬大軍出城迎接。

兩軍相距還有一里的時候，雙方都不約而同地停下了腳步。

阿史那承慶警惕性很高，當即命部隊箭上弦，刀出鞘，做好戰鬥的準備。

見對方劍拔弩張，一副如臨大敵的樣子，史思明笑了。

他讓使者給阿史那承慶和安守忠傳話：兩位將軍遠道而來，范陽的將士們都十分高興。咱們都是自己人，這麼緊張幹什麼？請你們把武器收起來，放一百個心好了。

阿史那承慶陷入了沉思。

想來想去，他覺得史思明的話似乎也不無道理，加上現在他是在別人的地盤上，人數又處於劣勢，真要對抗起來也未必占得了便宜，因此最後他決定還是按照史思明的要求暫時收起武器，先入城再說。

畢竟，夢想還是要有的，萬一史思明真的沒有異心呢？

可惜在這個世界上，萬一的事是 99.99% 都不會發生的。

進入范陽城內後，史思明將阿史那承慶和安守忠兩人引入內室，盛情款待，賓主雙方言談甚歡，阿史那承慶也就逐漸放下了戒心。

此時的他也許根本不會想到，自己已經成了光杆司令！

他帶過來的五千士兵，竟然一入城就被史思明的部隊繳了械，隨後被告知了兩個選擇：願意回家的提供路費；願意留下為史思明效力的則重重有賞。

在高額獎金的誘惑下，這些士兵除了極少人選擇回家外，大多數都開開心心地跳了槽，隨後被化整為零地分配到史思明麾下各營。

沒有了自己的部隊，阿史那承慶和安守忠自然只能任人宰割了。

史思明下令將安守忠斬首，阿史那承慶則被關進了大牢。

之後，史思明又聯絡了自己的老搭檔——駐守大同（今山西大同）的叛軍河東節度使高秀岩，兩人一起派使者前往長安向唐朝皇帝李亨遞上降表，表示願以所轄十三個郡和八萬士兵投降。

李亨喜出望外，當即封史思明為歸義王、范陽節度使。

是皇帝，也是影帝

史思明歸降的消息，彷彿春風融化冰雪一樣將李亨心中本來還有的些許擔憂一下子全都化為了烏有。他只覺得心曠神怡心花怒放，渾身每個毛孔都是那麼舒泰！

是呀，曾經蔓延了大半個帝國的叛亂至此基本被撲滅了，雖然安慶緒還占據著河北南部的鄴郡一帶，但已是苟延殘喘、命懸一線、兔子尾巴長不了了……

由於自認為大局已定，李亨沒有派兵直搗鄴郡（從後來的結果來看，這是他犯下的又一大錯誤），而是把主要的精力放在了別的地方。

排在首位的，是他始終魂牽夢縈的「無計可消除，才下眉頭，又上心頭」的要事——奉迎太上皇李隆基還京。

西元七五七年十一月二十二日，得知李隆基一行抵達鳳翔（今陝西鳳翔），他馬上派三千精銳騎兵前往迎接（監督）。

老到的李隆基當然知道兒子是什麼意思，立即識趣地命自己從成都帶過來的扈從軍隊將所有兵器都存入鳳翔郡的庫房中——那意思就和看到員警拿槍指著自己就舉手抱頭差不多——我不會反抗，我也沒有能力反抗。就算虐我千百遍，我也不會有意見！

十二月三日，李隆基抵達了長安以西四十里的一處行宮——咸陽望賢宮。

一年半前他逃離長安時曾經過這裡。

舊地重遊，但他的心卻並不激動，只感到有些不安。

因為他知道，李亨會到這裡來接駕。

已經當了皇帝的兒子會怎樣對他呢？

他心中並沒有底。

很快，李亨來了——他穿的不是天子專用的黃袍，而是臣子所穿的紫袍。

遠遠見到站在望賢宮南樓的父親，他立即翻身下馬，隨後如大臣面見皇帝一樣小步前行，跪拜於樓下。

李隆基見狀連忙下樓，伸手想把李亨扶起來，激動的淚水忍不住奪眶而出。

李亨沒有動，只是抱著父親的大腿哭泣不止。

李隆基命人取來黃袍，將其披在兒子身上。

李亨還是跪在地上，一再推辭。

李隆基苦口婆心地勸他：天意、人心都已歸屬於你，你就不要推辭了。我現在能安度晚年，都是因為你的孝心啊！……

然而不管他說什麼，不管他怎麼說，李亨都不答應，只是不停地搖頭。

過了很久，直到腿跪得麻得受不了、脖子晃得酸得受不了、尿也憋得脹得受不了了，李亨才不得不勉為其難地穿上了黃袍。

可他的表情卻依然是那麼不情願，那麼委屈，看上去似乎不像是要他當天下地位最高的皇帝，倒像是一個正當妙齡的城市少女讓人拐賣到了偏遠的農村，被逼著嫁給一個老弱病殘矮矬窮醜禿的老光棍！

由於離長安還有一段路，父子倆必須在望賢宮住一夜。

李亨堅持要父親住在正殿，李隆基不同意：不行，這裡是天子待的地方，只能由你來住。

李亨當然不同意父親的不同意，李隆基也不同意兒子不同意自己的不同意，李亨則依然不同意父親不同意自己不同意父親的不同意……

兩人爭辯了很長時間，最後還是李亨憑藉年齡和體力上的優勢，強行扶著父親登上正殿、坐上御榻，李隆基才沒有繼續謙讓——不是不想謙讓，是他已經累得站不起來了。

吃飯的時候，御廚每上一道菜，李亨都要先嚐一筷，只有覺得味道可口，才讓人進獻給父親。

不過，我覺得李亨這種做法也許並不能算是真的孝順——畢竟每個人的口味都不一樣——我小時候很喜歡吃的香菜，我媽就避之唯恐不及，我那時要是給她吃香菜，她肯定會翻臉！

但李亨的情況似乎並不一樣。

他要的，並不是真的孝順，而是看起來顯得很孝順；他在乎的，不是父親愛吃什麼，而是看起來他很在乎父親愛吃什麼……

李隆基也很清楚自己現在的處境。

他現在的身分說好聽點叫太上皇，說實在點就是一個沒有任何實際權力的退休的老頭兒，一切都得看皇帝兒子的臉色行事，坐在這個位子上，可以不識字，但一定不能不識相。

因此，對兒子送給他吃的東西，就算再不喜歡，他含著淚也要吃完，不僅要吃光，還要每吃一道菜就點一次讚！

次日，車駕啟程前往長安。

李亨先是鞍前馬後為父親試馬，李隆基上馬後，他又親自為父親牽馬。

後來李隆基再三勸阻，他才不得不坐上了自己的坐騎，走在前面帶路。

一路上他始終都走在路邊，把寬敞的馳道（皇帝專用的大道）都讓給了李隆基。

見兒子演得這麼賣力，李隆基自然也不能惜力。

他無比激動地對左右說，我當了五十年的天子，都沒有感覺到尊貴；現在當了天子的父親，才感覺到無比尊貴！

這話當然不僅是說給身邊人聽的。

它更是說給兒子聽的！

抵達長安後，李隆基先是在大明宮含元殿撫慰百官，接著又去長樂殿拜謁祖宗牌位，隨後回到興慶宮住了下來。

之後，李亨又多次上表，不厭其煩地表示自己願意回到東宮，請父親重登大位。

李隆基當然一一予以駁回。

十二月二十一日，李隆基登臨宣政殿，當著百官的面，將之前李亨在靈武沒有接受的傳國玉璽親手交給李亨。

這回李亨沒有再拒絕。

因為他知道，再長的雨季總有停止的一天，再長的流程也有結束的一刻。

現在應該是可以大功告成了。

於是，他做出一副接受燙手山芋不小心被燙到了疼得眼淚都掉下來了難受無比的樣子，似乎不情不願地接受了玉璽。

至此，李亨總算鬆了口氣——權力的交接終於圓滿完成了！

對自己的表現，他非常滿意。

但誰都看得出，這不是表現，而是表演。

李亨不但是皇帝，也是影帝！

先是穿紫袍，接著又住偏殿，之後還避馳道，還請求回東宮……

他一次次不厭其煩地向外界表明自己不想當皇帝，李隆基則一遍遍地拒絕他的請求，這一切表面上看起來似乎是父慈子孝，一片歡樂祥和，但其實越是這樣，越是讓人感覺假——假得就像戴著橘紅色安全帽站在路邊賣工地裡挖出的古董的騙子手裡拿的畫，有一個騎自行車男子的明代青花瓷一樣明顯。

然而旁觀者清，當局者迷。

李亨本人肯定是不會有這種感覺的。

他發自內心地覺得，只有透過這一套繁瑣到囉嗦的程序，讓自己當初來路不怎麼正的天子名分得到父親的追認，而且是反反覆覆的追認，他的帝位才能得到徹底的鞏固，他坐在這個位子上才能感到徹底的安心。

可惜的是，他與父親李隆基之間表面上看起來似乎無比和諧的氣氛並沒有維持多長的時間。

父子倆很快就在處罰投敵的叛臣張均、張垍兄弟一事上產生了分歧。

叛軍占據洛陽、長安兩京後，不少原唐朝官員都或主動或被迫地加入了叛軍，成為偽燕朝的屬官，其中最有名的是前宰相陳希烈、前河南尹達奚珣以及前宰相張說的兩個兒子張均、張垍等人。

兩京收復後，如何懲治這些叛臣成為朝廷中萬眾矚目的一件大事。

經過一番激烈的討論，李亨決定採納禮部尚書李峴的建議，綜合考慮情節輕重、地位高低、影響大小等因素，將叛臣分為六等。

原河南尹達奚珣等十八人被定為一等重罪，在長安城鬧市中斬首示眾；

前宰相陳希烈等七人被判為二等重罪，賜死於大理寺；

其餘的則被列為三到六等，分別處以杖刑、流放或貶謫……

張均、張垍兄弟在偽政權中都曾擔任過宰相級別的高官，按理應當處死，但因二人的父親張說曾對李亨有恩，李亨想要網開一面，從輕發落。

李隆基不同意：這兩人深受皇恩，張垍還是駙馬（他娶了李隆基之女寧親公主），卻叛國投敵，影響極壞，不殺不足以平民憤！

李亨苦苦請求：若非張說父子，兒臣不會有今天。如果兒臣不能保住張均、張垍的性命，將來有何臉面見張說於九泉之下！

然而李隆基卻堅持不肯讓步，用不容置疑的口氣說：看在你的分上，張垍可以流放到嶺南，但張均無論如何都要死，你就別再為他求情了！

見李隆基的態度如此強硬，李亨很是不悅：我不過是對你示弱，你卻當我軟弱；我不過是想讓你受用，你卻當我沒用；我不過是對你尊重，你卻絲毫不知輕重；我不過是場面上給你留點面子，你卻把我當成了三歲小孩子！

當然，這些話他並沒有說出口。

儘管沒有和父親當面爭辯，可李亨還是把李隆基的話全都當成了耳邊風，下令免去了張均的死罪，流放到合浦郡（今廣西合浦）。

透過這一舉動，李亨向外界釋放出了一個清晰的信號：如今一切都由朕說了算，太上皇只不過是朕用來裝點門面的一個吉祥物！

除了張均兄弟，李亨赦免的擔任過偽職的官員中還有一個著名的人物——詩人王維。

王維在偽燕朝時曾擔任給事中，本來也要被定以重罪，但由於他弟弟刑部侍郎王縉（王縉曾任太原少尹，協助李光弼守太原，為平叛立下了大功，兩京收復後回朝擔任刑部侍郎）竭力相救，甚至不惜以放棄自己的官職來為哥哥贖罪，最終王維安然無恙非——但沒受到任何處罰，還被任命為正五品的太子中允！

相傳王維之所以能脫險，除了弟弟王縉的幫忙，還有一個重要因素——他陷於賊營時寫過的一首詩。當時安祿山在洛陽皇宮中的凝碧池宴請群臣，讓擄獲的梨園弟子（李隆基酷愛音樂，經常在大明宮內的梨園培訓藝人，稱他們為梨園弟子）為他奏樂助興。

沒想到有個叫雷海清的演奏者拒不從命，他不僅不演，還將樂器狠狠地摔在地上，並向西慟哭，惹得安祿山勃然大怒，當場下令將雷海清以肢解的酷刑處死。

王維聽說此事後非常感慨，在朋友裴迪來看望他時偷偷給裴迪題了一首詩：萬戶傷心生野煙，百官何日再朝天？秋槐葉落空宮裡，凝碧池頭奏管弦。

後來這首詩不知怎麼傳到了李亨那裡——估計是透過裴迪或王縉，李亨讀了非常感動。看來王維雖然身在賊營，但心還是向著唐朝的！

就這樣，王維最終逃過了一劫。

有罰就有賞。

懲治叛臣的事做完了，接下來李亨要做的自然是獎勵功臣。

收復兩京的名義主帥廣平王李俶晉封楚王（次年三月改封成王，五月被立為太子，並改名李豫），副帥郭子儀加封司徒，李光弼升任司空，張良娣則被封為淑妃（次年三月又被立為皇后），其餘所有跟隨李隆基、李亨父子從成都、靈武回來的扈從也都一一得到了封賞……

對於在這場戰事中為國捐軀的烈士，李亨也沒有忘記。

他開出了一個長長的表彰名單：李憕、盧奕、蔣清、張介然、顏杲卿、袁履謙、許遠……

這些人都得到了他的追封，子孫也都恩蔭授官。

第二十章
張巡：英名傳千古，爭議伴古今

雍丘之戰，草人借箭

對名單中的絕大多數人，大家都沒有任何意見，但其中有一個名字，卻引起了極大的爭議——無論是在當時，還是在現在。

此人就是不久前壯烈殉國的張巡。

前面說過，張巡在河南大多數地方陷入敵手的不利情況下，一直在雍丘（今河南杞縣）堅持抵抗，多次擊退了叛軍的圍攻，成為唐朝在河南地區的一面旗幟。

然而後來隨著潼關、長安的相繼陷落，他面臨的局勢也日益嚴峻。

從西元七五六年六月十三日唐玄宗李隆基逃離長安，到七月十二日唐肅宗李亨在靈武繼位，在整整一個月的時間裡，唐朝中央政府消失了，消失得無影無蹤——彷彿清晨的露水消失在陽光下，彷彿你我的青春消失在歲月中……

沒有人知道皇帝在哪裡，朝廷在哪裡，甚至也沒有人知道皇帝還在不在，朝廷還在不在。

很多人因此陷入了迷茫。

是呀，皇帝是帝國的靈魂，是臣民的精神支柱，是暗夜海洋裡燈塔一樣的人，是漫漫旅途中導航一樣的人，是大河長橋上橋墩一樣的人……

皇帝不見了，人們心中的世界也塌了。

與其他很多地方一樣，此時雍丘城內也是一片人心惶惶。

叛軍大將令狐潮趁機捲土重來，再次進逼雍丘，隨後又寫信招降：你們的皇帝都失蹤了，你們還向誰盡忠呢？正如一個未婚者不能忠於他根本不存在的婚姻，你們也不能忠於一個根本不存在的皇帝呀！

有人動搖了。

城內六名將領一起找到了主帥張巡，勸他說，如今敵強我弱，雍丘城早晚都是保不住的，況且現在連皇帝是死是活都不知道，不如投降算了。我本將心照皇帝，奈何皇帝不見了……

張巡答應得很爽快：好！明天我就把大家都招來，一定給你們一個滿意的答覆！

他沒有食言，第二天果然把全體將士都集結到了一起。

張巡在大堂中央掛上皇帝李隆基的畫像，隨後率領將士們一起向皇帝畫像行禮。

這六名將領當然也在其中。

不過，當時他們似乎並未感覺到有什麼異樣。

搞二婚不都要先領離婚證書嘛，事二主當然也需要先走這樣的流程，辭舊迎新嘛，正常。

但接下來他們就傻眼了。

張巡先是發表了一通熱情洋溢的演說，大意是：此刻要做到眼中沒皇帝，心中有皇帝；萬里長城永不倒，忠君報國的心永不改……

接著他臉色一變，眼睛一瞪，桌子一拍，痛斥這六名將領喪失理想信念，貪生怕死，隨後命人將他們當場逮捕並斬首示眾。

這樣一來，之前曾有過投降念頭的人徹底死心了——再不死心，就要死人了。

誰也不敢再提半個降字。

而那些本來就打算抵抗到底的人則意志更加堅定。

將士們的思想再次得到了統一，鬥志也再次旺盛起來。

可是，有時候，光有鬥志是不夠的。雍丘城不大，儲備有限，很快城中就出現了物資匱乏的問題——糧草將盡，箭也快沒了！

這難不倒張巡。

每次只要叛軍的運糧船一到，他就讓士兵們趁夜前去搶劫，收穫頗豐，拿不走的就乾脆付之一炬……

至於箭的問題，他的解決方法則更為巧妙。

那天深夜，雍丘城頭突然出現了千餘名黑衣人。

巡邏的叛軍士兵發現後趕緊向令狐潮彙報。

令狐潮認為這肯定是守軍趁著夜色想出城劫營，便馬上命弓弩手嚴陣以待，做好戰鬥準備。

果然不出他所料，弓弩手剛把弓箭上弦，這些黑衣人就紛紛從城上下來了。

令狐潮一聲令下，弓弩手萬箭齊發，將這些黑衣人全都射成了刺蝟……

見一切如此順利，他忍不住笑了——再狡猾的狐狸也鬥不過好獵手，再詭詐的張巡也比不過我令狐潮！你若是火，我就是滅火器；你若是雷，我就是避雷針。

但幾分鐘後，他就再也笑不出來了。

因為他發現，這些黑衣人中箭之後非但沒有發出淒厲的慘叫，反而還紛紛向後轉一百八十度……

不對頭哇？

這又不是煎帶魚，怎麼還要翻面呢？

他當即命人點亮無數火把，將夜空照得如同白晝，這才看出這些黑衣人竟然全都是稻草人！

他慌忙下令部隊停止射擊。

然而已經太晚了。

張巡把這些用繩子吊著的稻草人都收了回去，一下子就得到了數十萬支箭！

《三國演義》中的諸葛亮草船借箭純屬虛構，而這次張巡的草人借箭卻是歷史上真實存在的！

這就是智計百出的張巡！

而這還不是全部。

第二天夜裡，巡邏兵又來報告，城上又出現了一大批打扮跟昨天一模一樣的黑衣人。

吃一塹，長一顆痣。

這回令狐潮學乖了：肯定又是稻草人！大家各回各家，各找各媽，安安心心地睡覺好了。別上張巡的當！

沒想到他竟然又上當了。

張巡這次出動的是真人——五百名敢死隊！

這些敢死隊員縋城而下，如下山猛虎一般直撲叛軍大營。

很多叛軍尚未從睡夢中醒來就已經身首異處。

其餘的也都亂成一團，爭先恐後地棄營而逃。

唐軍乘勝追擊，斬獲極多，一直追出了十幾里才收兵回城。

不過，雖然屢戰屢敗，但由於兵力占優，令狐潮依然屢敗屢戰。

幾天後，他又捲土重來，繼續率軍圍攻雍丘城。

可在接下來的一段時間裡，他卻依然毫無建樹。

令狐潮不得不承認，這個張巡實在是太厲害了——不僅用兵如神，而且治軍極為嚴明，麾下幾乎人人都是把生死置之度外的勇士！

比如給令狐潮留下極深印象的雷萬春。

雷萬春是張巡的部將。

那天，他正奉張巡之命站在城頭與令狐潮對話，沒想到叛軍趁其不備突施冷箭，雷萬春猝不及防，面部一下子就中了六箭。

接下來就是見證奇蹟的時刻。

據《新唐書》、《資治通鑒》等史書記載，雷萬春中箭後並沒有倒下，而是依然屹立不動，搞得令狐潮以為射到的是木頭人，後來派人抵近偵察，才發現那確實是雷萬春本人。

然而，儘管史書上言之鑿鑿，可我個人覺得這事實在是太匪夷所思了。

畢竟人再勇猛，也是血肉之軀，受傷了也會痛，傷重了也會死，即使勇如雷萬春也不大可能例外——他中六箭依然站立不動這一記載的可信度應該跟抗日神劇中的子彈會拐彎差不多。

當然了，雖然記載有些誇張，但雷萬春的忠義和勇猛應該是毫無疑問的。

令狐潮對雷萬春的表現驚嘆不已。

他對張巡喊話：剛才見到雷將軍，才體會到足下治軍之嚴。可惜的是，這並不能改變天道哇！

張巡義正詞嚴地回答，你連人倫都不知，怎麼懂得天道！

言語中充滿了雄鷹對母雞的那種不屑。

令狐潮一時無言以對，羞得連尾巴骨都紅了。

不久，張巡又趁敵不備，突然率部出擊，擒獲叛軍將領十四人，斬首百餘級。

這下令狐潮徹底失去了信心，收兵退回了老巢陳留（今河南開封）。

雍丘城總算是暫時得到了保全。

可張巡對此並不滿足。

他是個進取心極強的人，比起防守，他更喜歡的，是主動出擊。得知有支叛軍駐守在離雍丘不遠的白沙渦（今河南寧陵西北），他便親自率軍出人意料地對其發動夜襲，大破叛軍。

沒想到在回程經過桃陵（今河南杞縣東南）時，他們又遇到了叛軍的救兵，儘管事發突然，但張巡依然毫不畏懼，帶著部下奮勇拼殺，最終再次擊敗了對手，俘虜四百餘人。

張巡對這些俘虜一一訊問，將其中的胡人和來自范陽的叛軍老兵全部斬首，而那些在河南被脅迫加入叛軍的漢人則通通釋放。

他的這種做法很得當地的民心。

附近百姓以及叛軍中的不少漢人紛紛前來投奔，因此張巡的部隊雖然經過多次惡戰，部隊卻不僅沒有減員，反而越打越多。

之後的數月時間裡，張巡的老對手令狐潮又硬著頭皮多次前往雍丘攻打張巡。

不過，正如一隻烏龜不管什麼時候都不可能跑出二十邁以上的速度一樣，他不管什麼時候遇到張巡都不可能是張巡的對手——每次都是毫無例外的慘敗。

無奈，叛軍河南節度使李庭望只好親自出馬，卻依然鎩羽而歸。

見在戰場上和張巡對決實在難以取勝，李庭望不得不改變策略，改用常圍久困之法。

他先是在雍丘北面築了一座新城，以阻斷張巡的糧道；接著又命大將楊朝宗率步騎兩萬先後攻陷了雍丘週邊的魯郡（今山東兗州）、東平（今山東東平）、濟陰（今山東曹縣）等地，兵鋒直指雍丘東面的寧陵（今河南寧陵）。

張巡知道，一旦寧陵失守，雍丘就會與外界徹底失去聯繫，淪為孤城，遲早會落入敵手，便乾脆放棄雍丘，轉戰寧陵。

在寧陵，他遇到了唐朝睢陽（今河南商丘）太守許遠率領的另一支唐軍——睢陽與寧陵相距不遠，唇齒相依，許遠當然不願眼睜睜看著寧陵落入叛軍手中。

兩軍剛剛會師，楊朝宗就殺到了。

張巡、許遠聯手出擊，經過一晝夜的激戰，最終大敗叛軍，斬殺萬餘人，屍體塞滿了流經寧陵城外的汴河。

這一戰讓張巡的威名傳遍了整個中原大地。

皇帝李亨對張巡的表現也大加讚賞，加封他為河南節度副使。

得到了朝廷的褒獎，張巡也很興奮，便借著這個機會向當時唐朝在河南地區的最高長官——坐鎮徐州（今江蘇徐州）的河南節度使虢王李巨為麾下將士們請功，要求給予他空白委任狀並賞賜物品。

然而他失望了。

李巨竟然只給了他三十個折衝都尉、果毅都尉之類職位很低的頭銜，至於賞賜物品則什麼都沒有。

剛烈的張巡一下子就火了，忍不住寫信給李巨，將他說了一教——我的部下為了國家連命都不要了，你居然如此吝嗇！太沒道理了！必須給我一個交代！

李巨也火了——你一個下級居然敢對上級主管這麼無禮！真想把你的嘴用膠帶封起來！

一個考慮的是有沒有理，一個考慮的是有沒有禮；一個想要交代，一個想用膠帶……

這樣的兩個人，當然尿不到一個壺裡。

對張巡提出的要求，李巨更是置之不理。

轉眼到了西元七五七年正月。

剛上臺的偽燕朝皇帝安慶緒任命大將尹子奇接替李庭望擔任汴州刺史、河南節度使，要求他克期攻下睢陽這個江淮要衝，打開通往唐朝財賦重地江淮的大門。

和李庭望一樣，尹子奇也是安祿山起兵時的十五名大將之一（其他人包括史思明、安守忠、崔乾祐、田承嗣等），不久前剛協助史思明掃平了河北各地的抵抗勢力，立了不少戰功。

接到命令後，他立即調集了包括同羅、奚等胡人在內的十三萬大軍，浩浩蕩蕩直撲睢陽。

唐朝睢陽太守許遠聞訊大驚，連忙向駐在寧陵的張巡求援。

死守睢陽，智計百出

沒有片刻猶豫，張巡馬上帶著自己的全部兵馬三千人趕往睢陽助守。

此時許遠手下有三千八百多將士，兩人合兵一處，加起來也只有六千八百人，只是叛軍人數的二十分之一！

不過，唐軍人數雖然不多，但憑藉張巡無與倫比的指揮藝術，他們總是能在最佳的時候出現在最佳的地方，總是能在最佳的地方採用最佳的戰術，總是能靠最佳的戰術取得最佳的戰果，打法神出鬼沒，防守滴水不漏，一次又一次地粉碎了叛軍的進攻。

最多的一天，他們甚至連續擊退了叛軍二十次瘋狂的衝擊！

對張巡高超的作戰能力，許遠看在眼裡，服在心裡——平心而論，即使是韓信重生，劉裕再世，拿破崙提前投胎，也不一定能超過他！

於是，他決定讓賢，把全軍的指揮權都交給張巡——當時許遠的職務是睢陽太守，而張巡只是來助守的，因此從名義上來說，許遠才是睢陽的最高長官。

他對張巡說，我許遠向來不習兵事，將軍您卻智勇兼備，我請求由您來主持睢陽的戰事，我願意全心全意地輔佐您！

張巡沒有謙讓。

不是他缺乏高風亮節，而是他必須高瞻遠矚。

因為他知道，在這個時候，睢陽守軍最需要的就是統一指揮！

此後，許遠只管糧草、軍械等後勤事宜，所有軍事方面的決策部署、作戰指揮都由張巡全盤負責。

兩人密切配合，睢陽城始終固若金湯。

而叛軍則傷亡慘重，史載僅十六天的時間就損失了兩萬多人！

見一時難以得手，尹子奇沒有繼續強攻，決定撤軍。

在他看來，要戰勝張巡這樣的勁敵，相當於拔除大樹，你不能一直不停地硬拔，而是要搖一搖，鬆一鬆，等根基鬆動後再使出全力，方能大功告成！

張巡也知道，這次的勝利只是暫時的。

秋天早晚會涼，尹子奇早晚會捲土重來。

果然，當年三月，尹子奇又率軍南下，攻打睢陽。

張巡召集將士，召開戰前的誓師大會。

在會上，他聲淚俱下地說，我深受國恩，唯有以死報國，可惜大家拼死拼活，為國獻身，我卻無法給你們厚賞，這讓我萬分痛心！

這無比真誠的話讓將士們非常感動，他們沒有一個人怨恨張巡，沒有一個人要求賞銀，反而全都群情振奮，鬥志昂揚。

張巡下令宰殺牛羊，慰勞士卒，隨後打開城門，率全軍出擊，他本人則手持戰旗，一馬當先，衝在最前面。

叛軍根本想不到兵力處於絕對劣勢的張巡會主動出擊，一時猝不及防，很快就被打亂了陣腳，紛紛向後退卻。

唐軍猛打猛衝，大敗叛軍，擊斬三千餘人，並把叛軍一直驅趕到了幾十里外。

但叛軍畢竟人多勢眾，第二天他們又再次兵臨城下，將睢陽團團圍住，日夜猛攻。

張巡則繼續指揮部隊死守。

他的作戰方式非常靈活——他常讓部將按照自己的意圖選擇戰法，各自為戰。有人認為這不合兵法，他卻說，我軍兵少，更應該隨機應變，擇機而動，如果事事都要請示主將，豈不是會失去戰機！

就這樣，憑藉多變的戰術和頑強的作風，在接下來的兩個月時間裡，張巡帶領守軍再次頂住了尹子奇一浪高過一浪的猛攻，力保城池不失。

然而張巡覺得，僅僅這樣還是不夠的。因為他知道，隨著時間的推移，他的士卒會越來越疲憊，城中的糧草會越來越緊張，形勢對自己會越來越不利。

他必須儘快讓叛軍解除對睢陽的包圍。一番苦思冥想後，他有了主意。

這天夜裡，張巡命人在城中擂響了戰鼓。尹子奇以為他要來劫營，連忙下令部隊全體集合，全副武裝，列陣準備迎戰。不料戰鼓響了整整一夜，叛軍在城外嚴陣以待了整整一夜，卻始終沒見到一個唐軍。

天亮後，戰鼓終於停息了，世界終於安靜了，叛軍懸了一夜的心也終於落地了。可深知張巡厲害的尹子奇卻依然不敢怠慢，他親自登上飛樓（古代用於瞭望敵情的高塔），向城中眺望，發現裡面沒有任何動靜，一切沒有任何異樣，這才放下心來，命部下各回各營，解甲休息。他自己也打著連珠炮似的哈欠，疲憊不堪地回到了中軍大帳。

剛一躺下，他就進入了夢鄉。

在夢中，他似乎夢回吹角連營，八百里分麾下炙，五十弦翻塞外聲，沙場秋點兵。馬作的盧飛快——嗒嗒嗒嗒……弓如霹靂弦驚——嗖嗖嗖……

這馬蹄聲和弓箭聲似乎越來越大，越來越近，最後把尹子奇都給吵醒了！

他這才發現，這不是夢，是真的！

原來，就在叛軍酣睡之際，張巡發動了突襲。

他和麾下南霽雲、雷萬春等十餘名驍將各率五十名精銳騎兵出城，直衝尹子奇所在的中軍帳。

顯然，他們此次的目標非常明確——擒賊擒王，取尹子奇的性命！

由於叛軍毫無防備，張巡等人一路如入無人之境，很快就殺到了尹子奇的營前。

此時尹子奇也已經帶著一幫親兵出了營。

不愧是名將，儘管事發突然，他卻沒有慌亂，而是第一時間就翻身上馬，披掛上陣，準備部署兵力，組織反撲。

沒想到正好和張巡、南霽雲等人相遇。

兩隊人馬相距只有數百公尺。

張巡想要射殺尹子奇，可那時既沒有報紙也沒有電視更沒有網路，對尹子奇大家都是只聞其名卻不知道長什麼樣，不知道他是胖還是瘦、是高還是矮、是黑還是白、是鬥雞眼還是不起眼……怎樣才能認出他呢？

這難不倒張巡。

他預先準備了一批一頭削尖的小木棍，讓部下把這些木棍用弓射向敵軍。

被射中的叛軍先是一場虛驚，緊接著一陣狂喜，紛紛跑去向尹子奇彙報：報告大帥，唐軍的箭用完了！

透過這一精心設計的釣魚執法，尹子奇的身分暴露了。

張巡向身邊的部將南霽雲使了個眼色——南霽雲是著名的神箭手，百步以內箭無虛發。

南霽雲心領神會，當即拈弓搭箭，一箭射去，正中尹子奇的左眼！

可惜由於距離有些遠，這一箭沒有穿顱而過，只是把尹子奇射成了獨眼龍。

主帥受傷，仗自然是打不下去了。

叛軍不得不解圍撤走。

包圍終於解除了。

可是張巡的心中卻並不輕鬆。

由於長時間的苦戰，睢陽城內的將士從最初的六千八百人減員到了一千六百人，更嚴重的是，城中的糧倉快要見底了！

其實本來睢陽並不缺糧，當初許遠未雨綢繆，知道將來會有惡戰，曾預先籌集了六萬石糧食，足夠一年之用，然而就在叛軍攻打睢陽前不久，時任河南節度使的虢王李巨卻勒令許遠把其中的一半都撥給鄰近的濮陽（今山東鄄城）、濟陰（今山東曹縣）二郡，許遠據理力爭，可根本沒用，最後還是硬生生被調走了三萬石，而濟陰守將在得到糧食後卻很快就投降了叛軍！

現在這一錯誤決策的惡果顯現出來了，經過近半年的消耗，睢陽城裡的糧食已經很少了！

怎麼辦？

唯一的辦法只能是依靠附近的州郡支援。

然而儘管當時周圍尚有不少地方控制在唐朝手裡，但那些守將為了自保，都吸取了之前許遠調糧給濟陰的教訓，沒人給他們任何實質性的援助。

時間在一天天地過去。

糧食在一天天地變少。

張巡的心情也在一天天地日益沉重。

如果叛軍再來，這仗還怎麼打？

沒有信心，他可以鼓舞；沒有鬥志，他可以激勵；可沒有了糧食，他就是有三頭六臂、會七十二變也沒用！

僅過了一個多月，張巡的擔心就變成了現實。

當年七月初，尹子奇的傷剛一恢復，就馬上從後方調集了數萬生力軍，以補充之前傷亡的兵源，隨後率十多萬大軍東進，再次將睢陽團團圍住。

此時睢陽城內的糧食已經快沒了，張巡不得不實行嚴格的配給制度，每個士兵每天只能分到一勺米——這點口糧給一隻麻雀吃可能是夠了，但給人吃肯定是遠遠不夠的。

無奈，將士們只能把這一丁點米摻雜著大量樹皮、茶葉、紙張（當時造紙多以麻等植物為原料製成，故也是勉強能吃的）一起充饑。

外無救兵，裡無糧草；兵員又少，又吃不飽……

誰都看得出來，在這種極端不利情況下，張巡要想再續寫之前的奇蹟幾乎是不可能的。

不過，雖然明知結局已經註定，可張巡和他的戰友們並沒有放棄。

因為他們知道，自己多堅持一天，就能多拖住尹子奇的十幾萬大軍一天，江淮等別的地方就能多安全一天！

儘管他們已經不可能會有未來，但他們要盡力為其他的戰友爭取未來！

很快，叛軍的攻擊開始了。

這次尹子奇使用了一種新型雲梯，這種梯子的高度幾乎和城牆平齊，下面裝有輪子，可以推動，上層可站兩百名士兵，只要把雲梯搭上城牆，士兵就可直接跳上城頭，進入城內！

沒想到張巡只用了三根木頭，就解決了尹子奇處心積慮設計的雲梯。

叛軍的雲梯剛靠近城牆，他就馬上命士兵們先從城上伸出第一根末端綁有鐵鉤的木頭，將雲梯死死鉤住，使之無法後退；接著又伸出第二根木頭，將雲梯死死頂住，使之無法前進；隨後再伸出頂端懸掛有鐵籠的第三根木頭，鐵籠裡則裝滿正在熊熊燃燒的柴火，用它將雲梯的中部引燃。

如此一來，叛軍的雲梯還沒等靠到城牆，就從中間被燒斷了，上面的叛軍士兵則不是被燒成焦炭就是被摔成肉餅。

機關算盡，反而賠了雲梯又折兵，尹子奇非常惱火。

但他當然不可能就此甘休。

接著他又改用鉤車、木驢等各種器械攻城，也都被張巡一一化解。

之後尹子奇絞盡腦汁，又想了個新招。

他命部下把大量的木材、沙袋堆積在睢陽城的西北角，並不斷壓實、增高，修築了一道由下往上逐步上升的斜坡形步道，企圖以此登城。

張巡表面上不動聲色，卻在每天夜裡偷偷讓人出城把松明（含有大量油脂的松木，古代多用於照明）、乾草等易燃物品塞入叛軍的堆積物中，由於這事他們做得極為隱祕，每次塞完就匿——就跟馬路上往汽車車窗縫裡塞小廣告的人一樣，叛軍對此竟然毫無察覺。

十幾天後，叛軍的步道終於竣工了。

可惜這個步道的壽命實在是太短了——尹子奇甚至沒來得及投入使用，張巡就命將士們從城上往步道上扔出了大量的火把，松明、乾草遇火即燃，大火很快就蔓延到了整條步道，一直燒了二十多天才熄滅！

眼睜睜看著付出無數心血的步道被燒成灰燼，尹子奇終於意識到了一個道理：在戰場上，如果他是一隻蚱蜢，那麼張巡就是一個有蓋的瓶子，他就算是蹦躂得再努力，蹦躂得再高，也不可能跳出這個瓶子的掌控！

他就是每天有一千個主意，張巡每天都會有一千零一個解決方案！

有張巡在，要想憑藉強攻拿下睢陽就相當於要想憑藉彈弓去擊落飛機——完全是癡心妄想！

窮則思變。

在嚴酷的現實面前，他不得不做出改變——對睢陽圍而不攻。

他命部隊在睢陽城四周挖了三道壕溝，並設置了木柵，以防守軍突圍。

打不過你，那我就熬死你！

孤城陷落，壯烈殉國

也許尹子奇覺得他這一策略正中張巡的命門，可實際上，卻正中張巡的下懷。

因為張巡和他的部下已經根本打不動了。

此時睢陽城內的守軍總共只剩下了六百人，張巡把他們分成兩部，由他和許遠分別統領，他負責把守東門和北門，許遠則防守西門和南門，兩人和將士們同食共寢，吃住都不下城，而他們的食物，則已經沒有一粒米了，只能靠茶葉和紙張勉強維持自己的生命。

儘管很多將士早已餓得有氣無力——連一瓶五百毫升的水都要靠兩個人漲紅了臉才抬得起來，但他們卻依然還在堅守著自己的崗位，依然還在做著最後的努力。

只要還有一口氣，他們就不會放棄！

而張巡也依然堅持在城頭不停地巡邏，不停地給將士們加油打氣。

看著城外綿延數十里的一座座叛軍大營，想到部隊這幾個月來的一場場血戰惡戰，他忍不住感慨萬千，揮筆寫下了一首詩——〈守睢陽作〉：

接戰春來苦，孤城日漸危。合圍侔月暈，分守若魚麗。
屢厭黃塵起，時將白羽揮。裹瘡猶出陣，飲血更登陴。
忠信應難敵，堅貞諒不移。無人報天子，心計欲何施。

這首詩道盡了睢陽保衛戰的慘烈，也道盡了張巡此刻心中的悲涼。是呀，雖然他堅信自己的忠信和堅貞永不會改，可現在睢陽城與外界已經音斷路絕，沒人把這裡的危急上報給天子，他滿身的計謀又能施展到哪裡呢？

可從某種程度上來說，睢陽其實並不算是真正的孤城。事實上，睢陽周圍還有好幾支唐軍——南面有駐於譙郡（今安徽亳州）的河南兵馬使許叔冀，東面有駐在徐州（今江蘇徐州）的徐州刺史尚衡，東南方向則有駐紮在臨淮（今江蘇泗洪）的新任河南節度使賀蘭進明……

然而在睢陽被圍的八個月時間裡，他們卻全都抱著「犧牲你一個，幸福千萬家」的態度作壁上觀，沒有一家派出一兵一卒來救。

現在睢陽已經陷入了絕境，張巡不得不主動派人出去求援。

他把這個艱巨的任務交給了勇將南霽雲。

南霽雲不愧是南霽雲，他帶著三十名精銳騎兵，猛衝猛打，銳不可當，硬是從數萬敵軍的圍攻中殺出一條血路，突出了重圍，清點部下，只折損了兩人。

南霽雲先去了最近的譙郡。

許叔冀一口回絕：對不起。老子的隊伍才開張，總共才十幾個人七八條槍……

南霽雲怒不可遏，忍不住張口大罵，揚言要與其決鬥。

許叔冀支支吾吾，不敢回應。

顯然，要讓這個貨去救援睢陽，比讓小綿羊去挑戰猛虎還要不現實。

因此南霽雲沒有再多費口舌，又星夜兼程趕往臨淮。

沒想到他這次還是被潑了一盆冷水——賀蘭進明也婉言拒絕了他：你的心情我很理解，但是你出來的這幾天，說不定睢陽已經陷落了，我再派兵又有什麼用呢？

南霽雲不甘心，還是苦苦哀求：睢陽城肯定還在我們手中，這一點我南霽雲願意以生命為保證。更何況，睢陽如果失守，臨淮就是叛軍的下一個目標。兩地唇齒相依，您怎麼能坐視不救！

可賀蘭進明卻絲毫不為所動：派兵是不可能派兵的，這輩子都不可能派兵！

史載他之所以堅持不肯救援睢陽，一個很大的原因是他和許叔冀關係不睦，擔心自己出兵後老巢臨淮會遭到許叔冀的襲擊。

不過，儘管沒有答應南霽雲的請求，但賀蘭進明對南霽雲的忠勇卻十分欣賞，一心想把他留在身邊為自己效力，還盛情設宴款待，為其接風洗塵。

賀蘭進明讓南霽雲坐在主賓位上，自己則帶著一大幫將領作陪，美女、美酒、美食應有盡有：南將軍，別管那麼多了，還是先用餐吧。美女準備了一些嘮叨，廚師張羅了一桌好飯，生活的煩惱跟女伴說說，工作的事情向將領們談談……

然而南霽雲卻連筷子都沒動。

他流著眼淚，無比悲憤地說，我來的時候，睢陽的將士已經斷糧一個多月了，我雖然很想享用面前的美食，卻實在無法咽下去（「食不下嚥」這個成語就是這麼來的）。大夫（賀蘭進明在朝廷的職務是御史大夫）您坐擁強兵，卻眼睜睜看著睢陽陷落而不施以援手，這豈是忠臣義士所為！

說完，他猛然拔出佩刀，一刀砍下了自己的一節手指。

隨後南霽雲把鮮血淋漓的斷指狠狠地摔在賀蘭進明的面前：我南霽雲既然不能完成主將交給我的任務，只能留下這根手指，以證明我已經來過了！

在場的眾人見狀無不動容。

但賀蘭進明卻依舊無動於衷——表情不冷不熱，嘴裡不言不語，一副開水燙了也毫無反應的死豬樣。真的無恥，敢於直面鄙視的目光，敢於正視淋漓的鮮血……

這下，南霽雲知道指望這傢伙出兵是徹底沒有希望了——本以為你是蒼鷹，沒想到竟是隻蒼蠅！

他還能再說什麼呢？

他只能狠狠地摔門而去。

在出城的路上，他依然心緒難平，忍不住拔出弓箭，對著城內一座高高聳立的磚砌的佛塔就是一箭，那箭竟然射入磚裡一大半！

伴隨著箭一起射出的，還有他的一句誓言：待我破敵之後，必滅賀蘭！

離開臨淮後，南霽雲又趕到了張巡鎮守過的寧陵。

寧陵守將廉坦之前曾是張巡的部下，聽說老上級有難，二話不說就立即帶著手下三千步騎與南霽雲一同前往睢陽。

又是一番惡戰。

南霽雲、廉坦兩人最終率兵突破了叛軍軍營，回到了睢陽城內——然而跟他們一起前來赴援的三千兵馬卻只剩下了一千！

得知救兵無望，城中將士全都失聲痛哭。

接下來該怎麼辦？

有人提議棄城突圍。

但張巡、許遠兩人卻不同意。

他們的理由有三點：

睢陽不能放棄——睢陽是江淮的屏障，一旦落入敵手，叛軍就可以長驅直入，直取江淮，因此絕不能輕易放棄，能多堅持一天是一天；

突圍不會成功——此時將士們都已疲餓至極，身體非常虛弱，要想衝出叛軍的重圍幾無可能；

援軍仍有希望——儘管南霽雲這次沒有請到援兵，但並不代表以後沒有；儘管許叔冀、賀蘭進明不肯出兵，但並不代表其他人也不肯出兵！就算是戰國時期，不同的諸侯之間還常常相互救援，更何況他們與周邊眾多州郡還都同屬一個大唐，一定會有人來救援的！畢竟，天下的烏並不都是黑的，世上的人並不都是壞的！

因此，最終他們還是做通了將士們的思想工作，決定繼續堅守。

然而此時城中連茶葉、紙張都已經吃光了，沒有了吃的，怎麼守下去？

張巡給出的解決方案是吃馬——城中還有一些戰馬，反正現在也不可能出擊了，不如殺了吃掉吧！

很快，戰馬也吃完了。

接下來他們只能想方設法張網、掘洞，抓捕麻雀、老鼠，以其為食。

沒過多久，麻雀、老鼠也吃光了。

城中除了人，已經再沒有了任何活物。

接下來，他們面臨的只有兩個選擇，要麼餓死，要麼吃人。

張巡選的是後者。

西元七五七年十月初九，睢陽城終於被叛軍攻陷了。

當時城中只剩下了四百餘人，且早已羸弱不堪，無法再戰。

望著如潮水般登上城頭的叛軍，張巡知道大勢已去，便向西朝著皇帝李亨所在的方向跪拜：臣已經竭盡全力了，卻還是未能保住睢陽，但就算臣活著沒能報答陛下，死了也要變成厲鬼殺盡叛賊！

此時的他並不知道，僅僅三天後，以宰相身分兼任河南節度使的張鎬就會帶著救兵趕到睢陽！

只要他能再堅持三天，結果就會大不一樣！

可惜歷史是不能假設的。

睢陽最終還是落入了叛軍的手中。

張巡、許遠等人最終還是成了尹子奇的階下囚。

尹子奇親自審問張巡：聽說你每次作戰都要把牙齒咬碎，有這回事嗎？

張巡咬牙切齒地回答：我立志要生吞你們這些逆賊，只恨力不從心！

尹子奇笑了：真的嗎？給我看看！

他命人用刀撬開張巡的嘴，發現果然只剩下了三四顆牙齒。

這讓尹子奇感到非常震撼。

他頓時產生了惺惺相惜之感，有心想留張巡一條命。

他的左右勸他：此人把氣節看得比生命還重要，絕不可能為我所用。而且他深得軍心，留著必有後患！

然而尹子奇還是不甘心，依然苦苦勸張巡投降。

可是他得到的，只是一頓痛罵。

尹子奇只能無奈地搖了搖頭：可惜！可惜！

接著被押上來的，是曾親手射瞎了尹子奇一隻眼睛的南霽雲。

不得不說，尹子奇這個人還是有些肚量的。

對南霽雲，他不僅不記恨，還頗為欣賞，一心想收為己用：將軍勇冠三軍，不如棄暗投明，歸順本帥，本帥必有重用！

南霽雲沒有回答。

旁邊的張巡急了：南八（南霽雲在家中排行第八），你一個堂堂男子漢，如今只有一死而已，千萬不能向不義之人屈服！

南霽雲忍不住笑了，笑得是那麼雲淡風輕：我本想要有所作為，不過你既然這樣說了，我怎麼可能怕死！

尹子奇這才徹底斷了勸降的念想。

他知道，有些事再怎麼忘都是忘不了的，有些人再怎麼留都是留不住的。

他只能長嘆一聲，下令將張巡、南霽雲、雷萬春等三十六名唐將悉數斬首，而許遠則被送往洛陽，不久也被殺害。

張巡死時四十九歲。

著名的睢陽保衛戰就此落下了帷幕。

面對尹子奇十幾萬大軍的圍攻，張巡、許遠以不足萬人的兵力守衛孤城十個月，前後歷經四百餘戰，斬殺叛軍十二萬，創造了中國戰爭史上的奇蹟！

這一戰對唐朝的平叛大局有著十分重大的影響。

張巡和他堅守的睢陽城，就如屹立於驚濤駭浪之中的一堵牢不可破的閘門，把叛軍鐵蹄所匯成的滾滾洪流死死地阻斷於江淮以北，江淮這個當時朝廷最重要的財賦重地才最終得以保全——由於顧忌張巡和他的部下的強大戰鬥力，害怕被切斷後路，尹子奇一直不敢繞過睢陽直下江淮，只能選擇在睢陽城下與張巡死磕。

設想一下，若不是張巡守住睢陽，尹子奇必然會揮師南下，橫掃江淮，而賀蘭進明、許叔冀之流必然不是尹子奇的對手——他們要是靠得住，烏龜每秒都能跑百里路！

如此一來，江淮必然會落入敵手。那樣的話，遠在西北貧瘠之地的李亨朝廷就會失去最重要的財政支撐，非但沒有能力收復兩京，甚至連朝廷本身的生存恐怕都是個問題！

可以毫不誇張地說，沒有張巡就沒有睢陽，沒有睢陽就沒有江淮，沒有江淮就沒有唐軍收復兩京的重大戰果！

對於張巡的功績，韓愈在〈張中丞傳後敘〉中給予了極高的評價：守一城，捍天下，以千百就盡之卒，戰百萬日滋之師，蔽遮江淮，沮遏其勢，天下之不亡，其誰之功也！

讓我們永遠銘記這些勇士吧。

他們是：

張巡、許遠、南霽雲、雷萬春、姚闇、石承平、李辭、陸元鍠、朱珪、宋若虛、楊振威、耿慶禮、馬日升、張惟清、廉坦、張重、孫景趨、趙連城、王森、喬紹俊、張恭默、祝忠、李嘉隱、翟良輔、孫廷皎、馮顏以及其他幾千名沒有留下姓名的英雄！

毫無疑問，對李唐王朝而言，張巡是不折不扣的忠義之士。

然而在朝廷追認功臣的時候，很多人卻對他是否該入選持有異議。

理由很簡單，他不該吃人。

在他們看來，這是最根本的原則性問題，任何情況下，都不能違反。

在他們看來，吃葷還是吃素可以爭論，這屬於人與人正常討論的範疇；但吃飯還是吃屎則不可以爭論，這是人與蛆蟲的分野。

在他們看來，張巡選擇堅守睢陽還是不守睢陽可以爭論，這屬於人與人正常討論的範疇；但張巡選擇不吃人還是吃人則不可以爭論，這是人與野獸的區別！

一票否決！

沒有任何藉口！

「不該吃人」這四個字就相當於數學上的數字1，張巡的功勳、戰績、事蹟……只不過是1後面的0，前面的1沒了，後面的0再多又有什麼用！

關鍵時刻，張巡的好友李翰站了出來，他寫了一篇〈進張巡中丞傳表〉給皇帝李亨，竭力為張巡辯解，說他有大功於國，且吃人之事並非其本意，實在是不得已而為之。

最後李亨認同了他的意見，追封張巡為揚州大都督、鄧國公，近百年後的唐宣宗李忱還將他和許遠、南霽雲三人的像繪於凌煙閣。

可這依然沒能平息後世的爭議。

一方面，包括柳宗元、韓愈、司馬光、文天祥、李東陽、王世貞、李贄等無數名人對張巡的忠義褒贊不已；

另一方面，也有人對他的行為提出非議，比如明末清初的大儒王夫之就曾說過：其（張巡）食人也，不謂之不仁也不可……若張巡者，唐室之所可褒，而君子之所不忍言也……

當然，這一切張巡本人是聽不到了。
但我覺得，即使他知道，他應該也不會在乎。
如果有機會讓他重來一遍，他估計還是會做出同樣的選擇！

第二十一章 九節度兵敗鄴城

騙神仙易，騙史思明難

扯遠了，還是把時間重新撥回到那個時代吧。

應該說，在收復兩京又迎回太上皇李隆基後，李亨的心情是非常不錯的。

這一點從他的新年號就可以看出來。

西元七五八年二月，李亨把年號改為乾元——這兩個字出自《易經》中的「大哉乾元，萬物資始」，由此可見此時的他對前景是很有信心的。

在他看來，天下即將太平，一切都將重回正確的軌道，太平盛世即將重新到來。

不過也有人對此有不同的看法。

比如宰相張鎬。

張鎬最擔心的是剛投降的叛軍大將史思明。

他祕密上表，說史思明人面獸心，毫無底線，做事從不在乎禮，更從不在乎理，只在乎利，要讓他改邪歸正就相當於要讓老虎改吃草——完全是不可能的，現在他投降是因為形勢所迫，以後遲早會再叛，絕不能讓他掌握實權。

李亨當時正極力籠絡史思明，聽了張鎬的話心裡很不舒服，非但沒有聽他的，還說他不切實際，將他趕出了朝廷，貶為荊州防御使。

可另一個人的話，李亨卻不能不重視。

此人就是時任河東（治所今山西太原）節度使的李光弼。

作為史思明的老對手，李光弼對史思明非常瞭解，史思明的一舉一動，一言一行，一顰一笑，他都懂其內心深處的真正意圖。

因為懂得，所以不慈悲。

他料定史思明肯定是假投降，一心想要除掉他。

然而由於名義上他和史思明兩人此時都是唐朝大臣，他不方便與其直接對抗，甚至有時場面上還不得不說些違心的話。

因此，他想搞史思明，不能明著來，只能設法在其內部發展內線，找機會暗算史思明。

很快，他就物色到了一個合適的人選——烏承恩。

烏承恩的父親曾擔任過平盧軍使，是史思明的老上級，對史思明有提攜之恩。史思明對其非常感激，對恩人的兒子烏承恩也非常信任，視為親信。

安慶緒兵敗後，烏承恩曾力勸史思明歸順唐朝，史思明反正後，他又作為史思明的聯絡官多次往來朝廷。從河北到長安，太原是必經之地，李光弼也因此和烏承恩有了接觸。

瞭解到烏承恩心向朝廷後，他很快就策反了烏承恩，讓其擔任自己的內應。

為便於烏承恩在范陽活動，李光弼還做通了李亨的工作，讓李亨任命烏承恩為范陽節度副使。

回到范陽後，烏承恩經常在軍中四處走動，伺機遊說史思明的部將們。

但史思明治軍很有一套，頗得部下愛戴，故而很快就有人將此事彙報給了史思明。

史思明沒有打草驚蛇，只當沒有這回事。

西元七五八年六月，他故意派烏承恩入朝——他相信如果烏承恩對他真的有異心，一定會在經過太原時與李光弼見面，一定會有新的動向。

烏承恩回來傳達完皇帝的聖意後，史思明又盛情邀請他一起喝酒。見天色已晚，他又貼心地安排烏承恩住在自己府上的館舍中。

當時烏承恩的小兒子在史思明帳下做事，因此史思明還特意吩咐他前往館舍探望久未見面的父親。

當夜，父子兩人就住在了一起。

等到夜深人靜的時候，烏承恩偷偷對兒子說，我奉朝廷密旨，誅殺史思明這個逆賊，事成之後，朝廷讓我當節度使！

話音未落，他就聽到了一陣冷笑：想當節度使，等下輩子吧。

這聲音其實並不高，但卻足以令烏承恩血壓急劇升高！

因為說話的，是從他床底下突然躥出的兩個人！

原來是史思明事先安排的密探！

兩人吹了個口哨。

史思明立即帶著一幫人從外面衝了進來。

烏承恩的密謀就此敗露。

隨後史思明從他隨身攜帶的行李中搜出了不少東西。

其中有李光弼給他的牒文——文中要求他設法策反阿史那承慶、有事成之後準備賞賜給阿史那承慶的免死鐵券、有史思明部隊的將領名錄……

在證據面前，烏承恩無可辯駁，只能無奈地低下了頭。

史思明怒氣衝衝地質問他：臉那麼大，翻起臉來倒挺快！說，我究竟哪裡對不起你，你要這樣對我！

烏承恩早已嚇得面若死灰，叩頭如搗蒜：屬下該死，屬下該死……這都是李光弼幹的……不，這都是李光弼叫我這麼做的！

次日，史思明將范陽的主要將領和官員全都召集起來，對他們展示這些證據，接著又面向長安所在的西方大哭，彷彿自己比竇娥還冤：臣率十三萬將士歸降朝廷，有什麼不對！陛下為什麼要殺我！為什麼？我本將心向皇帝，奈何皇帝冤枉我！嗚嗚嗚嗚嗚嗚……

哭了整整半個時辰，等部下的情緒都被帶動起來了，他又化悲痛為憤怒，命人將烏承恩父子帶上來，當場亂棍打死。

接著他大開殺戒，將與烏承恩沾親帶故的所有人員共兩百餘人全部斬首，並向皇帝李亨上表，控訴李光弼對他的迫害，強烈要求皇帝為他主持公道。

李亨大驚，慌忙遣使安撫史思明：這事既不是朝廷的意思，也跟李光弼沒有一毛錢的關係，都是烏承恩一個人幹的，此人罪該萬死，你殺得對。你對朝廷無比忠貞，這點我是很清楚的……

顯然，對於這樣的敷衍，史思明是不會滿意的。

更何況，誇他史思明忠貞，就好比誇武大郎長得好看，或者誇林志玲有男子漢氣概，誰都不可能相信。

於是他又召集部屬，噙著眼淚對他們動情地說：陳希烈等人都是朝廷的大臣，是太上皇自己逃到蜀地，拋棄了他們，他們不得已才投靠了大燕，現在他們尚且不免於一死，何況我們這些一開始就跟著安祿山造反的人！

在他的煽動下，部下全都群情激奮。

見人心可用，史思明趁機把矛頭指向他最記恨也最忌憚的李光弼。

諸將紛紛請求誅殺李光弼。

史思明見狀馬上命幕僚耿仁智為他起草表文，揚言：如果陛下不肯為臣處死李光弼，臣就自己領兵到太原去殺他！

沒想到耿仁智和他並不是一條心，在表文裝函之前偷偷將這句大逆不道的話給刪了。

然而這並沒有瞞過細心的史思明，很快就被他發現了。

不過，由於耿仁智曾跟隨他多年，史思明還是想留他一條命，便強壓著怒火問耿仁智：我待你不薄，你為什麼要這麼做？

耿仁智擲地有聲地回答：人總有一死，死於忠義，是死得其所，跟你再次造反，也只是多活幾個月而已，還不如現在就死！

此話一出，史思明終於再也忍不住了，當即暴跳如雷：想死，我成全你！

他馬上掄起大棒，對著耿仁智的腦袋就是狠狠的一棒。

耿仁智當場死亡，腦漿流了一地，場面慘不忍睹。

之後史思明又命人重寫表文，將其送到了長安。

可皇帝李亨收到後，卻沒有任何反應。

這其實也是可以理解的。

在他看來，李光弼當然是不可能殺的，而史思明雖然桀驁不馴，言語狂妄，卻還沒明確舉起反旗，似乎也不太好過分激怒他。

他只能當作不知道。

但現在他心裡肯定明白，史思明這個人是絕對靠不住的。

只不過，這個問題只能先放一放，等先解決了安慶緒再說。

太監當主帥

安慶緒現在怎麼樣了呢？

接下來讓我們把鏡頭聚焦到鄴郡（今河南安陽）。

在逃到鄴郡後，儘管地盤比以前少了很多，可安慶緒手中仍有七郡六十餘城，糧草軍資也還算豐富，因此安慶緒很快就故態復萌，每天都縱情聲色，醉生夢死，把所有的精力都放在了尋歡作樂上，把所有的政務都交給了心腹謀士高尚和張通儒。

高、張兩人為了爭權，成天明爭暗鬥，搞得內部一片混亂。

當時安慶緒手下尚有蔡希德、崔乾祐、田承嗣、武令珣等一幫悍將，其中威望和戰功最高的是蔡希德，不過他性情剛直，說話不留情面，因此得罪了張通儒。張通儒便偷偷地在安慶緒面前造謠中傷，說他的壞話。

據說世界上有三樣東西最容易爆。

一種是鞭炮，一種是雙十一電商裡的商品——每樣東西都號稱是熱銷，還有一種就是安慶緒的脾氣。

被張通儒一挑唆，他立馬就炸了。

一怒之下，他竟然將蔡希德處死了。

這下算是捅了馬蜂窩。

蔡希德平時善於治軍，很受士兵愛戴，他無辜被殺，讓其部下無不感到心寒，紛紛離開鄴郡自謀出路，逃走的士兵今天二十，明天十八，很快就流失了數千人。

而那些留下來沒走的人也全都怨聲載道。

為穩住軍心，安慶緒將曾在靈寶擊敗過哥舒翰的大將崔乾祐提拔為兵馬使，讓他總攬兵權。

不過，崔乾祐雖然和敵人打仗的技能還可以，但和部下打成一片的能力卻很低——他剛愎自用，殘忍好殺，士卒都與他貌合神離。

很快，叛軍內部不和、離心離德的消息就傳到了長安。

李亨大喜，當即決定趁此機會，一舉蕩平安慶緒。

這年九月，他正式出手了。

為達成畢其功於一役的目標，他這次可謂是下了血本——他同時徵調了朔方（治所今寧夏靈武）節度使郭子儀、河東（治所今山西太原）節度使李光弼、澤潞（治所今山西長治）節度使王思禮、北庭（治所今新疆吉木薩爾）節度使李嗣業、淮西（治所今河南汝南）節度使魯炅、興平（治所今陝西鳳翔）節度使李奐、河南節度使（治所今河南開封）崔光遠、滑濮節度使（治所今河南滑縣）許叔冀、鄭蔡（治所今河南鄭州）節度使季廣琛九大節度使以及平盧兵馬使董秦，共計二十萬大軍，前往討伐安慶緒。

看到這裡，也許細心的人會發現一個疑問，平盧的治所不是在營州（今遼寧朝陽）嗎？那裡是安祿山起家的地方，現在怎麼又歸屬唐朝了呢？

這事還得從安祿山發動叛亂、領兵南下的時候說起。

當時安祿山命他的親信——平盧節度副使呂知誨留守平盧，但沒過多長時間，呂知誨就被幾個心向唐朝的部下劉客奴、王玄志、董秦等人合謀幹掉了。

平盧就此反正。

劉客奴隨即被唐朝朝廷任命為新的平盧節度使，並賜名劉正臣。

不久劉正臣入關攻打史思明失利，返回後被王玄志鴆殺，當時唐肅宗李亨剛繼位不久，根本顧不上關外的這些破事，便馬上承認了既成事實，又封王玄志為新任的平盧節度使。

西元七五七年正月，王玄志派兵馬使董秦、大將田神功等人率軍渡過渤海，在今山東半島登陸，攻占了平原（今山東德州）、樂安（今山東廣饒）等地。

董秦（後來他還有個更為人們熟知的名字：李忠臣）就這樣從平盧來到了關內，參與了這次討伐安慶緒的戰事。

不過，此時的董秦比起和他一起出戰的其他將領，不管是名望還是戰功，都還是稍遜一籌的。

這次出征，唐軍不僅兵力極為雄厚，而且將領的配置也堪稱超豪華——尤其是郭子儀、李光弼、李嗣業、王思禮四人在當時軍隊中的地位堪稱大唐軍界的四大天王。

可以這麼說，無論是總體的兵力，還是將領的能力，抑或是後方的財力，唐軍都遠超安慶緒的叛軍！

從實力上對比來看，唐軍獲勝似乎是完全不在話下的。

可惜，戰場不是拍賣場——誰出的價高，誰就一定能贏。

打仗，其實跟打牌一樣，有時勝負並不完全取決於牌面——一手爛牌如果打得好照樣可能贏，一手好牌如果沒打好照樣可能輸。

唐軍最大的問題，可能出在李亨的部署上。

他居然沒有為這二十萬大軍任命一個主帥，而是設置了一個所謂的觀軍容宣慰處置使。

這個又長又不知所云的頭銜，是李亨的首創，估計大致相當於他老爸當初設立過的監軍——只不過現在這個監軍管轄的軍隊更多，權力更大，是這九支大軍實際上的最高領導。

擔任這個重要職務的，是一個之前從沒上過戰場的人——魚朝恩。

為啥選他？

主要是因為他有一項任何將領都沒有的特殊才藝。

他是個太監。

之所以會這麼做，李亨的解釋是：

郭子儀、李光弼兩人都是功臣元勳，無論誰當主帥對另一個都不公平，因此他不設主帥，只用一個太監來當觀軍容使，作為九支大軍的領導協調小組組長，負責居中協調，監督諸軍。

這個理由聽起來似乎挺冠冕堂皇的，可只要稍稍一想就覺得根本說不通。

這就相當於：

一個人的高考成績夠得上北大、清華任何一所大學的分數線，但他覺得這兩所大學的水準差不多高，無論上哪所學校都對另外一所不公平，所以他乾脆一所都不選擇，而是選擇了江陰職業技術學院！

荒唐不荒唐？

可笑不可笑？

郭子儀、李光弼不傻，對李亨真正的用意當然都心知肚明。

他們知道，皇帝對他們這些將領頗為猜忌。

事實上也的確如此。

李亨這個人天性謹慎多疑，在近二十年的太子生涯中，他就是憑藉這一點安然渡過了無數次難關，近二十年太子生涯中經歷的無數次陰謀和背叛，更是大大地加深了他的這一特性。

他無比堅定地相信一個道理：所有的大臣和將軍都不可信任——不管那個人看起來有多麼忠誠——安祿山就是個最典型的例子！

也正因為這樣，儘管表面上看起來他對郭子儀、李光弼等人極其優待，頻頻封賞，甚至還曾對郭子儀說出「吾之家國，由卿再造」這種肉麻的話，可實際上他對他們一直非常提防，時刻都擔心他們有朝一日步安祿山的後塵。

他唯一真正信任的，是與自己朝夕相處的後妃和宦官。

尤其是那些宦官。

在他看來，正如世界上唯一能不勞而獲的只有年齡一樣，世界上唯一能保證不造反的只有宦官。

因為這些人根本不可能有後代，就算造反當了皇帝又能傳給誰！

本著這一理念，他一上臺，就開始重用宦官。

經天緯地之才，傾國傾城之貌，胸口碎大石之力，精通八國語言，唱跳全能ACE……

這些東西，那些宦官統統都沒有。

然而他們卻始終是李亨心目中的宇宙無敵超級大明星。

在他的大力扶持下，很快，這幫去勢群體就成了朝中最強的強勢群體。

而這個魚朝恩，就是他此時最寵倖的宦官之一——僅次於李輔國。

不過，魚朝恩拍馬屁、哄皇帝開心的能力也許可以獲得高分，但打仗的經驗卻只能得零分，這樣的人來當二十萬大軍的最高統帥，當然不可能服眾。

還沒開戰，唐軍陣中就議論紛紛——外行領導內行，沒種的領導有種的，這個仗能打得贏嗎？

好在郭子儀對此似乎沒有多大意見。

這也符合他一貫以來的工作作風——對上面的任何決策，都無條件地執行理解的要執行——不理解的也要執行。

當年十月，他率軍北渡黃河，在獲嘉（今河南獲嘉）擊敗了叛軍大將安太清。安太清退保衛州（今河南衛輝），郭子儀乘勝追擊，將其包圍。之後李嗣業、魯炅、季廣琛、崔光遠等人也先後領兵與郭子儀會合。唐軍聲勢大振。

衛州離鄴郡不到二百公里，位置極其重要。安慶緒聞訊急忙傾全力來救。他親自出馬，帶著崔乾祐、田承嗣、薛嵩等將領和麾下全部主力七萬大軍氣勢洶洶向唐軍撲來。

郭子儀將三千精銳弓弩手埋伏在營壘內，自己親自率部迎戰安慶緒。戰不了多久，他佯裝敗退，將叛軍引至營壘附近。此時弓弩手突然出現，萬箭齊發。叛軍猝不及防，頓時一片混亂。

郭子儀趁機帶領全軍回師反擊，大破叛軍，擒殺安慶緒的弟弟安慶和，接著又一舉攻克衛州，隨即馬不停蹄繼續追擊狼狽逃回鄴郡的安慶緒。

見唐軍緊追不捨，安慶緒不得不收拾殘兵，硬著頭皮在鄴郡西南的愁思岡與唐軍再次交戰，沒想到這次的結果還是一樣——再次被打得落花流水。

連戰連敗的安慶緒只好倉皇退入鄴郡城內。

郭子儀等人隨即帶著二十萬大軍將鄴郡團團圍住。

天助史思明

安慶緒坐困愁城，坐立不安。

到這個時候，他就算再糊塗也知道，如果沒有人救援的話，他這回是死定了！

誰能救他呢？

毫無疑問，只有一個人——史思明。

儘管之前他和史思明之間關係很差，甚至曾視若仇敵，但現在為了生存，他只能拋棄臉面，低聲下氣地向曾經的仇人求救了。

安慶緒派勇將薛嵩（初唐名將薛仁貴的孫子）殺出重圍，前往范陽（今北京）向史思明求援，並許諾解圍之後願意將皇位相讓。

史思明笑了：什麼？讓我去救他？怎麼可能……不救呢？

儘管他對安慶緒這個人非常鄙視，但對鄴郡重要的地理位置卻不敢忽視——因為他知道，鄴郡是河北南部的門戶，一旦落入唐軍的手中，自己就會失去屏障，順理成章地成為唐軍的下一個打擊目標！

唇亡齒寒，他當然要救！

西元七五八年十一月十七日，史思明親率十三萬大軍南下。

他命大將李歸仁領步騎一萬進駐滏陽（今河北磁縣），自己則帶著全部主力進攻剛剛被唐軍奪取的要地魏州（今河北大名）。

駐守魏州的，是唐軍河南節度使崔光遠。

對崔光遠，史思明很熟悉——此人之前曾投降過叛軍，後來又離開叛軍投奔唐肅宗李亨，見風使舵的本領一流，可帶兵打仗的本領卻不入流。

這樣的人，自然不難對付。

事實果然證實了他的判斷。

史思明大軍到來後，崔光遠派部將李處崟出城迎敵。

李處崟作戰頗為勇猛，然而由於眾寡懸殊，不得不且戰且退，退入城內。

史思明故意命部下在城外高喊：李處崟召我們前來，為什麼現在不打開城門迎接我們！

這個離間計其實並不高明，但崔光遠大概是屬兔子的——兔子急了亂咬人，竟然以為李處崟真的叛變投敵了，馬上就將其處死。

李處崟是崔光遠所部最能打仗的將領，威望很高，他這一死，部下全都失去了鬥志。

見前景不妙，擅長見風使舵的崔光遠立即棄城而逃，隻身逃回了自己的老巢汴州（今河南開封）。

主將都跑了，其他人當然更沒心思守城了。

很快，魏州就被史思明攻破，三萬人慘遭屠殺。

按理說，救人如救火，魏州距離鄴郡已經很近了，史思明應該火速進軍才對。

可史思明卻偏偏不按常理出牌，在接下來的一個多月時間裡，他沒有前進一步，而是一直駐軍於魏州休整。

轉眼到了西元七五九年。

這年的正月初一，史思明又做出了另一個出人意料的舉動——在魏州城北築壇祭天，自稱大燕聖王。

顯然，他並不相信安慶緒真的會傳位給他，他要以此向叛軍上下表明，他才是叛軍真正的老大！

不過此時的安慶緒哪裡還顧得上這些——他只顧得上一次又一次地派使節催促史思明出兵。

然而史思明卻總是一次又一次地以各種理由推託：

今天是天氣太冷，不宜進軍；

明天是皇曆上說諸事不宜，不宜進軍；

後天是……不宜進軍……

這當然只是藉口。

事實上，他現在根本不想出兵，只想坐山觀虎鬥——就讓安慶緒憑藉堅城去和唐軍拼命吧，等唐軍久攻不下損兵折將消耗得差不多的時候，他再出手摘取勝利果實！

但史思明葫蘆裡賣的什麼藥，是瞞不過他的老對手李光弼的。

李光弼對史思明，比對他家裡養的狗還要熟悉得多。

他對觀軍容使魚朝恩說，史思明在攻下魏州後一直按兵不動，目的是要麻痹我軍，等我軍懈怠後再攻我不備。請讓我帶領本部兵馬和郭子儀的朔方軍一起進逼魏州，向史思明挑戰。他之前在河北曾多次吃過我們的虧，必然不敢輕易出戰。只要他不出來攪和，攻克鄴郡就是遲早的事！

可魚朝恩卻堅持不同意。

李光弼只能仰天長嘆。

他其實根本就不恤史思明，問題是現在根本輪不到他做主哇！

他就是再著急，也只能乾著急；他就是再費心機，也只是白費心機！

就這樣，在魚朝恩的阻撓下，唐軍沒有分兵去對付史思明，而是一直圍住鄴郡，日夜猛攻。

可由於鄴郡城防堅固，且城中尚有崔乾祐、安太清、田承嗣、薛嵩等一批叛軍悍將，加上唐軍缺少統一指揮，進攻雜亂無章，無法形成合力，因此他們的攻勢雖猛，卻總是得勢不得分——不僅收效甚微，還造成了不小的傷亡——之前在收復兩京時曾屢建奇功的猛將李嗣業就在攻城時為流矢所中，不幸犧牲！

幸虧郭子儀還是有一手的。

見強攻連連受挫，他決定改用水攻。

當年二月，他命部隊在鄴郡以北的漳河上一下子築起兩道堤壩，又挖了三道壕溝，將洶湧的漳河水灌進了鄴郡城內。

城內一下子變成了一片汪洋，叛軍只能在高處搭棚居住，苦不堪言，更嚴重的是，他們的糧草也瀕臨斷絕，只能靠吃老鼠等亂七八糟的食物勉強維持生命。

顯然，安慶緒已經堅持不了多長時間了。

眼見勝利在望，然而他們萬萬沒有想到，史思明此時卻突然起兵，徹底打亂了他們的節奏！

二月底，史思明親率大軍從魏州出發，進至距鄴郡五十里處紮營，隨後馬上傳令各部隊豎起三百面戰鼓，不停擊打，以壯聲勢，同時又命每營挑選五百精銳騎兵，輪流出動，不停地對鄴郡城外的唐軍進行騷擾。唐軍一旦發起反擊，他們就馬上退回本營；唐軍若是沒有防備，他們就趁機偷襲……

有的唐軍去砍柴，半路被人戳了刀子；有的唐軍去打水，半路被人抹了脖子；有的唐軍去野外方便，半路被人割了命根子……

唐軍士兵被這些神出鬼沒的叛軍突擊隊搞得人心惶惶，每天晚上都要做兩百多個噩夢。

除此以外，史思明還把毒手伸向了唐軍的糧道。

唐軍由於人數眾多，糧草需求非常大，當時這些糧食大都是由江淮或山西一帶長途運送過來的，每天車船不斷。

史思明讓自己的部下偽裝成唐軍的督糧官，四處攔截唐軍運糧的車船，嚴厲斥責他們速度遲緩，還動輒將負責押運的唐軍官兵和民夫隨意砍殺，搞得那些民夫人人自危，紛紛逃散。

可唐軍對此卻毫無辦法——這些叛軍士兵都穿著唐軍的服裝，而唐軍是由九個節度使的部隊組成的，番號混雜，軍服不一，互相之間完全不熟悉，又沒有人統一調度，誰能分辨得出來呢？

如此一來，唐軍的糧食供應很快就出了問題。

將士們開始吃不飽飯，士氣日益低落，怨氣日漸增大，有人甚至產生了逃回本鎮的念頭。

也許有這種想法的一開始只是個別人，但正如「一張本來什麼都沒有的桌子上只要有人開始放了一兩件東西，那麼很快就會擺滿東西」一樣，很快就有越來越多的人產生了同樣的想法。

這一切，史思明都看在了眼裡。

他覺得決戰的時機差不多了。

三月初六，他率軍進抵鄴郡城下。

唐軍二十萬步騎（《通鑒》上說是六十萬，但個人感覺似乎不太可信）悉數出動，在恆河（今安陽河）北岸列陣迎敵。

而史思明卻僅帶著五萬精銳騎兵出戰。

見對方人數不多，唐軍以為只是叛軍的側翼遊軍，沒有太在意，還在眼巴巴地尋找叛軍的主力，沒想到就在此時，史思明卻出人意料地率部發起了衝鋒。

唐軍只好倉促應戰。

最先投入戰鬥的是李光弼、王思禮、許叔冀、魯炅四個節度使的部隊。

戰事異常激烈，雙方旗鼓相當，難分勝負。

正在膠著之際，魯炅突然中箭受傷，他和他的部隊不得不退出了戰鬥序列。

於是他的位置改由郭子儀的朔方軍接替。

從戰術安排上來看，這完全是順理成章的，沒有任何問題。

但偏偏此時出了問題。

不過，問題不是出在老郭身上，而是出在老天身上。

設想一下，如果有一部電影這麼拍：兩個俠客在決鬥，其中一人的實力明顯在對方之上，沒想到那個強者突然被閃電擊中電死了，弱者獲得了最後的勝利……

我敢說，這部電影的編劇就算穿十件救生衣也一定會被觀眾的口水淹死：編得太假了！太侮辱智商了！

然而老天卻敢這麼任性。

按照史書的記載，當時發生的事是這樣的：

郭子儀和他的朔方軍剛上場，還沒來得及布陣，突然天色大變，狂風大作，連幾十年的大樹都被連根拔了起來，到處飛沙走石，天地間一片昏黃，能見度一下子降到了幾乎為零——三公分內雌雄難辨，五公分內人畜不分！

人都看不到，仗當然是打不下去了。

在這可怕得如同世界末日一樣的天氣面前，所有人都嚇壞了，全都不約而同地向後跑——唐軍向南，叛軍則往北。

相比之下，唐軍逃得似乎更遠。

之前很多人就因戰事不順、糧食不足而產生過逃回老家的念頭，現在有了機會，自然要把它變成現實！

就連作為主力的郭子儀朔方軍也不例外。

朔方軍一路向西南方向逃跑，竟然一口氣直接逃到了近六百里外的洛陽！

由此可見，此時的朔方軍已經成了一支驕兵，軍紀已經蕩然無存！

朔方軍如此，其餘各支部隊當然也好不到哪裡去。

他們全都望風而逃，爭先恐後地跑回了本鎮。

除了李光弼和王思禮所部秩序尚好、全軍返回以外，其餘許叔冀、魯炅、季廣琛、董秦、李奐等人的部隊全都潰不成軍。

這些潰兵打仗雖不行，打劫第一名，敵人面前無能為力，百姓面前卻無比神勇，一路上他們四處劫掠，秋毫必犯，童叟必欺，金子、銀子、票子、車子、年輕女子……什麼都搶，沿途百姓不勝其擾，痛苦不堪。

而這數十萬大軍的潰敗對唐朝上下的心理也造成了極大的打擊。

原本大家以為此次出征以多打少，肯定會是一切順風順水，沒想到結果卻是敗得落花流水！

就算是數十萬頭豬，要一下子抓走也不是那麼容易的，數十萬大軍居然跟數十萬個屁一樣瞬息之間就從戰場上消失不見了！

這顯然出乎了所有人的預料。

恐慌情緒如野火般在中原大地上迅速蔓延。

東都洛陽更是一片風聲鶴唳。

百姓擔心史思明會趁機進攻洛陽，紛紛逃進了附近的山中，就連東京留守崔圓、河南尹蘇震等高級官員也都自亂陣腳，叛軍還沒影呢，他們就已經早早地棄城而逃了。

關鍵時刻，還是郭子儀站了出來。

他在洛陽收集朔方軍的潰兵，總算又有了數萬人，可原本有的一萬匹戰馬卻只剩下了三千，盔甲兵器更是丟棄殆盡。

就憑這點實力，能擋得住叛軍鐵蹄的衝擊嗎？

不少人都對此持否定態度，提出放棄洛陽，退保蒲州（今山西永濟）或陝州（今河南三門峽）。

但郭子儀卻力排眾議，堅持認為應留守洛陽。

他本人坐鎮在洛陽城內全盤調度指揮，同時又命部將張用濟等人率五千步卒駐守洛陽以北的要地河陽（今河南孟州），還在河陽城附近修築了南北兩城，以防備史思明可能發動的襲擊。

第二十二章
河陽大對決

計賺安慶緒

好在，這只是一場虛驚。

除了叛軍的一支小部隊曾對河陽有過一次試探性進攻外，史思明並沒有大規模地進犯洛陽。

這段時間，他在幹什麼呢？

他當然沒有閒著。

得知唐朝大軍全軍潰散的消息後，本來已向北撤退的史思明欣喜若狂，馬上停止後撤，率部重新回到了鄴郡城外，隨即紮下營寨。

顯然，他是在等安慶緒與他接洽，兌現讓位的諾言。

可安慶緒卻始終緊閉城門，完全沒有任何反應。

他現在似乎有點想反悔了。

畢竟，當皇帝的感覺實在是太好了。

更何況，唐軍退走後，他還在郭子儀的軍營中一下子搜羅到了六七萬石糧食，鄴郡城內已經不缺糧了。

他偷偷地與自己的死黨孫孝哲、崔乾祐密謀，想要把史思明拒之城外。

然而他麾下的大多數將領卻紛紛表示反對：史王救了我們，我們怎麼能背信棄義呢？

這樣一來，安慶緒更沒主意了。

讓位吧，自己心裡那一關過不去；不讓位吧，又怕史思明那一關過不去。

怎麼辦呢？

他左右為難，六神無主，一時不知如何是好。

與愁容滿面的安慶緒相比，史思明倒是很淡定——至少看起來顯得很淡定——他每天在營中小酒喝喝，小菜吃吃，小日子過得愜意得很。

但鄴郡城內的不少文武官員卻非常著急。

他們知道，就憑安慶緒現在的實力，要想和史思明對抗，等於是用三輪車與坦克車對抗——完全是自取滅亡！如果再這樣拖下去，一旦惹惱了史思明，不僅安慶緒本人會倒楣，還會殃及他們這些池魚！

高尚、張通儒對安慶緒說，史王遠道而來，解了我們的圍，我們不應該這麼冷落他，得出城去當面致謝才行啊。

安慶緒也想試探一下史思明的態度，便同意了他們的要求：你們想去就去吧。

高尚、張通儒就這樣來到了史思明的軍營。

史思明對他們盛情款待，席間說了很多掏心窩的話，講到動情處甚至還情不自禁地流下了眼淚，把高、張兩人感動得不要不要的。

兩人走的時候，史思明又給他們每人送了一份厚禮。

回去後，他們自然要為史思明說好話。

可安慶緒卻依然在猶豫。

三天後，見安慶緒還沒有動靜，史思明又祕密約見了安慶緒的心腹安太清腦子——活絡的安太清此時已經暗中投靠了史思明。

安太清自告奮勇，表態願意去做安慶緒的工作。

應該說，安太清的任務完成得還是不錯的。

安慶緒考慮來考慮去，最後終於硬著頭皮給史思明寫了一篇表文，表文中他的態度頗為謙卑，不僅向史思明稱臣，還再三邀請史思明解甲入城，說他願意親手奉上皇帝的大印。

收到表文後，史思明很開心，但嘴上說的卻是：何必如此！

之後，他將表文向全軍將士展示，所有人都高呼萬歲。

當然，安慶緒耍的那點小伎倆是不可能騙得了史思明這樣的老狐狸的——就像小學一年級的數學題不可能難住博士生一樣。

史思明是絕不可能進城的。

因為他知道，如果真的像安慶緒提出的那樣「解甲入城」——解除武裝後進城，肯定是自投羅網！

他怎麼可能自投羅網？

他只會讓別人自投羅網！

於是他給安慶緒回了一封信，寫得非常誠懇。

信中他先是深情回顧了他和安慶緒之父安祿山之間的深厚情誼，接著盛讚安慶緒從小就是多麼優秀最後又明確表達了他對安慶緒繼續擔任大燕皇帝的支持：我願與你約為兄弟之國，一起鼎足而立，一旦有情況就互相支援，你若身陷危急，我必以命相抵。如果你要向我稱臣，我是絕不敢接受的……

看了這封信，安慶緒又是高興——有了史思明的表態，再也不用擔心自己的皇位了；又是感動——沒想到史思明的氣量這麼大！看來自己之前是有些多心了！

人一感動，就容易衝動。

為了表示自己的誠意，安慶緒主動提出，願意與史思明歃血為盟。

史思明同意了，挑了個好日子，邀請安慶緒一起定盟。

幾天後，安慶緒帶著文武大臣和三百名親兵，高高興興地來到了史思明的大營。

史思明為他舉行了隆重的歡迎儀式，隨後讓那三百名親兵在帳外等候，自己親切地牽著安慶緒的手，一起進了大帳。

安慶緒知道，今後自己能發展到怎樣的程度，基本上取決於他取悅史思明的程度，所以，在這個時候，自己高不高興不重要，史思明高不高興才重要。

為此，他先是醞釀了一下情緒，硬是擠出了兩滴眼淚，接著又滿懷深情地說出了自己早已準備好的臺詞：小弟我才智不足，不僅丟失了東西兩都，還陷入了敵軍的包圍，幸虧大王你不忘太上皇的舊情，不遠千里趕來救援，小弟我才得以死裡逃生。這樣的大恩大德，小弟終生都難以報答。

史思明重重地點了點頭：你說得很對，我確實沒有忘記你父皇對我的恩情……所以我今天要為你父皇報仇！你身為人子，卻殺父篡位，喪盡天良，為天地所不容，還有什麼資格活在這世上！

安慶緒大驚。

再看史思明，卻見那一秒鐘前還如春風般溫暖的面孔竟然一下子變得如秋風掃落葉般的冷酷無情，令人不寒而慄！

安慶緒還沒反應過來，就被史思明的左右按倒在地。接著與他的四個兄弟一起被砍掉了腦袋。

與此同時，跟安慶緒一起前來的文武大臣也都被史思明的軍隊控制住了。

對這些人，史思明沒有一棍子打死，而是有打有拉，區別對待。

高尚、孫孝哲、崔乾祐等人平時驕橫跋扈，民憤極大，被斬首示眾；而張通儒、李庭望、安太清、田承嗣、薛嵩等人則被他納入麾下，授以官職。

做完這一切後，史思明才率軍入城，打開府庫賞賜將士，接著又派人分赴各地，接收了原本安慶緒所轄的全部州縣。

由於安慶緒原本就不得人心，這一切並沒有引起任何波瀾。

局勢很快就穩定了下來。

之後史思明命兒子史朝義留守鄴城，自己則率軍返回了老巢范陽。

李光弼鐵腕治軍

西元七五九年四月，史思明在范陽正式稱帝，國號仍為「燕」，同時改范陽為燕京，將其定為自己的都城。

之後的一段時間，他一直坐鎮於燕京，一邊鞏固新生的政權，一邊等待合適的機會。

他並沒有等待多長時間。

不久，他就聽到了一個他希望聽到的消息——他最忌憚的對手之一郭子儀被免職了！

這當然不是沒有原因的。

鄴郡一戰以多打少，最後的結果卻是一敗塗地，朝野上下一片震動，李亨更是大為震怒。

原本以為平叛已經勝利在望，沒想到卻是這樣令人失望！

毫無疑問，如此重大的失利，一定要有人為此承擔責任。

這個人，當然不可能是魚朝恩——畢竟，李亨將其視為耳目，誰也不可能自己挖去自己的耳目。

而且，既然是耳目，該處理誰自然要聽耳目的意見。

甩貨也許有點難度，甩鍋這玩意兒誰不會呢？

魚朝恩毫不猶豫地把所有責任一股腦兒全都推到了郭子儀的頭上。

李亨本來對郭子儀就非常猜忌，現在自然也就順坡下驢，馬上下詔免去了郭子儀的軍職，遣使將其召回長安。

郭子儀擔任朔方軍主帥多年，很受將士愛戴，因此聽說他要被調走，將士們全都不約而同地走出了營門，擋住了道路，流著眼淚請求郭子儀留下來。

郭子儀騙他們說，我現在是去為朝廷的使者餞行，不是要走。

將士們這才讓出了一條通道。

郭子儀立即策馬揮鞭，頭也不回地疾馳而去。

之後李光弼被任命為新的朔方節度使。

本來李亨還想封李光弼為天下兵馬元帥，但李光弼很識趣地表示，兵馬元帥一職最好由親王擔任，自己當副手就夠了。

這正中李亨的下懷。

他當即改封越王李系（李亨次子）為元帥，李光弼為副帥。

不過，李光弼接掌朔方軍的過程並不順利，甚至還差點鬧出兵變。

之所以會這樣，主要是因為他和前任郭子儀在治軍方式上有很大的差異。

郭子儀為人仁厚，治軍相對比較寬鬆，除了打仗出不出力會管，其他幾乎什麼都不管；而李光弼性情嚴肅，作風極為嚴謹，除了晚上做不做夢不管，其他幾乎什麼都要管。

他一上任，就連續發布了多條軍令，大力整頓軍紀。

這讓之前一向自由慣了的朔方軍將士感到極不適應，很多人都產生了很大的抵觸情緒。

朔方左廂兵馬使張用濟就是其中的一個。

當時張用濟正率部駐在河陽（今河南孟州），他是個直性子加火暴脾氣，從不掩飾對李光弼的不滿，逢人就要大發李光弼的牢騷：一天到晚這個要求，那個要求，我看李光弼這小子就是個渾球！

這天，李光弼召他到洛陽議事。

張用濟知道李光弼對自己印象不好，生怕他會借機對自己下手，便乾脆一不做，二不休，一面集結麾下部隊，一面又聯絡了一批與他交好的朔方軍將領，跟他們商議說他打算帶兵去洛陽，驅逐李光弼，迎回老上司郭子儀。

時任朔方都知兵馬使的僕固懷恩連忙阻止他：鄴郡兵敗，郭公確實負有一定責任，所以朝廷才罷免了他。如果你趕走李將軍，強行迎回郭公，那就是謀反！反而會害了郭公！

其他將領也紛紛表態，對他這種危險的想法表示反對。

張用濟這才意識到了事情的嚴重性，停止了行動。

也許是為了抗議李光弼，他並沒有馬上應召去洛陽，而是數日後，才大搖大擺地來到了李光弼的營中。

沒想到李光弼竟然以他來得太晚、違反軍令為由將他斬首示眾。

顯然，李光弼可能已經聽說他曾密謀兵變，所以才故意小題大做，對桀驁不馴的張用濟痛下殺手，以此來震懾三軍。

張用濟死後沒過多久，僕固懷恩也來了。

李光弼請他入座。

兩人剛講了幾句話，屁股還沒坐熱，就聽有人來報外面來了五百名胡人騎兵。

李光弼尚未來得及反應，僕固懷恩已經來到門口，用手指著這些騎兵厲聲斥責：我不是叫你們不要來的嗎？你們為什麼不聽呢？……

誰都看得出來，這一幕是僕固懷恩故意安排的，他這是在向李光弼示威！

一向眼裡容不得沙子的李光弼怎麼可能忍得了這個？

當然忍得了。

他雖然眼裡容不得沙子，可他的腦子裡又沒有進水。

因為李光弼知道，僕固懷恩不是張用濟，此人在朔方軍中的地位僅次於郭子儀，且又因出使回紇之功而深受皇帝寵倖，是絕對不能得罪的。

因此他非但沒有發怒，反而還笑著說道，部下跟隨主將，也沒什麼不對啊。

接著他又命人拿出酒肉款待這些將士。

就這樣，李光弼恩威並用，軟硬兼施，總算鎮服了朔方將士的心，從此再沒人敢隨便違抗他的軍令了。

但他的心中卻依然不輕鬆。

他一直在擔心一個人——史思明。

在他看來，目前的平靜只是暫時的，史思明一定是會捲土重來的。

果然不出他所料。

沒過多久，史思明真的來了！

西元七五九年九月，得知郭子儀被免職、朔方軍人心不穩的消息後，史思明大喜，隨即命小兒子史朝清留守范陽，自己與長子史朝義、大將令狐彰、周摯等人一起領兵南下，直撲汴州（今河南開封）、洛陽。

此時李光弼正在黃河沿線巡視防務，聞訊立即趕赴汴州。

駐守汴州的，是時任滑汴節度使的許叔冀——就是那個當初對張巡見死不救的傢伙。
李光弼問許叔冀：你能否替我堅守十五天？十五天一到，我一定率大軍來救！
許叔冀人嘴不，膽小口氣大，馬上拍著胸脯保證：沒問題！

得到肯定的回覆後，李光弼立即趕回洛陽組織防禦。
然而這次史思明的推進速度實在是太快了——他前腳剛走，史思明的大軍就到了。

許叔冀能頂得住十五天嗎？
當然不可能不要說十五天了，一天都不可能——否則他就不叫許叔冀了。
事實上，與叛軍剛一交手，他就本著「世上無難事，只要肯放棄」的人生信條，迅速帶著部下投降了。
史思明就這樣不費吹灰之力拿下了汴州，隨後馬不停蹄繼續西進，兵鋒直指洛陽。

汴州的過早陷落，徹底打亂了李光弼的戰略部署。
他知道，在這種情況下，洛陽是很難守得住了。
他隨即召集東京留守韋陟等洛陽主要官員，一起商議下一步的行動計畫。

李光弼先問韋陟：賊軍乘勝而來，氣焰正盛，我軍不宜速戰，堅守才是上策，但洛陽無險可依，無法久守，不知韋公有何良策？
韋陟提議退守潼關。
李光弼搖了搖頭，否決了他的提議：我覺得不妥，現在暫時撤退肯定是要的，可也不能退得太深，倘若無故棄守五百里，敵人的氣焰勢必更加囂張（政治因素也不能不考慮呀，這是有前車之鑒的，當初高仙芝、封常清之所以掉腦袋，就是因為一下子退到了潼關）。

當然，括弧裡的話他沒有說出來。

接下來他又繼續侃侃而談，我認為不如轉移到河陽（今河南孟州），與北面的澤（澤州，今山西晉城）、潞（潞州，今山西長治）戰區相呼應，形勢有利就主動出擊，不利則依城固守，這樣一來，史思明必然不敢西侵。韋公啊，若論朝廷禮節，我不如你，可軍旅之事，你不如我。

韋陟聽了很不舒服——你都有主意了還要問我，這不是明知故問嗎？還有，你這最後一句是什麼意思？秀優越感？你不就是一介武夫嗎？在老夫面前擺譜，實在是太離譜了！

不過，他到底是老江湖，雖然心中非常不滿，嘴上卻什麼都沒說，臉色也一點都沒變。

但兵馬判官韋損此時卻跳了出來，質問李光弼：洛陽是帝京，怎麼能輕易放棄？

李光弼忍不住笑了——是看見傻子的那種笑：若要守洛陽，那麼汜水關（即虎牢關，今河南滎陽汜水鎮）、崿嶺（今河南登封東南）、龍門（今河南洛陽南）等要地都要重兵把守，你身為兵馬判官，你倒是說說咱們有這麼多兵力層層布防嗎？

韋損無言以對。

隨後李光弼開始有條不紊地分派任務。

他讓韋陟帶著洛陽的全部官員及其家屬向西往關中方向撤退；河南尹李若幽負責疏散百姓，讓他們全都出城避難；同時命部隊迅速集結，帶上洛陽城內的全部重要物資往河陽轉移。

顯然，他準備留給史思明的，只是一座空城！

很快，洛陽軍民按照李光弼的安排開始有序撤離。

李光弼親自領五百名騎兵殿後。

那天日暮時分，其他人都已經撤得差不多了，李光弼正準備出發，探馬突然來報，叛軍前鋒已經逼近了洛陽東門外的石橋！

將士們慌忙向李光弼請示：咱們怎麼走？是改走北門還是跟以前一樣從石橋走？

李光弼斬釘截鐵地回答：走石橋！

他命令部隊點起火把，大搖大擺地從東門透過石橋，向北進發。

叛軍見唐軍隊伍齊整，戒備森嚴，領兵的又是大名鼎鼎的李光弼，頓時如同鬣狗見了獅子一樣——根本就不敢逼近，只敢遠遠地尾隨在後，眼睜睜看著李光弼從容進入河陽。

唐軍離開後，叛軍兵不血刃地占領了東都洛陽。

由於擔心李光弼會出兵從後面發起攻擊，身為大燕皇帝的史思明並沒有入住洛陽皇宮，而是一直駐軍於洛陽東郊的白馬寺一帶嚴陣以待，同時還在河陽南面修築了一座月城（半圓形的城池），以防備李光弼。

接下來他當然也不會繼續西進。

有李光弼在他的背後，就相當於有一把槍頂在他的腦後——讓他時刻都無法安心！

他無論如何都要先把李光弼解決掉，否則他根本不可能睡得了好覺！

因此，在洛陽略作休整後，史思明馬上帶領大軍撲向李光弼所在的河陽。

單挑

河陽城跟一般的城不一樣——它不是一座城，而是包括了南城、中城、北城三座城池，故也稱為河陽三城。其中南北二城分別位於黃河的南北兩岸，中城則修築於黃河中的沙洲上。

三城之間有浮橋相連，稱河橋或河陽橋（南北朝末年東西魏曾在此地大戰，史稱河橋之戰，本人作品《彪悍南北朝之鐵血雙雄會》對這一戰有詳細描述，有興趣可以看看）。

很快，一場大戰在河陽城打響了。

不過，由於曾經在太原見識過李光弼守城的厲害，這次史思明並沒有急於攻城，而是先派驍將劉龍仙帶著五十名精銳騎兵到河陽城下罵陣，企圖激怒李光弼，誘使他出城野戰。

劉龍仙自恃驍勇，態度非常囂張。

他歪著脖子，斜著眼睛，還在馬上蹺起了二郎腿——一隻腿幾乎架到了馬脖子上，一副吊兒郎當的樣子，而他罵李光弼的話更是極其不堪入耳——不要說正常人了，即使是癱瘓了二十年的癱子也會被他氣得暴跳如雷！

但李光弼卻對此始終置若罔聞，臉上始終帶著一絲蒙娜麗莎般的微笑。

直到身邊的將士們全都義憤填膺，全都把拳頭捏得咯咯作響，他才輕描淡寫地開了口：誰能幹掉此人？

僕固懷恩馬上請戰：我去！

李光弼沒有同意：此非大將所為。

左右隨即推薦了偏將白孝德。

李光弼問白孝德：你需要多少兵馬？

白孝德回答，我一個人就夠了！

李光弼對他的勇氣大加讚賞，卻還是堅持要他帶兵出戰。

白孝德只好說，那就帶五十個騎兵作為我的後援團吧，另外，到時請大軍一起幫我擂鼓助威。

隨後白孝德左右手各持一支長矛，策馬出城，緩緩而進——那樣子，似乎不像是去單挑的，倒像是去單位的。

城樓上的僕固懷恩見狀對李光弼說，這事肯定成了！

李光弼笑著問道：「還沒交手呢，你怎麼知道？」

僕固懷恩也笑了，看他那副氣定神閒的樣子，就知道他肯定是萬無一失。

之後，兩人和城上所有人一樣，又繼續把目光聚焦到了白孝德身上。

隨著白孝德和劉龍仙的距離越來越近，他們的心情也越來越緊張。

隨著白孝德和劉龍仙的距離越來越近，劉龍仙也注意到了白孝德。

劉龍仙是叛軍中著名的勇將，見來的只有一個人，根本沒放在眼裡，連架在馬脖子上的腳都沒放下來。

等白孝德走近了，他才定了定神，打算把腳放下來，準備迎戰。

沒想到白孝德卻笑著朝他招手示意。

劉龍仙很迷惑：這人到底是誰啊？我好像不認識呀？……

他滿腹狐疑，只好停在那裡，看白孝德到底想幹什麼。

只見白孝德一直到離他十步左右才停了下來，然後用小品《主角與配角》中陳佩斯的口氣對他說，侍中（李光弼當時在朝廷的官位是侍中）讓我給你帶句話……

劉龍仙一聽是李光弼派來的，便又繼續蹺著腿大聲辱罵。

白孝德站在那裡一動不動，靜靜地聽著。

過了好一會兒，他突然問道，你認識我嗎？

劉龍仙莫名其妙，你是何人？

白孝德大聲回答，我乃白孝德也！

劉龍仙報以一聲冷笑，白孝德，是哪裡來的豬狗！

話音未落，畫風突變。

之前一直靜如蠟像的白孝德突然挺著長矛如離弦的箭一樣衝了過來。

與此同時，河陽城上戰鼓齊鳴，吶喊聲震耳欲聾，早已在城門口等候多時的五十名精銳騎兵也從城中飛馳而出。

劉龍仙大驚，慌忙想要提槍迎戰。

但哪裡還來得及？

沒等他把腿從馬脖子上放下來，白孝德已經衝到了他的面前！

無奈，他只好本能地掉轉馬頭，往黃河堤岸上狼狽逃竄。

沒逃幾步，他就被白孝德追上，手起矛落，刺於馬下。

隨後白孝德割下劉龍仙的首級，像拎超市購物袋一樣一把拎在手裡，接著又像超市購物歸來一樣優哉遊哉地返回了河陽城。

而劉龍仙的那些手下，不知是被眼前的這一幕驚呆了還是嚇尿了，居然沒有一個敢動。

美馬計

儘管首戰就失去了一員悍將，但史思明並沒有氣餒，很快他又想出了一個新招。

他從軍中挑選出一千多匹膘肥體壯的良馬，讓士兵每天牽著去黃河南岸的淺水處洗澡，洗完了牽回來轉一圈再去洗，循環往復，以顯示自己的戰馬之多，打擊唐軍的信心。

然而他萬萬沒有想到，有一天那些戰馬竟然全都叛變了——它們一下水就爭先恐後地游向河陽城，一匹都沒剩下！

史思明聞訊氣得直跺腳。

他無論如何也想不通這到底是怎麼回事。

好在史書為我們揭曉了謎底。

原來，李光弼不僅是個軍事專家，還是個動物學家；不僅懂人性，還懂獸性；不僅精通母豬的產後護理，還深諳公馬的群體性心理……

他知道叛軍那些被牽到河中沐浴的戰馬大都是公馬——史思明為展現戰馬的壯碩，挑出來的肯定是公馬，他知道這些馬一看到母馬就會不受控制。

因此，他特意從自己的部隊中挑選出了數百匹剛下完崽的母馬，將小馬駒留在城內，同時命人把這些母馬都牽出了城，來到了城外的黃河邊。

母馬思念自己幼小的孩子，一出城就不停地叫喚。

叛軍那些公馬聽到母馬深情的聲音，以為那些母馬是在呼喚自己，它們一下子全都跳下黃河，不顧一切地朝著母馬所在的河陽城邊猛衝過去。

就這樣，史思明損失了一大批最好的戰馬。

他當然不可能咽得下這口氣。

他對天發誓，一定要拿下河陽城，活捉李光弼！

考慮到河陽城的特殊結構，這次他把進攻的矛頭對準了連接河陽三城的浮橋。

他出動了數百艘戰船，組成了一支艦隊，排在艦隊最前面的，是數十艘裝滿易燃物品、燃燒著熊熊大火的小船。

顯然，他是想用這些火船燒毀浮橋，切斷河陽三城的聯繫，隨後再用戰船圍攻中城！

李光弼似乎早就預料到了史思明這一招。

他事先準備了數百根幾十米長的木杆，現在立即命士兵們拿出來，在其前端裝上鐵叉，後面則用巨大的木頭撐好固定在浮橋上。

叛軍的火船還沒靠近浮橋，就被唐軍長杆上的鐵叉死死叉住，動彈不得，隨之被自身的大火燒成了灰燼，很好地詮釋了「玩火者必自焚」這個成語的意義。

雖然打頭陣的火船都被燒毀了，但不得不承認，史思明的軍隊戰鬥力還是頗為強悍的——那些緊隨其後的叛軍戰船依然還在不要命地繼續往前衝。

可正如魚再怎麼掙扎也突破不了漁民布下的漁網一樣，這些叛軍戰船再怎麼衝撞也突破不了唐軍的鐵叉——不少船都被鐵叉固定住了，其餘的也亂成了一團。

李光弼命部隊用設置在浮橋上的投石機發射巨石，將這些已成活靶子的船隻一一擊沉。

最終叛軍大敗，除了落在後面的少部分戰船逃回去以外，其餘的全被消滅殆盡。

見正面難以得手，史思明又派兵迂回，企圖切斷唐軍的糧道。

李光弼親自率軍前往救援，駐於野水渡（位於今河南孟津的一個黃河渡口），與叛軍對峙。

然而出人意料的是，當天傍晚他又悄悄返回了河陽，把防守任務交給了部將雍希顥。

臨行前，他叮囑雍希顥說，史思明麾下的高庭暉、李日越、喻文景三人都有萬夫不當之勇，今天夜裡他一定會派三人中的一個前來偷襲，他們來了，你不要與之交戰，等他們投降後，你再與他們一起來見我。

雍希顥聽了莫名其妙，不用交手，敵人就會自動投降？怎麼可能？是他們吃錯藥了還是大帥你吃錯藥啦？

不過，儘管並不理解，可雍希顥對李光弼的信賴已經充分到了過分的程度，對李光弼的水準已經相信到了迷信的程度，對李光弼的命令已經服從到了盲從的程度，因此他執行得還是非常堅決。

當晚，他和他的部下一宿沒睡，一直懷著忐忑不安的心情等待著叛軍的到來。

好在，他沒有失望。

次日凌晨，叛軍大將李日越果然率五百精銳騎兵來了。

按照李光弼之前的吩咐，雍希顥沒有率軍抵抗，而是隔著戰壕問候對手：來的是李日越，還是高庭暉啊？

李日越很奇怪——現在不是該跟我打仗嗎，跟我打招呼幹什麼。

但考慮到來而不往非禮也，他只好耐著性子答道：我李日越啊，你怎麼知道我會來？

雍希顥說：司空（李光弼當時在朝廷的職務是司空）講的。

李日越問：司空在嗎？

雍希顥如實回答：昨晚已經走了。

李日越聞言大驚：啊？

如同被當頭打了一棒，他一下子就呆在了那裡。

因為在他出發前，史思明曾給他下了這樣一個死命令：李光弼擅長守城，野戰非其所長，這次他出現在野外，帶的部隊又不多，正是對付他的絕佳機會。你帶精騎前往，一定要生擒他，抓不到就別回來見我！

李日越知道，史思明這個人做事狠辣，向來說話算話，要是自己抓不到李光弼，回去肯定只有死路一條！

怎麼辦？

用屁股想也知道怎麼辦！

沒有任何猶豫，李日越馬上決定投降唐軍。

之後，雍希顥帶著李日越回到了河陽。

李光弼對李日越異常器重，不僅給他很高的禮遇，而且還將其視為心腹，大小事宜都聽取他的意見。

沒過不久，叛軍另一名勇將高庭暉也找了個機會前來投誠。

不費一兵一卒就輕鬆收服了敵方兩員大將，李光弼的部下都對主帥的謀略深感佩服，但與此同時，他們的心中也都有同一個疑問：這到底是怎麼回事呢？

李光弼笑著解釋說：其實這事沒什麼複雜的呀，就跟下雨了要打傘、天黑了要開燈一樣，都是人之常情。史思明一直認為野戰是我的劣勢，聽說我行軍在外，絕不可能放棄這樣的機會，一定會派勇將來襲擊我，他自以為這事十拿九穩，必然會下死命令。李日越抓不到我，害怕回去後會受到責罰，只能選擇投降。而高庭暉的才幹和勇力都在李日越之上，聽說李日越受到我的重用，自然不願落在他後面，因此也會歸降。

諸將這才茅塞頓開。

那種感覺，就彷彿看了個奇妙的魔術，百思不得其解，但等魔術師講解完所用的機關後，才一下子發現，原來這麼簡單！

面對如魔術師般神奇的李光弼，史思明終於無奈地認識到，自己要想與李光弼比計謀，就相當於一個人要想與喜馬拉雅山比高度——完全是自不量力。

既然鬥智不行，那就鬥力吧！

在他的親自指揮下，叛軍對河陽發動了一波又一波持續不斷的猛攻。

不講武德

首當其衝的是河陽南城。

駐守南城的，是李光弼的愛將李抱玉。

李抱玉是初唐名將安興貴之後，本名安重璋，在李光弼手下擔任偏將，屢立戰功，後來他恥於與安祿山同姓，向皇帝李亨申請改姓，被賜姓李氏，從此改名叫李抱玉。

李光弼給他的任務，是堅守南城兩天。

聽起來似乎挺容易，但李抱玉並沒有馬上答應，而是問了一個問題：兩天後怎麼辦？

他這麼一問，李光弼心中反而有底了。

因為他知道，愛提問題的人一般責任心不會太差。

於是李光弼爽快地回答，兩天後如救兵不來，你可以放棄守城。

李抱玉這才慨然允諾，行！

然而等戰鬥開始後，他才發現自己還是大大地低估了叛軍的攻擊力。

叛軍的人實在是太多了，攻勢實在是太強了，儘管李抱玉一直在率眾死戰，可還是有些招架不住——到當天傍晚，南城的城牆已經被叛軍打開了多個缺口，形勢岌岌可危！

眼看城池即將失守，李抱玉靈機一動，派人向史思明請降：我軍糧草已盡，請允許我們明天早晨投降！

史思明聞言大喜。

次日清晨，他早早地整軍列陣，準備受降，但等了半天，城上卻始終沒有任何動靜。

他忍不住派人質問。

可他得到的，卻不是任何回應的言語，而是一陣如蝗的箭雨。

史思明這才知道上當了，不由得勃然大怒：年輕人不講武德，勸你們好自為之！

他當即命令部隊重新發起攻擊。

但這一次，戰場的形勢已經和前一天完全不一樣了。

李抱玉充分利用一夜的休戰時間，修補好了城上的所有缺口，城池的防禦能力大為加強，唐軍上下也由於知道只要再堅守一天援軍就會到來而信心倍增，鬥志異常旺盛。

而叛軍則因為希望落空大受打擊——這就好比，本來你是打算去當新郎，期待著能和美女一起快活；沒想到現實卻是讓你當戰狼，要和敵人你死我活，這樣大的反差，誰能接受得了呢？誰能不垂頭喪氣呢？

因此，他們士氣低迷，攻擊力也大不如前。

見形勢有利，李抱玉又果斷派出一支騎兵悄悄出城，繞到了叛軍身後，隨後與城中的部隊內外夾擊，大破叛軍。

見南城不好打，史思明又命大將周摯等人率叛軍主力轉攻中城。

中城是建立在沙洲上的，土地比較鬆，考慮到承重的問題，城牆建得比較低矮，故而為了加強防禦，城外還布設了一道木柵欄，柵欄外有一條寬達兩丈的壕溝。

不過，就算有壕溝和柵欄加持，中城的城防在河陽三城中也依然是最薄弱的，因此李光弼對此城極為重視，親自在這裡駐守。

見叛軍大舉來襲，李光弼命部將荔非元禮領兵迎敵，自己則坐鎮於中城東北角的一個瞭望塔上，在那裡一面觀看戰場形勢，一面用紅旗全盤指揮。

他看到，叛軍仗著人多勢眾，如排山倒海般向中城撲來，荔非元禮按兵不動；

他看到，叛軍逐漸逼近了壕溝，用鐵鍬一鍬一鍬地填土，荔非元禮還是沒有動；

他看到，叛軍用土將壕溝填平，一個一個順利地透過了壕溝，荔非元禮依然沒有任何反應；

他看到，叛軍逐漸逼近了柵欄，開始用刀對著柵欄一刀一刀猛砍，荔非元禮竟然還是跟木頭樁子似的一動不動……

這下李光弼再也忍不住了，派人將荔非元禮招來質問：你眼睜睜地看著叛軍又是填溝，又是開柵，為什麼不打？

荔非元禮反問道，司空大人，你是想固守還是要出戰？

李光弼沒好氣地說，當然是出戰。

因為他知道，中城的城防遠不如南北二城堅固，僅靠消極防守是很難守住的。

荔非元禮笑了：這不對了嘛。既然要戰，那麼敵人如此費力地替我們填溝開路，何必要阻止他們呢？

李光弼這才明白了他的意圖，不由得連連點頭：有道理，你好好幹吧。

直到叛軍好不容易氣喘吁吁地砍開了柵欄，荔非元禮這才猛然率軍出擊，將叛軍一下子逼退了數百公尺。

然而，由於叛軍人數眾多，一陣騷亂之後他們還是逐漸穩住了陣腳。

見一時無法衝垮叛軍，荔非元禮也不戀戰，又率部退了回去。

正在觀戰的李光弼見荔非元禮沒衝多遠就縮了回來，忍不住再一次怒火中燒，馬上派人去召荔非元禮，揚言要將他軍法從事。

沒想到荔非元禮對此根本就不予理睬：老子現在正忙著打仗，召我幹什麼？不去！

他命部隊在柵欄內嚴陣以待，自己則如捕食前的獅子觀察獵物一般目不轉睛地觀察著叛軍的一舉一動。

叛軍大概是被荔非元禮剛才那一番突如其來的衝擊打蒙了，沒敢再繼續進攻，而是一直在柵欄外與唐軍對峙。

一段時間後，見叛軍有些鬆懈，荔非元禮瞅準時機，馬上率部再次發起衝鋒，將叛軍打得潰不成軍。

兩軍相逢勇者勝

在南城和中城相繼失利後，叛軍主帥周摯又根據「手氣不順就換個方向試試」的棋牌室裡婆婆媽媽信奉的麻將原理，把主攻方向轉到了北城。

李光弼也迅速趕往北城馳援。

一進城，他就立即登上城頭觀察敵情。

看了一會兒，他對周圍的將領們說：敵軍雖然人多，但陣容不整，沒什麼可怕的。我向各位保證，最多到中午，就一定能打敗他們！

不過，說是這麼說，但李光弼的心中還是沒有底。

事實上，他這句話就和父母對孩子說的「打針一點都不疼」一樣——純粹是鼓勵性質的。

隨後他命眾將率軍出城迎敵。

激烈的戰鬥一直持續到這天中午，依然沒能分出勝負。

李光弼召回眾將，與他們一起討論對策。

他問，半天打下來，你們覺得敵軍陣營哪一面最強？

將領們的意見十分一致——最難打的是西北方向，其次是東南面。

李光弼當即命麾下愛將郝廷玉、論惟貞分別迎戰西北、東南之敵。

郝廷玉、論惟貞兩人分別要求撥給他們騎兵五百和三百。

可仗打到這個份上，哪還有那麼多騎兵？

李光弼給他們打了個六折——只給了他們一個三百，一個兩百。

接著李光弼正色道，諸位出戰時要服從我的令旗指揮，如果旗幟慢搖，你們就自行選擇敵軍薄弱處攻擊；如果旗幟急搖並三次指向地面，你們就一起衝鋒，拼死前進，有後退一步者，斬！

說完，他拿起一把短刀插入自己的戰靴中：要打仗就不能怕死。我身為朝廷三公（司空），絕不能死在賊人手裡。萬一戰事不利，諸君戰死沙場，我也必定在這裡自刎，陪你們一起上路！

眾將隨即按照他的部署全線出擊，李光弼本人則站在高處指揮。

不多時，他突然發現郝廷玉退了下來，頓時心頭一緊，血壓驟升：廷玉一退，形勢就危險了！

他馬上派左右去將郝廷玉正法。

郝廷玉見狀連忙大喊：我不是後退，是我的馬中箭了！

李光弼這才長舒了一口氣，當即命人給郝廷玉換了匹馬，讓他重新上陣。

稍後，僕固懷恩與其子僕固瑒也略有後退，李光弼又命左右去取其首級。

僕固懷恩父子見到使者提著刀直奔他們而來，連忙又咬著牙再次殺入敵陣。

就這樣，在全體唐軍不要命的衝擊下，叛軍逐漸開始顯露出了一絲輕微的疲態。

這逃不過李光弼犀利的眼睛。

他立即急揮令旗，唐軍的攻勢頓時更加猛烈，吶喊聲震耳欲聾，人人都一往無前。

太陽當空一個勁地紅，唐軍上下一個勁地衝！

這些唐軍將士中，有高的，也有矮的；有白的，也有黑的；有胖的，也有瘦的；有老的，也有少的；有帥的，也有醜的；有騎兵，也有步兵，可就是沒有一個的，更沒有一個後退的！

叛軍終於再也頂不住了，很快就全軍崩潰，兵敗如山倒，你逃我也逃。

主帥周摯也不例外，他僅帶著數騎倉皇逃回了洛陽大營，而另一名叛軍大將安太清則領著殘部退到了懷州（今河南沁陽）。

此時史思明尚不知周摯等人已經戰敗，還在指揮攻打南城，直到李光弼把叛軍俘虜拉到南城旁的黃河邊示眾，史思明才知道大勢已去，只好長嘆一聲，引兵退去。

這就是史上著名的河陽保衛戰。

這一戰，儘管打得極其艱難，但李光弼最終還是以少勝多，力挫強敵，成功守住了河陽，贏得了最終的勝利。

對當時的唐朝來說，這一戰的意義極為重大。

因為這是唐軍從九節度兵敗鄴郡以來取得的第一場大勝，它不僅狠狠地打擊了史思明叛軍的囂張氣焰，扭轉了唐軍之前連戰連敗的頹勢，使唐軍穩住了陣腳，還大大鼓舞了唐朝上下本來萎靡不振的人心。

這一戰，猶如漫漫長夜後出現的第一縷曙光，讓人們重新看到了久違的光明。

皇帝李亨聞訊，自然也大喜過望，當即加封李光弼為太尉、中書令。

第二十三章 柳暗花明又一村

邙山之戰

不過，在久經沙場的史思明看來，勝敗乃兵家常事，一次失利算不了什麼，這一戰他雖然損兵折將，但並沒有損傷太多元氣，更沒有損傷他奪取天下的雄心，他依然信心滿滿，依然意氣風發。

西元七五九年年底，也就是在河陽戰敗後不久，他就派大將李歸仁率五千精銳騎兵西進，攻打陝州（今河南三門峽）。

駐守陝州的，是一支在後來對中晚唐歷史有極大影響的部隊——神策軍。

神策軍原本駐於隴西的磨環川（今甘肅卓尼），西元七五四年由時任隴右節度使的哥舒翰為防備吐蕃所建，安祿山叛亂後，神策軍和其他很多西北邊防部隊一樣，奉命東進中原勤王，不久包括神策軍故地磨環川在內的隴右大片地區被乘虛而入的吐蕃占領，此後神策軍便留在了中原。

應該說，此時神策軍的戰鬥力還是頗為強悍的，在軍使衛伯玉的帶領下，他們對李歸仁迎頭痛擊，一舉將其擊敗，粉碎了叛軍西進的戰略意圖。

一連串的受挫讓史思明不得不停下了繼續前進的步伐。

而李光弼卻開始反守為攻。

西元七六〇年二月，他親自領兵去打懷州。

史思明急忙從洛陽率軍馳援，沒想到卻在沁水（黃河北岸的支流）附近遭到了唐軍的伏擊，大敗而回。

之後李光弼一面派兵繼續阻援，一面將懷州團團圍住，日夜攻打。

經過連續一百多天的苦戰，最終李光弼採用挖地道的方法，攻克了懷州，俘虜叛軍大將安太清。

接著他又回師河陽，繼續與洛陽的史思明對峙。

兩人都知道對方的厲害，誰都不敢輕舉妄動。

戰局從此進入了僵持階段。

日子一天天地過去。

轉眼到了西元七六一年。

隨著時間的推移，史思明的心情也越來越焦灼。

因為他知道，自己起兵畢竟名不正言不順，靠的就是一股銳氣，如果再這樣曠日持久地拖下去，部隊的士氣肯定就會和中年男人的腰一樣一天不如一天，一旦軍心垮了，後果將不堪設想！

思來想去，他想到了一個辦法。

幾天後，唐軍後方的陝州（今河南三門峽）等地出現了這樣一種流言：叛軍大都來自東北，儘管在中原已經待了一年多，還是水土不服，吃喝不慣。習慣了酸菜燉粉條的胃吃不慣河南的胡辣湯，看慣了二人轉的眼睛欣賞不了河南的梆子戲，都不願再這樣提心吊膽地待在外頭，想著要回家老婆孩子熱炕頭，現在人人思鄉心切，個個沒有戰意，他們現在的戰鬥力比蛋殼的承受力還要差，如果唐軍此時出擊，肯定會比鐵錘砸蛋還要輕鬆……

很快，這個流言就如流行性感冒般迅速傳遍了整個陝州及其周邊地區。

此時正在陝州擔任監軍的宦官魚朝恩也聽說了。

他信以為真，如獲至寶，立即鼓動如簧之舌，向皇帝李亨進言，讓他催促李光弼抓住戰機，主動出擊：桃花謝了還會再開，燕子飛了還會再來，但這樣的大好機會一旦丟了可就再也沒有了！

對魚朝恩，李亨向來是言聽計從，這次當然也不例外。

他當即下詔命李光弼出兵進攻洛陽。

然而李光弼卻堅決不同意，馬上就上表表示反對。

他認為叛軍在兵力上仍占有極大優勢，內部也沒有什麼破綻，此時出擊，勝算很小，應該保持耐心，繼續堅守待變。

這讓李亨心中非常不爽。

不過，李光弼畢竟是天下兵馬副元帥，唐軍事實上的一把手，又剛剛立下了大功，李亨也不好過分勉強他，可他心裡又不死心，便又派人徵求他的老熟人，也是目前李光弼麾下頭號大將的僕固懷恩的看法。

這正中僕固懷恩的下懷。

他對李光弼早就有了一肚子意見。

僕固懷恩為人桀驁不馴，高調跋扈，他麾下的胡漢將士也和主將一樣，大都帶有點匪氣，不太受約束，經常會有一些驕縱不法的行為。之前郭子儀生性寬厚，待人寬容，對這些事大多是睜一隻眼閉一隻眼，而現在李光弼卻是眼裡容不得沙子，治軍極嚴，有過必罰，再小的錯誤也不放過，再大的官職也不包庇，僕固懷恩和他手下那幫驕兵悍將也只好收斂心性，夾著尾巴做人，但這對於以前橫行慣了的他們來說，就相當於讓平時正常走路的人只能踮著腳尖行走——肯定是十分不舒服的。

現在，他覺得報復的機會來了。

若是贊成皇帝出兵，不僅能與以皇帝為核心的朝廷以及以魚朝恩為代表的宦官群體保持高度一致，而且還可以大大地打擊李光弼的氣焰，何樂而不為！

更何況，他覺得這些傳言講的也並不是沒有道理，說不定現在出兵真的能一舉收復洛陽，立下大功一件！

因此，他堅定地站在了皇帝這一邊，拍著胸脯表態說洛陽完全可以攻取。

有了僕固懷恩這樣的軍方代表人物的支持，李亨也就不再遲疑了。

他一個接一個不斷地派出使者，一次又一次不斷地催促李光弼出戰。

那情形，和五年前李隆基催促哥舒翰出戰幾乎如出一轍。

這也充分印證了兩句名言。

一句是：有其父必有其子；

另一句是：人類從歷史中獲得的唯一教訓，就是人類從不吸取任何教訓。

歷史再一次重演了。

迫於皇帝的壓力，李光弼和當年的哥舒翰一樣，最終不得不違背自己的意願出戰。

他留大將李抱玉守河陽，自己則帶著僕固懷恩等將領和全部主力出城，前往攻打洛陽。

魚朝恩也和神策軍使衛伯玉一起率軍從陝州（今河南三門峽）過來會合。

西元七六一年二月二十三日，唐軍進抵洛陽城北的邙山。在那裡遇到了史思明統率的叛軍主力。

李光弼命眾將依託邙山列陣，而僕固懷恩卻自恃驍勇，大大咧咧地把自己的部隊擺在了一馬平川的平原上。

李光弼見狀，急忙派人通知他移兵於險要。

但僕固懷恩根本不聽：我手下多是騎兵，在平原上才能發揮出最大的效果！

李光弼只好再次遣使告誡他：依險布陣，進可攻退可守，而在平地布陣，一旦交戰不利就全完了。切不可輕視史思明！

可僕固懷恩依然置若罔聞。

他回覆的，只有兩個字：呵呵。

就這樣，他和他的部隊遠遠地脫離了邙山腳下的唐軍主力，形單影隻地出現在了早春的曠野上——看起來就彷彿一個性感女郎站在一群母雞中那樣顯眼。

這當然逃不過史思明手術刀般銳利的眼睛。

趁唐軍立足未穩之際，他立即集中全部精銳騎兵，以迅雷不及掩耳之勢對位於平原上的僕固懷恩所部發動了猛攻。

僕固懷恩的部隊雖然以悍勇著稱，卻畢竟寡不敵眾，加上又孤立無援，很快就被叛軍的鐵騎衝得七零八落，潰不成軍。

隨後這些瘋狂逃竄的潰兵又將後面的唐軍剛布好的陣形全部打亂了。

李光弼厲聲呵斥，試圖止住敗勢。

不過這根本就是徒勞。

他就是吼得發瘋，別人也只當是耳旁風；他就是使出了渾身氣力，也依舊無能為力……

這一戰唐軍一敗塗地，一瀉千里——李光弼和僕固懷恩一路退過了黃河，一直退到了聞喜（今山西聞喜）；魚朝恩和衛伯玉則逃回了陝州；駐守河陽的李抱玉見主力敗了，也只好放棄了河陽……

史朝義挽救唐朝

經此一敗，李光弼一年多來嘔心瀝血所取得的戰略優勢，全都化為了烏有。

而史思明則欣喜若狂。

這是他自鄴郡之戰後，取得的又一場決定性的勝利！

一舉打敗了李光弼這個令他最頭疼的對手，接下來他要做的，當然是沿著當年安祿山進軍的路線，取陝州，入潼關（今陝西潼關），直搗唐朝首都長安！

他命長子史朝義為先鋒，自己率大軍為後繼，浩浩蕩蕩向西進發。

然而史朝義這次卻出師不利，在礓子嶺（今河南三門峽市南）遭到了神策軍使衛伯玉的頑強阻擊，無法前進。

史朝義不甘失敗，之後又接連組織了多次攻擊，也都被唐軍一一擊退。

這讓史思明心急如焚。

因為他知道，兵貴神速，如果不能趁現在唐軍新敗、士氣低落時速戰速決，等以後唐軍的援軍大舉趕到時再打就不那麼容易了！

他氣急敗壞地將史朝義招來，劈頭蓋臉就是一頓痛罵：你小子太沒用了，根本就不是幹大事的料！

當然，罵歸罵，錯歸錯，該做的事還是要做。

接下來，史思明又交給史朝義一個任務——命他修築一座貯存軍糧的城堡，限一天以內完工。

史朝義不敢怠慢，馬上督率部下拼命趕工，總算在天黑前把城堡建了起來，只差最後一道工序——塗泥。

沒想到就在這時，史思明來了。

見尚未最後完工，史思明勃然大怒，又將史朝義狠狠地罵了一通，隨後親自督工，很快就逼著士兵們將泥全部塗好了。

他一出馬，工程便在短時間內完工了，這不更凸顯出了史朝義的無能嗎？

因此，史思明越看這個兒子越惱火，越看越覺得不順眼，臨走前甚至還撂下了一句狠話：等老子攻下陝州後，一定要斬了你這個廢物！

在一般人看來，父親揚言要殺自己的兒子，純粹只是說說而已，不可能當真的。

但史朝義卻不這麼認為。

這當然是有原因的。

他是史思明的庶長子，可他的為人卻和父親截然不同，甚至互為反義詞——史思明性情暴躁，殘忍好殺，部下沒有一個是不怕他的；而史朝義卻謹慎謙恭，關愛士卒，部下沒有一個是怕他的。

可能是覺得這個兒子太過軟弱，完全不像自己，加上又不是嫡出，史思明很不喜歡史朝義。

他更欣賞的，是他的皇后辛氏所生的小兒子史朝清。

儘管史朝義多年來跟著父親南征北戰，立下過不少功勞，而史朝清從沒有過任何戰功，但史思明依然從不掩飾對小兒子的偏愛和對大兒子的討厭。

其實這也是可以理解的。

父母對子女的愛，也許就和男女之間的愛一樣，是根本不需要任何理由的——要不然也不會有那麼多美女會拒絕願意為她們赴湯蹈火的追求者而投入那些一無是處一肚子壞水一件事都不肯為她做的渣男的懷抱了。

總之，史思明對史朝義總是吹毛求疵，豆腐裡挑骨頭；對史朝清則始終百依百順，任何要求從不搖頭。

他心目中的太子之位，當然也是留給史朝清的。

這次發兵南下，他就讓史朝清留守老巢范陽——按照中國古代的傳統，太子通常都是留守後方的。

史朝義不傻，對父親的想法心知肚明，對自己的處境一直十分擔憂。

如果父親要立史朝清，他這塊絆腳石恐怕遲早是會被除掉的！

因此，這次聽到史思明放話要斬他，史朝義怎麼可能不大驚失色！

他知道，殺掉自己的親生兒子，這種事別人也許幹不出來，但史思明卻是肯定、一定、必定幹得出來的！

怎麼辦？

史朝義慌忙找來自己的兩個親信部將駱悅和蔡文景，與他們一起商議對策。

兩人對史朝義說，看來大王您和我們都已經命在旦夕了，必須採取果斷行動才行。廢立君主的事自古就有，請您立即召見曹將軍，共謀大事。

這個曹將軍，史書上並未留下姓名，我們只知道他是史思明手下的衛隊長，負責史思明的安全保衛工作。

史朝義當然清楚駱悅等人說的大事是什麼，不過他一時還是下不了決心，始終埋著頭一言不發。

這下駱悅急了：您如果不同意，我們就去投降李唐朝廷！到時只怕您也會被牽連，別想活命！

史朝義這才慢慢地抬起了頭。

他的眼眶裡，充滿了不停地溢出來的淚水。

由此可見，他的內心有多麼不捨！

然而就算再不捨，現在也不能不幹了。

因為他已經沒有了任何退路。

要想活下去，就得豁出去！

最終，他咬著牙一字一頓地說出了這麼一句話：你—們—好—好—幹—吧，不—要—驚—動—了—

聖—人（史思明）！

隨後駱悅立即把曹將軍找來，要求他充當內應。

曹將軍是個識時務的俊傑（包），他知道在這種情況下，要是不從肯定只有死路一條，便沒有任何猶豫就答應了。

有了衛隊隊長的參與，接下來的事就簡單了。

駱悅等人帶著三百親兵與曹將軍一起直奔史思明的寢帳。有曹將軍領頭，駱悅一行就彷彿現在警車開道的車隊一樣暢通無阻——史思明營中的衛兵根本不敢阻攔。

可進入史思明的臥室之後，駱悅卻大吃一驚。

裡面竟然一個人也沒有！

他急忙向寢帳外值勤的衛兵詢問史思明的去向。

那個衛兵可能反射弧較長，回答得稍慢了一點，他手起刀落，將其劈為兩段。

其餘的衛兵嚇壞了，慌忙用手指著廁所的方向告訴他：皇上到那邊上廁所去了！

此時廁所裡的史思明也聽到了動靜。

他反應很快，知道有情況，連屁股都沒顧得上擦就提起褲子，翻牆跳入隔壁的馬廄，跨上一匹馬就往外衝。

可他的動作就算再快，也不可能快得過命運。

也許是命中註定難逃此劫，他剛出馬廄就迎面撞上了駱悅等人帶領的亂兵。

史思明急忙又掉轉馬頭，往反方向逃。

但哪裡還來得及？

只聽駱悅一聲令下，身邊的兵士紛紛放箭，其中一箭正中史思明的手臂。

史思明栽下馬來，隨即被擒。

他畢竟是見過大場面的人，此時倒也不驚慌，只是淡淡地問，誰指使的？

駱悅回答，奉懷王（史朝義）之命。

史思明一下子全都明白了，仰天長嘆道，我白天說錯了話，遭到這樣的下場也不冤枉。只是你們動手太早了，為什麼不等我拿下長安後再動手呢？看來我的大業是辦不成了！

接著他又大聲對駱悅等人吼道：「別殺我！」

可就算喊破了嗓子，駱悅也只是把史思明當成一頭瞎叫喚的驢子。

他對此根本不予理睬，依然按照既定安排將史思明押送到了數十里外的柳泉驛（今河南宜陽柳泉鎮）囚禁起來，隨後回營向史朝義彙報：事成了！

不過，直到這個時候，史朝義還沒有想好如何處置自己的父親。

然而駱悅很快就幫他做出了決定。

當時史思明最倚重的得力幹將周摯正率部駐紮在附近，得知史思明被抓，他竟然驚得連站都站不住，一下子暈倒在地！

從這件事中，駱悅知道了史思明在這些高級將領心中的地位。為杜絕後患，他立即派人將史思明勒死。

史思明就這樣結束了他五十九年的人生。和他的老朋友安祿山一樣，他也死在了兒子的手裡。但與安祿山不一樣的是，他似乎更有軍事才能，對唐朝的危害也更大，明代史學家王世貞就認為他「才力遠出祿山上」。

《劍橋中國隋唐史》更是直截了當地說，史思明任叛軍領袖後，被證明是一位傑出的將領，如果不是他的兒子史朝義與他人合謀將他殺害，他很可能推翻唐朝。

假若這種說法成立的話，也許史朝義才是安史之亂得以平定的最大功臣——史朝義就如同一個在關鍵比賽的關鍵時刻中踢進關鍵烏龍球的敵方球員，硬是憑一己之力力挽狂瀾，把已經命懸一線的唐朝從死亡線上一把拉了回來！

當然，那時的史朝義肯定不會這麼認為。

事實上，他也根本沒時間考慮這些。

他腦海中只有一件事——怎樣在父親死後穩定住局勢。

為此，他先是設計將史思明的死黨周摯拿下殺掉，接著又火速返回洛陽，迫不及待地登上了帝位，成為偽燕朝的第四任皇帝。

當上皇帝後，史朝義幹的第一件事就是派人傳令給駐守范陽的大將張通儒，讓他殺死弟弟史朝清、其母辛氏以及黨羽數十人。

張通儒奉命大開殺戒，不料卻遭到了史朝清黨羽的強力反彈，兩派勢力在范陽互相殘殺，史朝清、張通儒先後死於非命，動亂持續了數月之久。直到後來史朝義派他的心腹部將李懷仙出任范陽尹，才算勉強控制住了局勢。

但史朝義的日子依然不好過。

儘管他當上了皇帝，可駐守在各地的叛軍將領卻似乎不買他的賬。

這其實也是可以理解的。

那些將領中很多都是曾和史思明平起平坐的安祿山部將，之前之所以願意追隨史思明是因為史思明確實能力超強，能給他們帶來一次又一次的勝利，而現在坐在皇帝位子上的是年紀輕輕、能力平平的史朝義，他們還追隨他圖什麼？

可以這麼說，此時的叛軍內部早已矛盾重重，貌合神離，儘管表面上似乎還屬於一個集團，實際上卻已經是一盤散沙……

第二十四章
最是無情帝王家

李輔國專權

按理說，這是唐軍發動大規模反攻的大好時機。

然而唐朝卻一直毫無動靜。

這當然是有原因的。

因為這段時間唐朝的內部也不安定。

江南、河東（治所今山西太原）、絳州（今山西新絳）、翼城（今山西翼城）等地先後發生了多次叛亂或兵變，雖然先後被平定，但也付出了不小的代價。

而更令李亨頭疼的，還是朝廷內部。

可能是從小到大見過了太多的背叛，李亨對朝中的文武百官都不大信任，只想把權力全部集中到自己的手中來，但他此時已經年近半百——對古人來說這個年齡已經不小了，而且他的身體狀況似乎也一直不太好，大病不少，小病不斷，很難獨自承擔繁重的政務，不得不找人來幫助自己。

用誰呢？

李亨的用人原則跟之前唐朝的所有皇帝都不一樣。

有些皇帝用人主要看有沒有才能，有些皇帝用人主要看有沒有德行，有些皇帝用人主要看有沒有背景，而李亨的標準就非常獨特了——他主要看的是有沒有男人那東西。

也就是說，他最信任的是身邊的宦官。

這也導致了朝廷中宦官勢力的急劇膨脹。

李亨最倚重的，是曾在自己上位過程中立下大功的李輔國。

李輔國當時的官銜非常多，比如郕國公，開府儀同三司，太子詹事，殿中監，少府監，閑廄、五坊、宮苑、營田、栽接總監使，隴右群牧，京畿鑄錢，長春宮使……

總之，如果開會時聽到開始念他的頭銜，你完全可以安安心心地去一趟廁所再抽完三根煙，回來保證他的頭銜還沒念完。

儘管身兼幾十大要職於一身，李輔國本人最看重的，卻是一個看起來似乎並不顯眼的職務——元帥府行軍司馬。

這個官銜是李亨的首創。

他繼位後，鑒於國家正處於平叛的非常時期，為方便軍政事務的施行，便設立了天下兵馬元帥一職，置元帥府於禁中，任命李輔國為元帥府行軍司馬，掌握四方奏事，軍號符印，也就是說李亨所頒的詔命，全都要經過他簽名後才施行；文武百官以及全國各地所上的奏摺也都要透過他的中轉挑選後才彙報給皇帝。

李輔國也由此權傾天下。

他每天都坐在位於銀台門（大明宮的宮門之一）內的官署中發號施令，堂而皇之地裁決天下大事。朝中的大小事務大多由他處理，處理完才告知皇帝李亨。

除了政務，禁軍也處在李輔國的掌控之中。

可以這麼說，李輔國雖然不是皇帝，但皇帝的權力大多透過他來行使；李輔國雖然不是宰相，可所有宰相對朝政的影響力加起來也沒有他大！

面對權勢熏天的李輔國，朝野上下都爭相拍馬。

就連出身於名門隴西李氏的宰相李揆見了李輔國也十分恭敬，甚至還不要臉地稱李輔國為五父——李輔國在家中排行第五。

不過，凡事總有例外。

正如不是所有的河都流入大海一樣，也不是所有的人都諂媚李輔國。

太上皇李隆基身邊的高力士就是一個。

唐玄宗李隆基在位時期，高力士是宦官總管，當時李輔國還是一個小太監，由於他出身低，長得醜，地位卑，品德差，因此很不受高力士的待見，現在李輔國時來運轉飛黃騰達了，然而高力士對他卻依然還是一副冷冰冰的樣子。

這讓李輔國心中非常不舒服，一心想著要報復。

可高力士是李隆基的親信，而李隆基又是太上皇——當今皇帝的父親，要打擊高力士談何容易？容易。

因為李輔國知道，儘管李隆基早已退位，但多疑的皇帝對父親依然是十分猜忌，所以只要利用好這一點，這事就肯定能成！

也正是出於這樣的打算，他一直在暗中監視著李隆基及其左右的一切動向。

逼遷太上皇

李隆基現在怎麼樣了呢？

應該說，自從西元七五七年年底回到長安後，在剛開始的兩年多時間裡，他的日子過得還算平靜。

儘管失去了至高無上的權力，失去了心中至愛的貴妃，可他畢竟天性豁達，加上又有內侍監高力士、龍武大將軍陳玄禮、妹妹玉真公主（唐睿宗李旦第九女，李隆基同母妹，後出家修道）、內侍王承恩等眾多老朋友的日夜相伴，李隆基逐漸也就接受了現實，心態也慢慢地調整了過來。

算了，人生不如意事常八九，還是活在當下，過好餘生的每一天吧！

他是個興趣廣泛、多才多藝的人，現在有了大把的閒置時間，倒也並不覺得空虛。

每天他都把日程排得滿滿的——不是與各位舊友談天說地，就是與梨園弟子切磋曲藝；不是與宦官宮女一起嬉戲，就是與麻將搭子同場競技……

座上客常滿，杯中酒不空，有絲竹之悅耳，無案牘之勞形……

而愛熱鬧的他最喜歡的，還是去長慶樓坐坐看看，有時一坐就是半天——他當時所居住的興慶宮由他做藩王時的府邸擴建而成，地處皇城之外，最南面的長慶樓更是緊鄰熱鬧的長安市坊，可以直接俯瞰街市上洶湧的人潮——這也是他愛住在興慶宮的重要原因。

樓下路過的百姓看見太上皇出現，自然要停下腳步高呼萬歲。

李隆基也毫無架子，笑著回禮，有時甚至還讓宮人到樓下賜予百姓精美的宮廷美食，與民同樂。

有一次，劍南道（治所今四川成都）奏事官入京奏事，在經過長慶樓時被李隆基發現了，便特意邀請其上樓，設宴款待，噓寒問暖——他之前在成都待了兩年，對蜀地還是很有感情的。

除了劍南奏事官，史載曾受到李隆基宴請的，還有羽林大將軍郭英乂等一些其他的官員。

這似乎就有些敏感了——因為郭英乂是禁軍將領，而唐朝歷史上發生過的多次政變都與禁軍有關。

相信當時已經風燭殘年、只想頤養天年的李隆基應該不會存有奪位之念，可能他本人覺得這一切並沒有什麼不對，曾經掌握大權多年的他似乎缺了點平民所具備的意識——很多時候，自己覺得怎麼樣往往並不重要，掌權的人覺得怎麼樣才最重要！

顯然，他這一不夠檢點的舉動，觸犯了李亨的忌諱，更給了李輔國挑撥他們父子關係的口實！

因為李輔國想聽的，可不僅是一曲〈涼涼〉，他還要聽〈鐵窗淚〉！

其實前一段時間，李亨和李隆基的父子關係看起來似乎還是挺融洽的——李亨時常透過夾城（聯結興慶宮和大明宮的兩邊築有高牆的通道）前往興慶宮探視父親，李隆基有時也會到大明宮去看看兒子。

可惜，這只是表面上的。

實際上，疑心頗重的李亨從來就沒有放鬆過對父親的警惕，尤其是在鄴郡兵敗後國勢不穩的時候，對此更是極為在意。

李輔國瞅準時機，向李亨進言：太上皇住在興慶宮，每天都和外人交往，大將郭英乂多次被宴請，劍南來的官員也在興慶宮逗留很長時間，他身邊的陳玄禮、高力士等人更是經常在一起密謀，想要加害陛下。如今六軍（禁軍）將士都是從靈武就跟隨陛下的功臣，他們對此都十分不安，非常擔心（太上皇復辟）。臣一再安撫他們，卻沒有什麼用。可見事態已非常嚴重，臣不敢不向陛下據實稟報。

李亨最不放心的就是這個，心中頓時咯噔一下。

然而他這個人向來喜怒不形於色——要他敞開心胸除非是上手術臺，因此他並沒有表現出絲毫的不滿，而是擺出一副難以置信的神情，流著眼淚哽咽著說：父皇仁慈，怎麼可能做這種事？這應該是假消息吧……嗚嗚嗚嗚……

對李亨的回答，李輔國早有預料。

跟李亨相處這麼多年，他對李亨的性情早已比國中化學老師對鹽酸的性質還要熟悉——就像國中化學老師對鹽酸遇到碳酸鈉會產生什麼反應了然於心一樣，他對李亨在得知這件事時會有什麼反應也早已成竹在胸。

於是他馬上按照事先準備的預案，振振有詞地說：太上皇固然沒有此意，但他身邊的那些小人就難說了。陛下身為一國之主，應該為江山社稷著想，把禍亂消滅於萌芽狀態，豈可如尋常百姓般的愚孝？況且興慶宮與市井坊間雜處，宮牆又不高，不是太上皇宜居的地方，我認為不如奉迎太上皇到太極宮（隋朝和初唐時的皇帝居所，又稱西內或大內，與東面的大明宮、南面的興慶宮合稱三大內）居住，那裡不僅設施齊全，而且宮禁森嚴，可以杜絕小人的蠱惑。這樣一來，太上皇能享萬歲之福，陛下每天去問安也方便，不是更好嗎？

李亨低著頭沉默不語——既沒說好，也沒說不好。

這下李輔國心裡有底了。

皇帝沒有說話，其實就表示沒有反對！

不過，老謀深算的李輔國並沒有馬上行動，而是接下來又做了一次試探。

他知道，李隆基酷愛騎馬，年輕時還是馬球高手，對馬很有感情，故而儘管現在很少出門，卻還是在興慶宮裡養了三百匹好馬。

既然你那麼愛馬，那我就奪你所愛！

李輔國假傳詔令，一下子調走了其中兩百九十匹馬，只給李隆基留下了十匹。

政治經驗豐富的李隆基當然明白這意味著什麼。

他忍不住對高力士感嘆道，我兒被李輔國所迷惑，恐怕不會再盡孝了！

事實也證實了他的判斷。

李亨對李輔國這種明目張膽的放肆行為始終沒有任何反應——明明他知道這回事，卻裝出一副不知道這回事的樣子；明明他知道別人都知道他知道這回事，卻依然還是裝出一副不知道別人都知道他知道這回事的樣子。

這下李輔國膽子更大了。

很快，他又做了更進一步的試探。

在他的安排和策劃下，眾多禁軍將士在皇帝面前一起痛哭磕頭，強烈要求將太上皇迎請到太極宮。

李亨的反應還是跟之前一樣——眼淚一滴一滴地往下掉，嘴裡卻一個字都不往外蹦。

他還是什麼都沒說。

他雖然看起來什麼都沒說，但在李輔國看來，卻是什麼都說了。

一切盡在不言中。

他確信自己已經徹底掌握了皇帝的態度！

萬無一失！

幾天後，李輔國又一次假傳詔令，宣稱皇帝李亨邀請太上皇李隆基到太極宮遊玩。

皇帝有請，李隆基當然不能不去。

沒想到他和高力士、陳玄禮等隨從剛出睿武門（興慶宮的一處宮門，位於東南角），就被李輔國和五百名手持刀槍、殺氣騰騰的騎兵攔住了去路。

只見李輔國策馬來到李隆基面前，大大咧咧地說道，陛下認為興慶宮地勢低窪，面積狹小，讓我來迎接太上皇遷居大內（太極宮）！

李隆基猝不及防，一時大驚——眼前似乎又出現了四年前馬嵬驛之變的那一幕，幾乎跌下馬來。

好在高力士還算臨危不亂。

關鍵時刻，他挺身而出，對李輔國怒目而視，厲聲喝道，李輔國，你怎麼敢如此無禮！還不趕緊下馬！

他的目光無比銳利——如果目光能殺人的話，李輔國恐怕早已碎屍萬段了！

李輔國不由得不寒而慄，無奈只好悻悻地翻身下了馬。

接著高力士又大聲對士兵們說，太上皇讓我向諸位將士問好！

士兵們也都收起了刀槍，下馬叩拜並高呼萬歲。

隨後高力士又斥令李輔國和他一起為李隆基牽馬。

然而儘管高力士憑藉他的忠心和勇氣為他的主子保住了最後的一點面子，可面子易得，根子難改——李隆基的命運，實際上已經不可能再改變了。

最終，在李輔國的安排下，李隆基被安置在了太極宮內的甘露殿（初唐時皇帝的寢宮），除了配備十多個老弱充做侍衛外，包括高力士、陳玄禮在內的所有宮中舊人都被留在了外面，不得入內。

事已至此，李隆基也只好拿出阿Q的精神勝利法，苦笑著為自己找臺階：其實我早就想把興慶宮讓給皇帝了，可皇帝之前一直不接受。現在遷出來，也算是滿足了我的心願……

可現在他說什麼都已經沒人在意了。

他如今的地位就相當於他此時身處的太極宮（唐高宗以後唐朝皇帝大多居於大明宮，李隆基本人當皇帝時則多居於興慶宮，太極宮已經閒置很久了）——早已過氣了。

正如在抽水馬桶早已普及的今天，我們不會在意牆腳裡早已廢棄的紅漆馬桶是好還是壞一樣，誰也不會在意他的感受是好還是壞。

李輔國對他更是不屑一顧，直接拂袖而去。

接下來，李輔國又與禁衛六軍的所有高級將領一起換上素服，前去向皇帝李亨請罪。

李亨當然不會怪罪他們。

儘管他心裡可能也有點內疚——這次將父親強行遷出興慶宮，對父親的刺激一定非常大，但更多的無疑是欣慰——他之前一直擔心父親會復辟，現在終於可以完完全全徹徹底底地放心了。

他笑著安撫李輔國和將領們說，南內（興慶宮）和西內（太極宮），又有什麼區別呢？你們是擔心太上皇受小人蠱惑，是防微杜漸以安社稷，有什麼錯呢！

顯然，在李亨的眼裡，李輔國幹的，是他一直想幹而不好意思幹甚至連說都不好意思說的事，非但沒錯，反而有功。雖然李輔國又是假傳詔令，又是武力威嚇，採用的手段讓他感覺有些不舒服，可目的總是圓滿地達到了。

畢竟，就像不管用什麼方式賺到的錢都具有同樣的購買力一樣，不管用什麼方式達成的目的都具有同樣的效力。

因此，他不僅沒有處理李輔國等人的肆意妄為，反而嚴厲地責罰了高力士等一幫李隆基的親隨——高力士被流放到巫州（今湖南洪江），陳玄禮被勒令退休回家，就連玉真公主也被逼迫出宮，返回其出家的玉真觀……

總之，所有與李隆基關係密切的人都被趕出了長安，一個都沒剩下。

這對李隆基來說，無疑是一次更大的打擊。

離開了眾多老朋友的他，就如同離開了水的魚，一下子就失去了生機。

儘管之後李亨又重新安排了百余名宮人到太極宮，負責照顧李隆基的起居；儘管四方進獻的珍饈佳餚李亨都先送到太極宮去孝敬父親，但李隆基卻始終鬱鬱寡歡。

是呀，他現在名為太上皇，實為階下囚，身邊連一個可以說話的人都沒有，怎麼可能開心得起來呢？

他只能念天地之悠悠，獨愴然而涕下！

李隆基的遭遇，也得到了朝中一些正義人士的同情。

刑部尚書顏真卿就是其中的代表。

他看不慣李輔國的所作所為，聯合百官上書，向太上皇請安。

這自然引起了李輔國的忌恨。

他馬上奏請李亨，將不識時務的顏真卿逐出朝廷，貶為蓬州（今四川儀隴）長史。

李隆基聞訊，更加心灰意冷。

從此，他開始不吃葷菜，想透過修煉道家的辟穀術來求得解脫，沒想到之前一直頗為健康的身體卻一下子就垮了。

他很快就病倒了。

起初李亨還常常過去探望，但沒過多長時間他就藉口自己也有病，去的次數越來越少，後來即使路過也不踏進半步——只是偶爾派宦官去問安而已。

忍無可忍，那就再忍

與日薄西山的李隆基形成鮮明對比的，是李輔國的春風得意。

憑藉逼遷李隆基立下的大功，他不斷地被皇帝加官晉爵。

不久，他又被加封為兵部尚書。

李輔國去兵部上任的時候，排場極大，規格極高，包括宰相在內的文武百官全都到場祝賀，負責列隊歡迎的是全副武裝的禁衛軍，負責奏樂助興的是代表朝廷的太常寺，負責供應宴席的是皇家專用的御膳房……

然而排場再大，也沒有李輔國的胃口大；規格再高，也沒有李輔國的心氣高。

就像1平方公釐粗的銅線遠遠滿足不了五千瓦電器對線路的要求一樣，一個三品的尚書也遠遠滿足不了李輔國對官職的期望。

沒過多長時間，他又向李亨提出自己要當宰相。

李亨很為難。

因為他知道，自漢朝以來，還從沒有過宦官出任宰相的先例——之前也只有一個秦朝的趙高——但趙高是臭名昭著的禍國奸臣，這樣的榜樣，當然是不能效仿的。

可他又不敢直截了當地拒絕李輔國，便委婉地把皮球踢給大臣：以愛卿你的功勞，有什麼官不能當呢？只是我擔心朝中那些有聲望的大臣不一定答應啊。

其實他話裡的意思已經表達得很清楚了，那就是希望李輔國能知難而退。

李輔國卻並沒有產生退意——不是他不知道皇帝的意思是什麼，而是他根本就不知道這有什麼難。

世上無難事，只要他出面！

他第一時間就找到了左僕射裴冕，授意其推薦自己——裴冕出身於唐代第一豪門河東裴氏，本人在當時的名望也非常高。

李亨聞訊急忙召見另一個望族出身的宰相蕭華：李輔國想當宰相，聽說他要讓裴冕等人舉薦，如果你們也上表舉薦的話，那朕就不得不讓他當了。

蕭華心領神會，出宮後立即找到裴冕，將皇帝的話告知了他。

裴冕馬上表態：根本沒這回事！斷我一臂可以，要我推舉他是絕無可能的！

就這樣，因蕭華、裴冕等人不肯寫推薦信，最終李輔國沒能當上宰相。

從此，他對蕭華等人恨之入骨。

很快，他就找到了報復的機會。

那時京兆尹（首都最高行政長官）一職空缺，李輔國便打算讓自己的黨羽戶部侍郎元載出任這一要職——據說元載與李輔國的妻子元氏（當時宦官娶妻似乎挺普遍）同宗，由此攀上了關係，成為李輔國的心腹。

沒想到就在任命下達之前，元載突然找到了李輔國，強烈要求不當這個京兆尹，態度非常堅決。

李輔國盯著他看了半天，最後總算搞明白了，這小子不是不想升官，是嫌這個官太小！

京兆尹還不滿足，那他想當什麼？

當然是宰相！

李輔國一下子有了主意。

是呀，我是宦官，你們說宦官做宰相沒有這個先例，那就讓我的黨羽元載入相吧，看你們還有什麼話說！

於是，他向皇帝李亨提出，宰相蕭華專權，應該予以罷免，改任元載為相。

李亨起初不同意。

但李輔國不同意李亨的不同意，又一次接一次地提出同樣的要求。

儘管李亨氣得在心中用全國三十六種方言把李輔國罵了一遍又一遍，可最後還是不得不答應了李輔國的提議。

數日後，蕭華被免去了宰相一職，改任禮部尚書，而元載則被任命為同平章事，成為新的宰相。

由此可見，在李輔國面前，李亨只有乖乖聽話的份兒！

他如果算是老虎的話，那李輔國就是武松；他如果算是太陽的話，那李輔國就是後羿！

總之，李亨這個皇帝當得實在是太窩囊了。

可是他又能怎樣呢？

李輔國握有禁軍大權，在禁軍中根基深厚，要想與他翻臉，很可能會激起一場兵變！

這是當時已經疾病纏身的李亨絕對承受不了的。

他只能妥協，只能姑息。

事實上，姑息已經成了李亨在皇帝生涯中後期處理政事的主要態度。

比如，平盧（治所今遼寧朝陽）節度使王玄志死後，裨將李懷玉殺死了王玄志的兒子，自作主張地擁戴其表兄侯希逸為平盧軍使。李亨那時正在關內忙於與史思明等人作戰，根本就顧不上遙遠的東北，便本著息事寧人的態度承認了這個既定事實，很快就正式任命侯希逸為新任平盧節度使——數年後，孤立無援的侯希逸因受到范陽的叛軍李懷仙部和北方奚人的南北夾擊，無法在遼西立足，不得不率軍渡過渤海，來到青州（今山東青州），隨即被李亨封為平盧淄青節度使。

侯希逸因受到部下擁立而被朝廷任命為節度使，這件事在唐朝的歷史上意義頗為重大——因為此舉開了中晚唐藩鎮節度使由下屬自行廢立的先河。

之後，這樣的事情還會不斷發生，並最終導致了藩鎮割據的形成。

可以這麼說，在被史學界稱為中晚唐三大頑疾的「宦官專權」、「藩鎮割據」、「朋黨之爭」中，至少有兩個肇始於李亨統治時期！

當然，之所以會產生這樣的局面，有很多客觀因素，可無論如何，李亨都脫不了關係。

他實在是太多疑了，也太軟弱了——尤其是在他的晚年。

晚年的李亨，早已沒有了靈武即位時的躊躇滿志，早已沒有了收復兩京時的意氣風發，有的只是得過且過，逆來順受，做一天和尚撞一天鐘而已。

曾經，他也想鬧翻整個世界；而現在，他已經被這個世界鬧得服服帖帖。

內有惡奴欺主，那就欺吧；外有反叛未平，那就叛吧。

忍無可忍，那就再忍忍；想無可想，那就不要想。

反正他已經無能為力了。

反正他已經沒幾年活頭了。

也正是基於這樣的消極心態，對本已日暮途窮的史朝義叛軍，他沒有心思發動大規模反攻，而是主動採取了守勢。

西元七六一年五月，他任命李光弼為河南副元帥，都統河南、淮南東、淮南西等八道行營節度，出鎮臨淮（今江蘇泗洪），以防止叛軍南下江淮。

幾個月後，與李光弼齊名的郭子儀也得到了新的任命。

自從被李亨免去軍職後，郭子儀已經在長安閒居了近三年。

其實在此期間，李亨也曾有過重新起用郭子儀的想法。

史載當李光弼率軍與史思明在洛陽一帶對峙的時候，李亨曾打算讓郭子儀統率部分禁軍以及河西（治所今甘肅武威）、河東（治所今山西太原）等鎮的軍隊從朔方（治所今寧夏靈武）、大同（今山西大同）

直搗史思明的老巢范陽，然而詔書都已經發出去了，卻受到宦官魚朝恩的阻撓，最終李亨竟然又收回了成命。

直到西元七六二年初，河東多地發生兵變，李亨這才想起了已經六十六歲的郭子儀，想靠他的威望來穩定局勢。

他加封郭子儀為汾陽郡王，朔方、河中（治所今山西永濟）、澤潞（治所今山西長治）節度行營兼興平（治所今陝西鳳翔）、定國（治所今陝西大荔）等軍副元帥，命他率軍進駐絳州（今山西新絳）平定河東的叛亂。

臨行前，按照慣例郭子儀要向皇帝辭行。

但這時李亨已經臥病在床，不願見任何大臣。

郭子儀再三懇求：老臣這次受命，很可能會死在外面，不見陛下，死不瞑目。

李亨這才不得不在臥室中接見了郭子儀，顫顫巍巍地對他說，河東的事，都委託給愛卿你了……

第二十五章 風雨飄搖

明皇之死

郭子儀果然不負李亨所望。

他到絳州後，河東的形勢很快就安定下來了。

可當捷報傳回的時候，京城長安正沉浸在一片悲哀之中。

因為這段時間，長安城內相繼死了兩個重量級人物——太上皇李隆基和皇帝李亨。

先是李隆基。

西元七六二年四月初五，在太極宮中度過了一年多孤寂淒清的日子後，七十八歲的李隆基終於油盡燈枯，撒手人寰。死後他被追謚為至道大聖大明孝皇帝，廟號玄宗。清朝後為避康熙帝玄燁之諱，也稱其為唐明皇。

李隆基在位達四十四年之久，是唐朝歷史上在位時間最長的皇帝。

他也是所有唐朝皇帝中最長壽的一個——對一般人來說，長壽當然是好事，但對他來說，卻讓人難免感到有些遺憾——如果他早死十年的話，對他的歷史評價一定會大不一樣！

他一手把唐王朝推上了從未有過的巔峰，造就了輝煌無比的開元盛世；但也是他一手把唐王朝帶入了斷崖式下跌的深淵，導致了讓唐朝再也沒有恢復元氣的安史之亂。

他親眼看著自己起高樓，親眼看著自己宴賓客，親眼看著自己樓塌了……

他這一生，有過成功的榮耀，也有過失敗的恥辱；有過燦爛的業績，也有過舒適的生活；有過鐵馬金戈的豪情，也有過千古流傳的愛情……

這樣的人生旅途，也算是不虛此行了。

李隆基去世的時候，他當年最貼心的大內總管高力士正因遇到大赦而重獲自由。

恢復自由身後的高力士做的第一件事就是立即打點行裝，從流放地巫州（今湖南洪江）趕回長安。一路上，他不顧年老體衰，日夜兼程，一刻不停地快馬加鞭——如果那時有動物保護協會的話，一定會指責他虐待動物。

他只想早一點回到長安，早一點見到那個他日思夜想的亦主亦友的太上皇李隆基！

然而在到達朗州（今湖南常德）的時候，高力士的希望破滅了。

從路上的行人口中，他得知了李隆基的死訊。

他頓時如五雷轟頂，慟哭不已，最終竟嘔血而死。

也許他是怕自己多年來的主人在黃泉路上太過孤獨，而特意上路去陪他的。

我想，假如李隆基和高力士不是主僕關係而是情人關係的話，這一定會是一段不亞於梁祝的愛情佳話！

因李隆基的死而深受刺激的，除了高力士外，還有他的兒子李亨。

李亨那時也已病入膏肓，已經脆弱到了碰到棉花都要暈厥的程度，哪裡還承受得起這樣的打擊？

得知父親去世的消息後，他的病情迅速急轉直下。

他自知不久於人世，便下詔命太子李豫（就是之前的廣平王李俶，被冊立為太子後改名李豫）監國。

第一個由宦官擁立的皇帝

李亨的病重，也引起了一個人的恐慌。

此人就是張皇后——也就是之前的張良娣。

是呀，本來她唯一的靠山就是李亨，如今李亨不行了，她怎能不感到憂慮？

最讓她擔心的，是她之前的盟友李輔國。

雖然她和李輔國曾經是配合默契的政治搭檔，連袂剷除過建寧王李倓等不少政敵，但這顯然只是暫時的——兩人都是權力欲很強的人，都企圖獨霸朝綱——而一山是難容二虎的。

為了爭奪最高權力和對皇帝的影響力，這兩年他們不可避免地產生了不可調和的矛盾。

她生怕李亨死後李輔國會對她下毒手，便決定先下手為強。

不過，她雖然貴為後宮之主，身邊卻沒有一兵一卒，要想對付手握禁軍兵權的李輔國，談何容易？

關鍵時刻，她想起了一個人——太子李豫。

其實之前她曾經有過廢掉李豫、改立自己所生的長子興王李佋為太子的想法，只是後來李佋不幸早死，她的另一個兒子年紀又太小，加上李豫又對她非常恭敬，她這才取消了把太子拉下馬的想法。

可能也正是由於李豫對她的恭敬，讓她將李豫視為了自己人。

她這個人向來爽快，從來不喜歡過多的前戲——無論是在房事上還是其他任何事上。

因此，她說幹就幹，馬上就召來了太子李豫，直截了當地對他說，李輔國長期掌控禁軍，皇上的詔令都透過他發布，他還擅自逼遷太上皇，堪稱罪大惡極！他現在唯一顧忌的就是你我二人，如今皇上已陷入彌留狀態，李輔國和程元振（李輔國的黨羽）這兩個宦官企圖作亂，非誅殺不可！

李豫沒有答應。

在他看來，他本來就是儲君，這件事幹成了對他一點好處都沒有，幹砸了卻很可能腦袋都沒有，這種高風險沒收益毫不利己專門利張皇后的事，傻子才會幹！

更何況，他對曾經害死自己兄弟李倓的張皇后本來就沒什麼好感！

因此，他擺出一副孝子賢孫的樣子，流著眼淚泣不成聲地拒絕了：陛下……已經……病危了……嗚嗚……這兩人……都是陛下的功臣故舊……嗚嗚……如果我們……不告訴陛下就突然殺掉他們……陛下……一定會非常震驚……恐怕……他的身體會受不了……嗚嗚嗚嗚……

見李豫哭得梨花帶雨，鼻涕與眼淚齊飛，眼睛共嘴唇一色，鼻子一抽一抽的，理由一套一套的，張皇后知道自己說服不了他，只好揮揮手讓他先回去。

但她當然不會就此甘休。

因為她知道，政變這種事一旦想開始就不可能掉頭。

李豫走後，她立即又召來了越王李系（李亨的次子）：李輔國圖謀不軌，可太子太沒用了，不能誅殺這個賊臣。你能替我辦這件事嗎？事成之後，我一定讓你繼承大位！

得知有皇位做回報，李系的眼睛一下子就亮了——腦袋落地終不悔，為伊消得人拼命！

他當即拍著胸脯滿口答應：我願意幹！

張皇后安排手下的宦官段恒俊與李系一起行動。

兩人挑選了兩百多個年輕力壯的宦官，發給他們武器，讓他們埋伏在長生殿（李亨的寢宮）後面。

隨後，張皇后又以皇帝李亨的名義召見太子和李輔國，讓他們到長生殿覲見。

顯然，她的設想是要借此機會一舉殺掉太子李豫和李輔國，再扶持李系繼任儲君！

可設想雖然不錯，現實卻不太妙——他們的密謀被耳目眾多的程元振獲悉了。

程元振立即報告了李輔國。

李輔國命程元振帶領禁軍埋伏在宮門外，要求他務必截住太子。

沒過多久，太子李豫果然出現了——他以為父親快不行了，要召他進宮交代後事，未及多想就匆匆趕來。

程元振連忙上前，向他告知了張皇后的陰謀。

但李豫卻依然執意要入宮：聖上病危要召見我，我豈能因怕死而不去！

程元振張開手臂擋住了他：社稷事大，太子千萬不可進去！

李豫還在猶豫。

進去，還是不進去？這是個問題。

進宮，可能會有危險；不進宮，也不一定安全。

是進亦憂，退亦憂，然則咋辦才保險耶？

…………

程元振卻等不及了。

他不由分說就命手下的士兵把太子架了起來，將其帶到了飛龍廄（唐代飼養宮中所用良馬的地方），並派重兵看管。

控制住太子後，李輔國、程元振立即率全副武裝的禁軍入宮，將越王李系以及宦官段恒俊等百餘人全部抓捕關押，接著他們又派人大搖大擺進入皇帝所在的長生殿，宣稱奉太子之命把張皇后遷居別處，當著病床上的李亨的面，把正在陪護的張皇后以及左右數十人強行拖走幽禁。

正在長生殿伺候皇帝的宦官、宮女哪裡見過這樣的場面？一時間，他們全都驚恐萬狀，紛紛作鳥獸散。偌大的殿堂，只剩下了奄奄一息的李亨一人。

此時的他會想些什麼？有沒有後悔自己之前的所作所為？

沒人知道，也並不重要。

因為，他雖然還沒有死，但在別人的心目中，他早已經跟死人無異了。

數日後，李亨在生理上也被宣告了死亡，享年五十二歲。

此時距離他父親李隆基的去世只隔了十三天。

不得不說，李亨的一生其實挺不容易的。

當太子時，他總是戰戰兢兢，如履薄冰，不敢多說一句話，不敢多走一步路，生怕一不小心就有性命之虞；當了皇帝，他也幾乎沒有過一天安心的日子，外有安史叛亂，內憂大權旁落……

他目睹著大唐以蹦極般的速度從鼎盛滑向深淵，他也有心要把大唐從深淵中拉出來，可惜的是，這似乎超出了他的能力——一個資質一般、成績中等的普通國中生，偏要他去證明黎曼猜想，他怎麼可能做得出來？

他只能頭痛醫頭，腳痛醫腳。

比如說，由於擔心外面的文臣武將會造反當皇帝，他就重用他認為絕不可能造反當皇帝的宦官。

應該說，他的判斷是對的。

宦官的確是當不了皇帝。

但宦官卻可以廢立皇帝！

事實上，唐朝在李亨以後的十二個皇帝中，有八個都是宦官所立的！

而李亨的兒子李豫，就是唐朝歷史上第一個由宦官擁立的皇帝。

無頭謎案

李亨死後，李輔國便馬上誅殺了張皇后以及越王李系等人，隨即擁立太子李豫登上了帝位，是為唐代宗。

李豫的登基，創造了兩個紀錄。

除了上面所說的他是被宦官擁立為帝的第一人外，他還是唐朝歷史上第一個以皇長子身分繼位的皇帝。

初登帝位的李豫，過得非常鬱悶。

最令他頭疼的，是那個驕橫跋扈的李輔國。

由於自恃有擁戴之功，之前就權勢熏天的李輔國更加不可一世，李豫繼位後，他甚至公然對皇帝說：大家但居禁中，外事聽老奴處分——陛下只要住在宮裡就可以了，外面的事聽憑老奴我處理！

這哪裡像奴才對主子說的話？

根本就是爺爺對孫子的態度：孫子哎，你什麼都不懂，乖乖地坐在家裡什麼都別幹，什麼事情都讓爺爺來做主哇！

李豫當然不是孫子。

他只是裝孫子。

雖然恨得牙癢癢，但考慮到李輔國手握禁軍兵權，他只能隱忍不發。

不僅如此，表面上他對李輔國似乎還恭敬到了肉麻的程度——儘管他心裡想的是「盼你死了」，可嘴上說的卻是「盼死你了」；儘管他心裡恨不得拿刀刺李輔國的上腹，可嘴上卻叫李輔國為「尚父」！

他不僅事無大小都要先徵詢李輔國的意見，而且規定群臣出入都要先覲見李輔國，然後才覲見天子。

他還加封李輔國為司空兼中書令——非但滿足了李輔國當初想當宰相的夙願，還讓他高居相首！

李輔國自然愈加無所顧忌。

可是他錯了。

李豫可不是他的父親李亨。

實際上，他早就暗中與李輔國的副手——時任左監門衛大將軍、直接統領禁軍的程元振取得了聯繫。

對皇帝的籠絡，程元振受寵若驚。

比起被李輔國呼來喝去，當然是直接跟著皇帝幹更有前途。

他當即毫不猶豫地選擇了效忠皇帝。

這下，李豫心中有底了。

西元七六二年六月，也就是他登基僅僅兩個月後，他突然下詔免去了李輔國元帥府行軍司馬、兵部尚書的頭銜，並勒令他搬出皇宮居住。

李輔國這才如夢初醒。

然而由於程元振和禁軍都已經站在了皇帝一邊，他就是再不服，又有什麼用呢？

他只能無奈地接受了這個現實。也許是意識到自己大勢已去，不久他又主動請求辭去了中書令一職。

李豫對此求之不得，第一時間就批准了他的辭呈，同時又給了他一個博陸王的虛銜，以示安慰。

李輔國按照慣例入朝謝恩，但他心中終究是意難平，從言語中也難免流露出來：老奴侍奉不了郎君，請讓我到地下去侍候先帝吧！

竟然稱現任的皇帝是郎君（郎君是唐代宮中內臣對太子的稱謂），可見李輔國雖然失去了權力，卻依然沒有失去那份早已刻在了他骨頭裡的狂妄和自大！

可能正是這樣的氣話，讓李輔國後來送了命。

本來就對他恨之入骨的李豫心中肯定會這麼想：既然你那麼想去地下陪先帝，那我就遂了你的心願吧！

不過，作為一個心機男，他此時當然不會表現出來——無論李輔國有多麼疾言厲色，他始終都是和顏悅色；無論李輔國的言語有多麼不給面，他的回應始終都是如春風拂面。

他左一聲尚父，右一聲尚父，嘴比蜜還甜，講的話比桑拿房還暖，硬是把李輔國充溢在內心的憤憤不平給逐漸撫平了。

當年十月，一件離奇的案件發生了。

那天清晨，李輔國宅邸的下人過來叫床——叫李輔國起床，沒想到卻被眼前的一幕嚇得魂飛魄散！只見他們的主人躺在血泊之中，腦袋和一隻手臂已經不翼而飛了！曾經的朝中第一人竟然在家中被殘忍殺害！

很快，這個爆炸性新聞就傳遍了長安的大街小巷。

皇帝李豫也表示大為震驚。

他一面派人前往李輔國府中慰問，追贈李輔國為太傅，並貼心地送去了一個木刻的頭顱以便安葬；一面又親自批示，要求有關部門徹查此案，不管涉及誰，不管付出多少代價，都務必查清真相！

可不知為什麼，此案最終沒有查到兇手，只能不了了之。

好在後來《新唐書》為我們揭曉了謎底：（帝）不欲顯戮，遣俠者夜刺殺之——皇帝李豫不想公開殺掉李輔國，派俠客在夜間刺殺了他。

這就是李豫的手段！

欲擒故縱、笑裡藏刀、瞞天過海、借刀殺人、暗度陳倉……

他使用起三十六計來，比孫悟空使用七十二變還要熟練！

除掉了李輔國，李豫總算是狠狠地出了一口惡氣。

但斬草不除根，春風吹又生。殺了李輔國，還有後來人。

李輔國的接班人，是程元振。

李豫似乎並沒有吸取父親李亨的教訓，依然十分信任宦官。

在他看來，自己這次之所以能在與李輔國的對決中取得完勝，最大的功臣無疑是程元振，因此事後他論功行賞，不僅讓程元振取代李輔國出任了元帥府行軍司馬這一要職，還加封他為驃騎大將軍、邠國公。

可以這麼說，此時的程元振一點也不比李豫父親在位時的李輔國的權力小！

第二十六章
未畫上句號的句號

回紇：看清了唐朝，也看輕了唐朝

當然，程元振畢竟才剛剛上位，相對來說對皇帝還是比較尊敬的。沒有了李輔國的掣肘，李豫終於可以得心應手地發號施令了。接下來他要做的，當然是征討內部早已離心離德的史朝義叛軍。

可能是曾親眼見識過回紇人強大的戰鬥力，李豫也想到了尋求回紇人的幫助，特意派遣宦官劉清潭出使回紇。

與唐朝一樣，回紇的可汗現在也已換了人——葛勒可汗已於三年前去世，之前曾領兵協助唐朝收復兩京的太子葉護又因得罪父親而被處死了，故而葛勒可汗的次子移地健繼承了可汗的位置，號牟羽可汗——因他後來被唐朝冊封為登里可汗，史書上通常稱其為登里可汗。

然而當劉清潭千里迢迢趕到回紇王庭（今蒙古哈爾和林）的時候，卻並沒有發現登里可汗的身影。登里可汗去哪裡了呢？

經過一番打探，劉清潭總算是搞清楚了登里可汗的去向。

原來，這次史朝義竟然先李豫一步想到了和回紇人結盟！

前段時間，他派使節來到回紇，誘惑登里可汗說，唐朝近日連續死了兩個皇帝，如今國內無主，亂成一團，可汗應當迅速發兵，與我一起去收取其府庫中不計其數的財物。

聽說有財物可搶，登里可汗頓時如餓狗聞到了肉包子的香味——哪裡還按捺得住？

他當即親率大軍南下。

這個消息讓劉清潭一下子驚出了一身冷汗——要是讓回紇人和史朝義真的聯起手來，那唐朝面臨的麻煩可就大了！

他趕緊掉轉馬頭，日夜兼程，不吃不喝不睡拼命追趕，終於在三受降城（三城分別位於今內蒙古杭錦後旗、包頭以及托克托）一帶追上了登里可汗的大軍，並獻上了唐代宗李豫的詔書。

登里可汗把詔書往桌子上一丟，一副不屑一顧的樣子——彷彿他面對的不是大唐派出來的使者，而是精神病院逃出來的患者：不是說唐朝已經滅亡了嗎？哪來的什麼狗屁使者？

劉清潭連忙解釋：先帝確實是駕崩了，現在的皇帝是曾經與葉護一起收復兩京的廣平王，陛下他英明神武，文能提筆安天下，武能上馬定乾坤，上得了廳堂，下得了廚房，翻得了圍牆，補得了衣裳，滾得了大床，睡得了走廊……

可無論他說得有多麼天花亂墜，登里可汗卻依然絲毫不為所動。

因為這一路上，他見所經過的唐朝州縣因戰亂而殘破不堪，對唐朝早已沒了任何敬意。

他看清了唐朝，也看輕了唐朝。

所以，他非但沒有停下進軍的腳步，反而還將劉清潭當作囚犯軟禁了起來。好在劉清潭還算機警，他想方設法擺脫了回紇人的監視，派快馬趕回長安報信。

接到這則十萬火急的情報，唐朝朝廷大為震駭。

李豫一面連忙派殿中監（總管宮中供奉、禮儀的官員）藥子昂作為特使，帶著大批金銀珠寶前去慰勞回紇大軍，一面又緊急命令時任朔方行營節度的僕固懷恩火速趕赴回紇軍營，與登里可汗會面。

之所以要讓僕固懷恩出馬，是因為僕固懷恩有一個特殊的身分。

他是登里可汗的岳父！

當初回紇葛勒可汗在與唐朝結盟後，曾為他的次子移地健請求聯姻，當時的皇帝李亨便把僕固懷恩的女兒嫁了過去，移地健繼任可汗後，僕固懷恩之女自然就成了可敦（回紇人將王后稱為可敦）。

顯然，要想說服登里可汗，僕固懷恩無疑是最佳的人選。

僕固懷恩此時正率部駐紮在汾州（今山西汾陽），得到皇帝的命令後他立即動身。此時回紇人已經到了忻州（今山西忻州）以南，距離唐朝的戰略要地太原已經只有不到兩百里了！

見到登里可汗後，僕固懷恩先是動之以情：一個女婿半個兒，你這個女婿不一樣，能頂一萬個；接著他又曉之以理：唐朝是我們唯一的合法政府，史朝義是反賊，代表著分裂勢力，幫唐朝打史朝義是助人為樂，幫史朝義打唐朝則是助紂為虐；最後他又許之以利，允許回紇人在中原合法搶劫……

這下登里可汗動心了——是呀，幫誰不是幫呢，同樣都有那麼多的好處，幫自己的岳父總比幫那個素不相識的史朝義好吧。

史朝義。

就這樣，登里可汗的態度來了個一百八十度的大轉彎，決定不再與史朝義結盟，而是幫助唐朝征討

然而，在走哪條路的問題上，雙方卻又產生了新的分歧。

登里可汗本打算從蒲關（今山西永濟）渡過黃河，進入關中，再出潼關東進，唐朝特使藥子昂一聽急了——關中是唐朝國都長安所在地，回紇人要是在那裡大肆劫掠，那造成的社會影響可實在是太壞了，對自己仕途造成的影響也實在是太壞了。

因此他急忙阻止：不行啊，關中屢遭戰亂，州縣蕭條，恐怕供養不了可汗的大軍，不如從井陘口（今河北井陘）東出太行，從邢州（今河北邢臺）、洺州（今河北永年）、衛州（今河南衛輝）、懷州（今河南沁陽）一路向南，收取叛軍資財，挺進洛陽。

但登里可汗不傻，他知道走這條路線途經的河北、河南一帶大都是叛軍的地盤，肯定要打很多硬仗，他是來發財的，不是來發神經的，怎麼能為唐朝當炮灰呢？

因此，他毫不猶豫地拒絕了藥子昂的這個提議。

藥子昂接著又提了另一個方案，也被登里可汗否決了。

無奈，藥子昂只好又說，那這樣吧，可汗從大陽津（今山西平陸）南渡黃河，由太原倉（唐朝設置於今河南三門峽西的一處倉庫）供應軍需，再與大唐諸道軍隊一起東進。可以嗎？

聽到這句話，登里可汗眼前不由得一亮，急不可耐地問：太原倉？那裡面的寶貝多不多？……我不是要查帳啊，純粹只是出於好奇，好奇是人的天性嘛……快告訴我，那裡面的寶貝多不多？

看到藥子昂把頭點得跟小雞啄米似的，他這才爽快地答應了：好！就這麼定了！

與回紇人談妥後，李豫任命自己的長子——二十一歲的雍王李適為天下兵馬元帥，讓他前往陝州（今河南三門峽），與各地唐軍以及回紇軍會合，再一起進攻洛陽。

當然，按照之前的慣例，李適只是掛個名而已，真正統領大軍的是兵馬副元帥。

那麼，該由誰來出任這個副帥呢？

按照道理，郭子儀無疑是最合適的人選。

李豫本來也是這麼想的。

但他最信任的兩個宦官程元振、魚朝恩兩人卻先後表示強烈反對。

魚朝恩之前曾陷害過郭子儀，現在也依然不忘舊事，依然不希望郭子儀再掌兵權。

而程元振也嫉妒郭子儀功高望重，便在皇帝面前說他的壞話：郭子儀戰功赫赫，如今很多將領都出自其門下，陛下一定要提防啊。

李豫笑了：我都不在意，你在意什麼？真是皇帝不急太監急！

不過，話是這麼說，可最終他還是秉承著自己一貫從宦如流的工作作風，聽從了程元振的意見——非但沒任命郭子儀為天下兵馬副元帥，還下詔把他召回了京城。

然而李豫卻沒有給郭子儀安排什麼新任務，而是把他當成了夏天時的棉襖——掛在了一邊，不管不顧。

郭子儀是個政治嗅覺非常敏銳的人，意識到皇帝對他有所疑忌後，他馬上主動上表辭去了先前所任的朔方、河中節度等所有軍職，留在了長安，安心享受亂世中難得的一份清閒——既然不能老有所為，那就老有所樂吧！

郭子儀賦閒了，那和他齊名的李光弼呢？

他可以當這個副帥嗎？

更不可能。

史書記載程元振「素惡李光弼，數媒蠍以疑之」，而且李光弼此刻身在徐州，肩負保衛東南的重任，加上恰好那時江南一帶又發生了袁晁領導的規模浩大的農民起義，李光弼根本脫不開身。

郭、李兩大名將都被排除了，接下來自然就輪到當時在大唐軍界地位僅次於他倆的僕固懷恩了。

於是，李豫加封僕固懷恩為同平章事、領諸軍節度行營，擔任李適的副手。

奇恥大辱

西元七六二年十月二十一日，雍王李適抵達陝州。

當時回紇軍隊正駐於對岸的河北縣（今山西平陸），出於禮節，李適特意帶著僚屬北渡黃河，主動前去拜會登里可汗。

可他萬萬沒有想到，這次本為增進感情的善意之舉卻惹出了一場極其嚴重的風波！

事情的經過是這樣的：

進入回紇軍的大帳後，李適用對等的禮節向登里可汗行禮。

登里可汗見狀大發雷霆，又是吹鬍子又是瞪眼珠子又是拍桌子，聲色俱厲地斥責李適為何不行拜舞之禮——所謂拜舞，即下跪叩頭後舞蹈而退，是當時在正式場合下臣子拜見君主應行的一種隆重禮節——李適作為唐朝未來的儲君，當然不可能向回紇可汗行這種禮。

從小養尊處優的李適什麼時候受過這樣的氣，臉一下子就綠了。

他的隨從藥子昂連忙站出來為他解圍，說這不合禮數。

回紇將軍車鼻反駁道，唐朝天子與可汗約為兄弟，可汗就相當於雍王的叔父，晚輩拜見長輩，怎麼能不拜舞！

藥子昂當然也不會屈服，繼續據理力爭：雍王乃天子的長子，又是天下兵馬元帥，哪有中國儲君向外國可汗拜舞的道理！況且兩宮（指玄宗李隆基和肅宗李亨）尚未出殯，按照禮節也絕對不可舞蹈！

…………

雙方就這樣你來我往，唇槍舌劍，誰都不肯讓步。

登里可汗不耐煩了——他的耐心就和慢阻肺病人的肺活量一樣——是極其有限的。

他這個人，從來都不喜歡講理，只喜歡講力。

既然不能在口頭上說服你們，那就用拳頭來打服你們！

他惱羞成怒，當著李適的面，悍然下令將李適的四名屬官藥子昂、魏琚、韋少華、李進全都狠狠地抽了一百鞭子——這四人都是皇帝為李適安排的元帥府主要僚屬，其中藥子昂、魏琚分別為左、右廂兵馬使，韋少華為判官，李進為行軍司馬。

藥子昂等四人都被打得皮開肉綻，奄奄一息。

隨後登里可汗以李適年少不懂事為由，將他及其隨從逐出了大營。

回到陝州後僅過了一夜，魏琚、韋少華兩人就因傷重而一命嗚呼了。

堂堂國家高級官員竟然在自己的國土上被外人無緣無故鞭打致死，這對一向自詡為天朝上國的李唐政權來說，顯然是從未有過的奇恥大辱！

但由於有求於人，雍王李適和他背後的大唐朝廷卻只能忍氣吞聲，連一聲抗議的聲音都沒有發出。不過，此事後來還是在李適的心中留下了巨大的心理陰影，終其一生都難以釋懷。

可在當時，考慮到平叛的大局，他就算是憋成肺氣腫，也只能硬生生地把這口氣吞下去！畢竟，對亟須食物充饑的人來說，面子遠遠沒有麵包重要！

奉旨打劫

就這樣，在付出了尊嚴掃地的恥辱代價後，唐軍總算與回紇人組成了聯軍，隨即開始了他們的軍事行動。

大軍自陝州出發，主帥僕固懷恩親率麾下主力會同回紇軍隊擔任前鋒，陝西節度使郭英乂、神策軍觀軍容使魚朝恩則領兵殿後，浩浩蕩蕩，經澠池（今河南澠池）直撲洛陽。

史朝義聞訊大驚，急忙與諸將商議對策。

老將阿史那承慶說：若唐軍單獨前來，我們就集中兵力與其決一死戰，如果唐軍是與回紇一起來，那就勢不可當了，我軍應退守河陽（今河南孟州），以避其鋒芒。

正所謂名將所見略同——阿史那承慶的這個提議，與當初李光弼面對史思明大軍時所採取的策略幾乎是如出一轍。

然而史朝義也許是太需要一場大勝來提升自己的威望了，他並沒有採納阿史那承慶的意見，而是決定與唐軍鑼對鑼鼓對鼓地打。

十月二十七日，唐軍前鋒到達洛陽附近，隨即分兵北上攻克黃河以北的戰略要地懷州（今河南沁陽），接著又進抵位於洛陽西北的橫水（今河南孟津橫水鎮）。

數萬叛軍早已在那裡嚴陣以待。

僕固懷恩帶領主力從正面進攻，同時又派一支精銳騎兵與回紇軍一起悄悄迂回到了叛軍的側翼，隨後發起突襲。

叛軍猝不及防，加之腹背受敵，很快就一敗塗地。

得知前方失利，史朝義調集手下所有軍隊十萬人前來增援，於橫水以南的昭覺寺一帶列陣。

僕固懷恩趁其立足未穩，下令立即攻擊。

可這次由於有史朝義親自督戰，叛軍鬥志大增，儘管在唐軍的猛攻下承受了一定的傷亡，陣形卻始終不亂，頂住了唐軍一次又一次猛烈的衝擊。

眼看時間在不斷流逝，戰事卻毫無進展，唐朝鎮西節度使馬璘急了。

因為他知道，唐軍這樣猛打猛衝，身體上的消耗是非常大的，如果一直無法突破，無論是體力還是意志力都會逐漸衰竭，到時萬一對方猛然發動反撲，後果將不堪設想！

怎麼辦？

很快，他就有了主意。

正如足球場上在遭到對方密集防守時可以憑藉個人的突破來撕開防線，戰場上在碰到敵方鐵桶陣時也可以憑藉個人的衝擊來攪亂敵陣！

想到這裡，他大呼一聲，隨後單槍匹馬殺進敵陣，一路左衝右突，銳不可當，擋在他面前的敵軍不是被爆頭就是被爆肚，幾乎就沒有一個不爆的，硬是憑藉一己之力將叛軍本來嚴絲合縫的陣形衝開了一道明顯的缺口。

其餘唐軍將士見狀，也紛紛跟在他身後從缺口中殺入，合力奮擊，終於把叛軍擊潰了。

史朝義還不甘心，之後他又指揮殘部在石榴園、老君廟（均在洛陽西北）等地再次與唐軍激戰，然而此時叛軍士氣已喪，要想逆風翻盤，哪有那麼容易？

結果是叛軍連戰連敗，一敗更比一敗慘，最終在戰場上丟下了整整六萬多具屍體，此外還有兩萬多人被唐軍俘虜。

仗打到了這個份兒上，史朝義就算再不願認輸，也只能認命了。

他知道自己大勢已去，只好放棄洛陽，帶著數百名輕騎兵狼狽東逃。

唐軍隨即收復東都、洛陽以及河陽三城。

接著僕固懷恩又令其子僕固瑒率軍對史朝義繼續窮追不捨。

史朝義剛跑到鄭州（今河南鄭州），屁股還沒坐熱，僕固瑒已經殺到了。

他只好又放棄鄭州，一口氣逃到了汴州（今河南開封）。

可這回更慘——叛軍汴州守將張獻誠緊閉城門，根本不讓他進城。無奈，史朝義只好又逃向濮州（今山東鄄城）。之後，張獻誠獻出汴州，向唐軍投降。河南全境就此光復。

這對於朝廷來說，當然是巨大的勝利。可對於河南百姓來說，卻是噩夢的開始。

登里可汗之所以出兵助唐，為的就是搶劫財物，對他們來說，之前的打仗只不過是賽前的熱身，現在的搶劫才是正式的比賽——比的是誰搶到的東西多！

在他們看來，打仗狠不狠根本無關緊要，打劫狠不狠才至關重要！如果說在戰場上他們使出的最多不過是百分之五十的力氣，那麼現在他們在搶劫上使出的力氣則至少是百分之兩百！

他們在洛陽大肆擄掠，每個人都使出了渾身解數，身手無比矯健，作風無比兇悍，方式無比殘忍——百姓稍有反抗就當場誅殺，房子則一把火燒掉……搶劫潮流，浩浩蕩蕩，順我者被搶光，逆我者被我亡！

而唐軍主帥僕固懷恩對回紇人明目張膽的暴行卻視而不見。因為他知道，回紇人的行為，本身就是朝廷所默許的——這是奉旨搶劫，有尚方寶劍的，怎麼可以指責！

不僅如此，由於僕固懷恩對部下向來約束不嚴，他統領的朔方軍以及魚朝恩所率的神策軍見回紇人發了財，也都不願吃虧，也爭先恐後地加入了搶劫的行列。

按照史書的記載，在這場劫難中，洛陽百姓中死者數以萬計，大火幾十天都沒有熄滅，無數房屋淪為廢墟，很多百姓連身上的衣服都被扒光了，後來只能用紙裁成衣服遮羞！

將洛陽城翻了個底朝天後，回紇人將他們所搶到的財物都運到了河陽，並留下部分兵馬看守，其餘部隊則與僕固懷恩的大軍一起東進，一邊繼續追擊叛軍，一邊繼續追尋戰利品。

在沿途所經的鄭州、汴州等地，他們又秉承著「走過路過不要錯過，搶到就是賺到」的宗旨繼續燒殺劫掠，見到錢財就搶，見到房屋就燒，見到美酒就醉……

回紇出征，寸草不生。

中原大地，為之一空。

換湯不換藥

再看史朝義。

此時他剛渡過黃河來到河北，本想稍微休整一下，但他還沒來得及吃上一口熱騰騰的飯，僕固瑒已經帶著追兵趕到了。

連吃口熱飯的工夫都不肯給，這個僕固瑒也太不人道了！

史朝義只好一邊抱怨，一邊又餓著肚子繼續倉皇逃竄。

十一月初，史朝義逃到衛州（今河南衛輝），與叛軍大將田承嗣會合。見田承嗣手下尚有四萬餘人，史朝義又來勁了。此時的他就如一個輸紅了眼的賭徒——剛有了點本錢，就又想著翻本。要麼梭哈，要麼輸光！

孤注一擲的他又擺開架勢，與唐軍追兵再次大戰，沒想到又再次被僕固瑒打了個落花流水，只好又再次落荒而逃，一路逃到了昌樂（今河南南樂）。

在那裡，他又得到了魏州（今河北大名）援軍的幫助，回頭再戰，又毫無懸念地再度大敗。

正所謂樹倒猢猻散——眼見史朝義節節敗退，毫無還手之力，本來就對史朝義不太「感冒」的叛軍各地將領也紛紛起了異心。

先是叛軍鄴郡節度使薛嵩獻出其所轄的相（今河南安陽）、衛（今河南衛輝）、洺（今河北永年）、邢（今河北邢臺）四州向附近的唐朝澤潞（治所今山西長治）節度使李抱玉投降；接著叛軍恆陽節度使張忠志也以其所統的趙（今河北趙縣）、恆（今河北正定）、深（今河北饒陽）、定（今河北定州）、易（今河北易縣）五州向附近的唐朝河東（治所今山西太原）節度使辛雲京投降……

李抱玉、辛雲京隨即領兵進入薛嵩、張忠志的駐地，打算解除他們的職務，同時將他們的軍隊化整為零，分別歸入唐軍各營。

薛嵩等人對此也沒有任何異議。

不料就在此時，唐軍主帥僕固懷恩卻下令對薛嵩、張忠志等人既往不咎，不僅讓他們官復原職，而且還讓他們繼續統領原來的部屬。

李抱玉、辛雲京對此非常想不通——薛嵩、張忠志這樣的反賊雙手沾滿了人民的鮮血，不殺已經是寬大了，還讓他們擔任原來的職務繼續統兵，僕固懷恩這麼做，不是腦子有病，就是心裡有鬼！不是是非不分，就是圖謀不軌！

他到底意欲何為？

就像他們無論如何都不可能用舌頭舔到自己的屁股一樣，他們無論如何都不可能原諒僕固懷恩的行為。

兩人先後上奏皇帝，嚴厲指責僕固懷恩的這種明顯不正確的做法。

不過他們萬萬沒有想到，皇帝李豫竟然旗幟鮮明地站在了僕固懷恩這一邊！

李豫不僅派遣使節對僕固懷恩大加慰勞，還特意頒布了一份詔書，充分肯定了僕固懷恩的所作所為：凡在東京（洛陽）以及河南、河北擔任過偽職的，不論任過多大的職務，不論有過多大的問題，不論犯過多大的錯誤，一律赦免，概不追究！

之後，他又正式冊封張忠志為成德軍節度使，讓他依舊統領其原所轄的定州等五州，並賜名李寶臣——意思非常清楚：你現在根本不是什麼叛臣，而是我們李家的寶貴臣子！

毫無疑問，李豫這是在妥協——不僅是在向僕固懷恩妥協，更是在向所有的安史降將妥協！

是的，他太希望能早日結束這場戰事了。

因為這段時間他的壓力太大了。

困擾他的，不光是安史叛軍，還有其他很多很多的麻煩！

李豫此時的憂愁，如果用一個數字來形容，那就是「π」——滔滔不絕，永無止境，恰似一江春水向東流。

李豫此時的處境，如果用一個成語來形容，那就是「內外交困」——無論是國內，還是國外都很不太平。

先看內部。

自從安祿山發動叛亂以來，戰爭已經持續了七年之久，由於河北、河南等地相繼淪入叛軍之手，唐朝平叛所需的錢糧和物資只能依賴江淮，這樣一來，江南百姓承擔的賦稅壓力就如同中年男人的腰圍般屢創新高——更令人頭疼的是，只要漲上去，似乎就再也下不來了。

然而一個地區的生產力畢竟是有限的，人們的承受力也是有限的，當無數的富翁變成了負翁，無數的平民變成了貧民，這些被逼上絕路的江南百姓只能選擇揭竿而起。

西元七六二年八月——也就是李豫下令出兵討伐史朝義前不久，在台州（今浙江臨海）人袁晁的領導下，一次聲勢浩大的起義發生了。

起義軍在短短數月的時間裡就先後攻陷了台州、信州（今江西上饒）、溫州（今浙江溫州）、明州（今浙江寧波）等多個州府，並建立政權，改元寶勝。

此後江南百姓紛紛回應，袁晁的部眾很快就擴充到了近二十萬。

消息傳到長安，李豫大為震驚。

江南是財賦重地，一旦江南亂象再持續個一兩年，朝廷別說是平叛了，就連吃飯恐怕都成問題！不管付出多大的代價，他都必須儘快撲滅袁晁的起義！

這是壓倒一切的大事！

為此，他急命駐於徐州的李光弼立即率精銳部隊討伐袁晁。李光弼火速派部將張伯義領兵開赴浙東平叛，直到半年多後才把這次起義鎮壓了下去。

如果說江南是內憂，那麼西北就是外患。

由於當時河西（治所今甘肅武威）、隴右（治所今青海樂都）的唐軍主力大都被調回中原參與平叛，唐朝在西北的邊防軍實力大減。

吐蕃當然不會放過這樣的天賜良機。

西元七五六年，也就是長安陷落、玄宗李隆基西逃成都的那一年，吐蕃人就乘虛而入，一下子攻占了威戎（今新疆阿克蘇）、神威（今青海海晏）、定戎（今青海湟源）、宣威（今青海西寧北）、制勝（今青海西寧西）、金天（今青海貴南）、天成（今甘肅積石山）、振威（今青海同仁）等軍鎮，就連李隆基耗費了極大代價才攻下的石堡城（今青海湟源西南）也又一次落入了吐蕃之手。

之後的三年中，吐蕃又相繼攻陷了西平（今青海樂都，為唐朝隴右節度治所）、河源（今青海西寧東）、廓州（今青海化隆）等多處西北要地。

……………

總而言之，吐蕃乘著唐朝內地忙於平叛無暇他顧的機會，大肆趁火打劫，奪取了唐朝西北邊境的大片土地。

而今唐朝朝廷頭疼的，還不只是吐蕃人——之前內附的黨項人也騷擾不斷。

黨項本是西羌的一支，居於川藏地區，唐太宗李世民統治時期唐朝強盛，黨項諸部紛紛降唐，後來他們原先的居住地為吐蕃所侵，無處可去，只好向唐朝請求內遷，之後便被安置在慶州（今甘肅東部、寧夏南部）一帶。

沒想到安史之亂爆發後，黨項人卻忘恩負義，如寓言「農夫與蛇」中的蛇一樣反噬之前曾庇護他們的唐朝。

唐朝對他們的恩情比山還高，他們卻在唐朝危難時不停「補刀」！

西元七六〇年正月，黨項人趁唐朝在西北地方兵力薄弱，一路南下，逼近長安。肅宗李亨緊急起用當時閒居在京城的郭子儀為邠寧（治所今陝西彬州）節度使，黨項人迫於其威名，這才悻悻退走。之後的數年間，黨項人又多次侵擾唐朝的寶雞（今陝西寶雞）、鳳州（今陝西鳳縣）、奉天（今陝西乾縣）等地。

⋯⋯⋯⋯

儘管黨項人的實力遠不如吐蕃人，但由於他們距離關中較近，也對位於長安的唐朝朝廷造成了很大的威脅。

可以這麼說，此時的吐蕃和黨項就是隨時都可能暴發的山洪，隨時都可能給位於長安的唐朝朝廷帶來滅頂之災！

這一點，很多朝臣都意識到了。

郭子儀就曾多次進言：吐蕃、黨項千萬不可忽視，應加強西北邊防，早做防備。

這個道理，李豫當然不會不明白。

他知道，如今長安西面的防務就如深秋枝頭上搖搖欲墜的黃葉般脆弱——根本經不起風雨，萬一吐蕃人在此時乘虛而入，直搗長安，後果肯定不堪設想！

這讓他感到寢食難安。

何以解憂？

唯有迅速消滅史朝義，結束這場曠日持久的平叛戰事！

只要能儘快平定叛亂，就算付出再大的代價，他都在所不惜！

因為他實在是拖不起了。

再拖下去，財政會越來越難以負擔，百姓會越來越難以承受，類似袁晁這樣的起義會越來越頻繁；再拖下去，西面的吐蕃和黨項會越來越倡狂，長安面臨的形勢也會越來越危險……

正是基於這樣的考慮，為了迅速瓦解叛軍的抵抗意志，以便早日取得最後的勝利，李豫決定不僅不追究叛軍投誠人員的任何責任，還讓他們依舊官居原職。

就這樣，那些原先叛軍的大將搖身一變，一下子又成了大唐的封疆大吏！

部隊還是原來那支部隊，地盤還是原來那塊地盤，端夜壺的勤務兵也還是原來那個端夜壺的勤務兵，除了城頭上的旗幟從「燕」變成了「唐」外，其他什麼都沒有變！

應該說，這一政策也確實達到了李豫預想中的效果。

而在那些本來就對史朝義缺乏忠誠度的叛軍將領看來，既然自己的既得利益完全能得到保障，做史家的臣子和做李家的臣子又有什麼不一樣呢？

此時正陪伴在史朝義身邊的叛軍大將田承嗣也動心了。

與大多數叛軍將領不同，田承嗣是漢人，其祖父、父親皆以豪俠聞名鄉里，他也繼承了祖上的好鬥基因，在安祿山麾下素以驍勇善戰而著稱。

安祿山起兵時，他曾出任先鋒攻克洛陽，後來史思明再陷洛陽，他依舊還是先鋒，由此可見他在叛軍中的地位！

這段時間，史朝義一路從衛州（今河南衛輝）敗退到莫州（今河北任丘），惶惶如喪家之犬，田承嗣一直跟隨在他的左右。

在莫州，殺紅了眼的史朝義本打算再次與唐軍追兵決一死戰。

田承嗣勸諫說，陛下不如先返回范陽（今北京），徵調李懷仙那裡的五萬人，再回來與唐軍決戰。臣願意留在莫州冒死抵擋，以確保陛下的安全。

史朝義感激涕零，當即採納了他的建議，率五千人北走范陽，把家小都留在了莫州。

臨行前，他緊緊地握住田承嗣的手說，我闔家百口，都託付給你了。

田承嗣流著眼淚向他保證：臣就算肝腦塗地，也一定不辱使命！

史朝義也很感動：疾風知勁草，患難見真情！

確實是患難見真情——史朝義半夜剛離開，第二天一早田承嗣就獻出莫州，投降了唐軍。

史朝義的母親、妻兒，統統都成了他獻給朝廷的見面禮。

之後僕固瑒等人又順著田承嗣的指引，率唐軍輕騎繼續追擊史朝義。

在費了九牛二虎之力、付出了部下折損大半的慘重代價後，史朝義最後總算是擺脫了唐軍的圍追堵截，於傍晚時分來到了范陽城外。

留守范陽的，是史朝義親自提拔的叛軍新銳將領李懷仙。

史朝義本來以為，自己對李懷仙恩重如山，李懷仙的忠心肯定是沒有問題的。

可這次他又錯了。

你對他好，並不代表他就一定會對你好——這就好比我們花了很多錢在臉上護膚，可往往身上任何一處皮膚都要比臉上的皮膚好一樣。

事實上，李懷仙也有了異心，早在數日前他就派人向唐軍遞交了降表。

當疲憊不堪的史朝義來到城下的時候，迎接他的，是緊閉的城門和城上全副武裝的士兵。

可能是為了避免尷尬，李懷仙本人並沒有出面，而是派出了兵馬使李抱忠，讓他登上城樓，與史朝義對話。

史朝義大聲呼叫李抱忠開門。

可李抱忠卻始終置若罔聞。

想到後面還有追兵，史朝義心急如焚，忍不住用君臣大義等大道理來責罵李抱忠。

李抱忠直言不諱地回答：燕朝氣數已盡，唐室復興已成定局。我等既然已經歸順了大唐，怎麼可以再反覆？我不用詭計圖謀你，已經算是仁至義盡了。你還是好自為之，早點離開這裡，為自己找個出路吧。

另外，田承嗣肯定也背叛你了，要不然，官軍怎麼會這麼快就追來了呢？

他的這一番話，如一根針刺破氣球般徹底刺破了史朝義心中本來還殘存的幻想。

但史朝義畢竟是個有追求的人。

儘管李抱忠已經明明白白地下了逐客令，可他卻依然沒有任何離開的意思，依然一動不動地站在那裡。

只要還有一絲希望，他就不會放棄！

只要還有一點可能，他就要全力爭取！

有志者，事竟成，破釜沉舟，百二秦關終屬楚；苦心人，天不負，臥薪嚐膽，三千越甲可吞吳！

……………

在背誦了一百句勵志名言後，他終於下定決心，無論如何都要把深埋在他心中的這句話說出來！

是的，只要他說出來，就算沒有成功，至少證明他也是努力過了！

否則他一定會抱憾終生的！

他會對李抱忠說什麼？

他說的是：我……我……已經整整一天都沒吃東西了，難道你就連一頓飯都不願意給我嗎？

正可謂有志者，事竟成——最終，他如願以償了。

李抱忠滿足了他的要求，命人把飯菜送到了城外，讓史朝義和他的隨從們飽餐了一頓。

這些部下知道史朝義大勢已去，因此大多把這頓飯當成了散夥飯，吃完後就紛紛作鳥獸散。

史朝義無力挽留，也無話可說，只是流淚不止。

隨後他長嘆一聲，翻身上馬，帶著身邊僅剩的數百名胡人騎兵繼續逃亡。

他先是來到廣陽（今北京房山），廣陽守將依然將他拒之門外。

他只好又掉轉馬頭，想要向北投奔契丹。

然而當他走到溫泉柵（今河北灤縣西北）附近的一片樹林時，他就再也走不了了。

因為前面有一支軍隊堵住了他的去路！

來的，是李懷仙的手下。

原來，在史朝義走後不久，李懷仙又後悔了——史朝義都已經送上門來了，自己竟然還放掉了他，萬一唐朝朝廷怪罪下來，他怎麼擔待得起？

想到這裡，他一下子改變了主意，立即派兵前去追趕，最終在溫泉柵追上了史朝義。

史朝義走投無路，無奈只好找了棵歪脖子樹，自掛東南枝。

他死後，李懷仙命人割下他的首級，送到了長安。

李懷仙的這一舉動，很快就得到了豐厚的回報。

沒過多長時間，他就被唐朝朝廷正式冊封為幽州節度使（也稱盧龍節度使，治所今北京），統幽（今北京）、營（今遼寧朝陽）、平（今河北盧龍）、薊（今天津薊州區）、嬀（今河北懷來）、檀（今北京密雲）、莫（今河北任丘）七州。

與此同時，薛嵩也被封為相衛（治所今河南安陽）節度使，領相（今河南安陽）、衛（今河南衛輝）、邢（今河北邢臺）、洺（今河北永年）、貝（今河北清河）、磁（今河北磁縣）六州；田承嗣為魏博（治所今河北大名）都防禦使——不久也升為節度使，轄魏（今河北大名）、博（今山東聊城）、德（今山東德州）、滄（今河北滄州）、瀛（今河北河間）五州。

李懷仙、薛嵩、田承嗣三人，加上早些時候受封的成德節度使李寶臣，這四個之前的叛軍將領瓜分了整個河北地區！

也就是說，安史叛軍當初的老根據地河北，現在儘管在名義上改換了門庭，實權卻依然掌握在那些曾經的叛軍將領手裡！

尾聲

但不管怎樣，歷時近八年的安史之亂總算是畫上了一個句號——雖然並不怎麼完美。好在有句話是這麼說的：完成永遠比完美重要。對代宗李豫來說，這就夠了。

他終於鬆了一口氣。天下的百姓也終於鬆了一口氣。

他們此時的心情，也許從「詩聖」杜甫的那首著名的〈聞官軍收河南河北〉中就可以看出來。

據說當時正流落在成都（今四川成都）的杜甫得知叛亂平定的消息後，一時心潮澎湃，感慨萬千，便一氣呵成，揮筆寫下了這首詩：

劍外忽傳收薊北，初聞涕淚滿衣裳。
卻看妻子愁何在，漫捲詩書喜欲狂。
白日放歌須縱酒，青春作伴好還鄉。
即從巴峽穿巫峽，便下襄陽向洛陽。

由此可見，他的心中有多麼興奮哪！

可惜，杜甫高興得還是太早了。

因為之後的大唐，再也沒有恢復之前的輝煌！

唐朝的後半段不是起起落落，而是落落落落。

更令人唏噓的是，這場戰亂不僅極大地改變了唐朝的歷史，還對整個中國的歷史產生了極為深遠的影響！

有人甚至認為，安史之亂不僅是唐朝由盛轉衰的轉捩點，也是古代中國從開放轉向封閉、從進取轉向保守的轉捩點！

由於安祿山、史思明以及多數叛軍將領都是胡人出身，導致很多人將此次叛亂簡單地歸咎為胡人造反，後來逐漸在人們的心中形成了一股排外的思潮。一旦開放的大門逐漸關閉，開拓進取的精神也逐漸演化成了後來的停滯和保守，對外日漸封閉，對內日益專制……

而由於平叛的不徹底，之後以河朔三鎮（范陽、成德、魏博）為代表的藩鎮勢力長期處於半獨立狀態。這些藩鎮通常不聽朝廷號令，自立節帥成為慣例，以下克上屢見不鮮，兵變更是司空見慣。他們視道義為糞土，視武力為一切，不唯上，更不唯書，只唯武力。跋扈的軍人勢力成為唐朝中後期的一大動亂源泉，至晚唐五代時更是達成極致，這也導致後來繼五代而建立的趙宋王朝矯枉過正，從此重文輕武、以文制武成為國策，華夏民族的尚武精神逐漸衰退……

當然，胖子不是一天就吃成的，這一切也並不是一下子就出現的，而是有一個逐漸發展的過程。那麼，在安史之亂後的唐朝，又發生了哪些改變歷史進程的驚心動魄的大事？湧現了哪些影響歷史演變的可歌可泣的人物？

郭子儀、李泌、顏真卿、田承嗣（他們雖然在前面已經上過場了，但在之後還有很多精彩的事蹟）、劉晏、楊炎、陸贄、杜黃裳、裴垍、李絳、裴度、李吉甫、李德裕、段秀實、李晟、李愬、馬燧、渾瑊、白居易、元稹、韓愈、柳宗元、劉禹錫、杜牧、李商隱、黃巢、朱溫、李克用……

這一個個熟悉的面孔正排著隊，準備書寫他們的傳奇！

讓我們拭目以待。

唐朝大變局

從安祿山的崛起到長安失守，再經馬嵬坡之變與史思明奪權

作者　雲淡心遠

發行人　林敬彬
主編　楊安瑜
編輯　高雅婷
封面設計　陳奕臻
繪者　蔡致傑
行銷經理　林子揚
行銷企劃　戴詠蕙、趙佑瑀
編輯協力　陳于雯、高家宏
出版　大旗出版社
發行　大都會文化事業有限公司
11051 台北市信義區基隆路一段 432 號 4 樓之 9
讀者服務專線：（02）27235216
讀者服務傳真：（02）27235220
電子郵件信箱：metro@ms21.hinet.net
網　　址：www.metrobook.com.tw

郵政劃撥　14050529 大都會文化事業有限公司
出版日期　2023 年 10 月初版一刷
定價　620 元
ISBN　978-626-7284-23-0
書號　History-160

Banner Publishing, a division of Metropolitan Culture Enterprise Co., Ltd.
4F-9, Double Hero Bldg., 432, Keelung Rd., Sec. 1,Taipei 11051, Taiwan
Tel:+886-2-2723-5216　Fax:+886-2-2723-5220
E-mail:metro@ms21.hinet.net
Web-site:www.metrobook.com.tw
◎本書由現代出版社授權繁體字版之出版發行。
◎本書如有缺頁、破損、裝訂錯誤，請寄回本公司更換。

國家圖書館出版品預行編目（CIP）資料

唐朝大變局：從安祿山的崛起到長安失守，再經馬嵬坡之變與史思明奪權 / 雲淡心遠 著. -- 初版 -- 臺北市：大旗出版：大都會文化發行,2023.10；496 面；17×23 公分.
-- (History-160)
ISBN 978-626-7284-23-0（平裝）

1. 安史之亂 2. 唐史

624.14　112013726